"十三五"职业教育国家规划教材
"十二五"职业教育国家规划教材
高等职业教育农业农村部"十三五"规划教材

园林 AutoCAD 教程

第四版

张 华 主编

中国农业出版社
北 京

内容简介

本教材从园林设计的实际需求出发，以一系列由浅入深的园林工程图为主线，编排了十六个"边练边学"实例，通过对实例的动画演示教学，深入浅出地引出AutoCAD的各种概念、绘图命令和绘图技巧，使读者能快速掌握绘图操作。为提高教学效果，教材每一章内容后都精心安排了习题和上机实训题，并在书中设置二维码附有上机操作题的动画讲解。在最后一章安排了"绘制园林施工图综合实训"，综合了前面所学知识和技能，绘制一套完整的庭园施工图，使读者初步掌握绘制各种园林施工总图和详图的方法，加强了课堂教学与岗位需要的对接。全书共分11章，内容包括：AutoCAD基础知识、基本绘图、图层和对象特性、图形编辑、文字与表格、图案填充、图块、尺寸标注、辅助工具、图形输出、绘制园林施工图综合实训。

本教材适合全国高等职业技术学院的园林及相关专业使用，也可作为AutoCAD的自学教材及各类培训中心AutoCAD课程的培训教材。

第四版编审人员名单

主　编　张　华
副主编　张朝阳
编　者（以姓氏笔画为序）
　　　　　刘　洋　江大葳　李军科
　　　　　张　华　张淑红　张朝阳
　　　　　陈思宇　袁　刚
审　稿　邢黎峰　卢　圣

第一版编审人员名单

主　编　张　华
副主编　袁小平　杨凤琴
编　者　刘文利　毕兆东　伍晋元

第二版编审人员名单

主　编　张　华
副主编　张朝阳　袁小平
编　者　（按姓氏笔画排序）
　　　　刘　洋（吉林农业科技学院）
　　　　李军科（杨凌职业技术学院）
　　　　张　华（深圳职业技术学院）
　　　　张朝阳（长沙环境保护职业技术学院）
　　　　张淑红（山西林业职业技术学院）
　　　　陈思宇（潍坊职业学院）
　　　　袁　刚（湖南生物机电职业技术学院）
　　　　袁小平（湖南生物机电职业技术学院）
　　　　晏强冬（深圳职业技术学院）
　　　　姜大崴（吉林农业大学）
审　稿　邢黎峰（山东农业大学）
　　　　卢　圣（北京农学院）

第一版编审人员名单

主　编　张　华
副主编　袁小平　杨凤琴
编　者　刘文利　毕兆东　伍晋元

第二版编审人员名单

主　编　张　华
副主编　张朝阳　袁小平
编　者　（按姓氏笔画排序）
　　　　刘　洋（吉林农业科技学院）
　　　　李军科（杨凌职业技术学院）
　　　　张　华（深圳职业技术学院）
　　　　张朝阳（长沙环境保护职业技术学院）
　　　　张淑红（山西林业职业技术学院）
　　　　陈思宇（潍坊职业学院）
　　　　袁　刚（湖南生物机电职业技术学院）
　　　　袁小平（湖南生物机电职业技术学院）
　　　　晏强冬（深圳职业技术学院）
　　　　姜大崴（吉林农业大学）
审　稿　邢黎峰（山东农业大学）
　　　　卢　圣（北京农学院）

第三版编审人员名单

主　编　张　华
副主编　张朝阳　袁小平
编　者（以姓氏笔画为序）
　　　　　刘　洋　李军科　张　华
　　　　　张淑红　张朝阳　陈思宇
　　　　　姜大崴　袁小平　袁　刚
　　　　　晏强冬
审　稿　邢黎峰　卢　圣

第四版前言

《园林 AutoCAD 教程》历经三个版本，一直受到国内高职院校园林专业师生好评，教材配备的多媒体教程，非常利于教师组织教学和学生自学。该教材经过几轮的教学试用，在热心读者、出版社的肯定和建议下，我们做了修订和完善，推出第四版。

这一版强化了项目化实训教学体系，用十六个实例演练，涵盖了几何平面图、几何体三视图、园林小品的"平立剖"、园林建筑施工图、园林种植设计图、庭园综合项目施工图，由浅入深、循序渐进。用实训项目引出绘图知识点，并配有实训操作视频讲解（共约500分钟），帮助读者快速抓住要点，绘制出项目成果图。本次修订更新了部分课后习题和上机实训题，增强了教材的实用性。教材配备数字课程资源，详见中国农业出版社数字课程平台——"中国农业教育在线"。教材中配备的相关电子资料也可在 www.qgnyjc.com 下载。

本教材由深圳职业技术学院张华主编，长沙环境保护职业技术学院张朝阳任副主编。具体编写分工如下：张华编写各章"边练边学"的实例演练和第11章，并负责第1~6章统稿和多媒体教程的编制；张朝阳编写第7章，并负责7~11章统稿；山西林业职业技术学院张淑红编写第4、8章；吉林农业大学江大葳编写第3章；湖南生物机电职业技术学院袁刚编写第5、9章；潍坊职业学院陈思宇编写第2章；杨凌职业技术学院李军科编写第10章；吉林农业科技学院刘洋编写第1、6章。本教材由山东农业大学邢黎峰、北京农学院卢圣审稿。

教材凝结了编者多年的教学探索和努力也难免出现错误和不足，敬请读者批评指正。

编 者

2019年5月

第一版前言

本书从园林设计的实际需求出发，每一章均以一个园林设计实例为线索，通过对实例的分析，逐渐引出 AutoCAD 的各种设计概念、设计命令和设计技巧，然后讲解设计实例的操作过程，并在配套的多媒体中附有操作过程的动画演示，大大提高了读者的学习兴趣和效率。全书共分 10 章，内容包括 AutoCAD 基础知识、基本绘图命令、对象特性、图形编辑、文字、图案填充、图块、标注尺寸、设计中心及其他辅助功能、图纸布局与打印输出。

为提高教学效果，本书在每一章内容后都精心安排了复习思考题和上机操作指导，并在配书多媒体中附有上机操作题的动画讲解。

本教材适合全国各高等职业技术学院的园林及相关专业使用，也可作为 AutoCAD 的自学教材及各类培训中心 AutoCAD 课程的培训教材。

本书配套光盘内容包括：1. 园林 AutoCAD 配书多媒体教程；2. 书中实例文件和课后练习文件；3. 园林 AutoCAD 设计资料。

在编写过程中，我们始终坚持和行业实践相结合，力求重点突出，图文并茂，注重实用。本教材在编写过程中，由张华担任主编，袁小平（文字部分）、杨凤琴（多媒体）担任副主编，刘文利、毕兆东、伍晋元参加编写，深圳大学唐开军教授主审。张华撰写第 1 章（1、2 节）、第 10 章、附录、全书习题、实训题、各章节的修改和多媒体的动画录制工作；袁小平撰写第 3 章、第 4 章、第 8 章；刘文利撰写第 1 章（3～6 节）、第 2 章、第 9 章；毕兆东撰写第 5 章、第 6 章和第 7 章；杨凤琴撰写多媒体教材主体部分；伍晋元负责制作多媒体教学光盘。在教材编写过程中，自始至终得到同行及朋友们的大力支持和帮助，在此一并致谢。

由于编者水平有限，编写时间仓促，不妥之处在所难免，敬请广大读者批评指正。

编　者

2002 年 1 月

第四版前言

《园林 AutoCAD 教程》历经三个版本，一直受到国内高职院校园林专业师生好评，教材配备的多媒体教程，非常利于教师组织教学和学生自学。该教材经过几轮的教学试用，在热心读者、出版社的肯定和建议下，我们做了修订和完善，推出第四版。

这一版强化了项目化实训教学体系，用十六个实例演练，涵盖了几何平面图、几何体三视图、园林小品的"平立剖"、园林建筑施工图、园林种植设计图、庭园综合项目施工图，由浅入深、循序渐进。用实训项目引出绘图知识点，并配有实训操作视频讲解（共约500分钟），帮助读者快速抓住要点，绘制出项目成果图。本次修订更新了部分课后习题和上机实训题，增强了教材的实用性。教材配备数字课程资源，详见中国农业出版社数字课程平台——"中国农业教育在线"。教材中配备的相关电子资料也可在 www.qgnyjc.com 下载。

本教材由深圳职业技术学院张华主编，长沙环境保护职业技术学院张朝阳任副主编。具体编写分工如下：张华编写各章"边练边学"的实例演练和第11章，并负责第1~6章统稿和多媒体教程的编制；张朝阳编写第7章，并负责7~11章统稿；山西林业职业技术学院张淑红编写第4、8章；吉林农业大学江大葳编写第3章；湖南生物机电职业技术学院袁刚编写第5、9章；潍坊职业学院陈思宇编写第2章；杨凌职业技术学院李军科编写第10章；吉林农业科技学院刘洋编写第1、6章。本教材由山东农业大学邢黎峰、北京农学院卢圣审稿。

教材凝结了编者多年的教学探索和努力也难免出现错误和不足，敬请读者批评指正。

编　者
2019年5月

第一版前言

本书从园林设计的实际需求出发,每一章均以一个园林设计实例为线索,通过对实例的分析,逐渐引出 AutoCAD 的各种设计概念、设计命令和设计技巧,然后讲解设计实例的操作过程,并在配套的多媒体中附有操作过程的动画演示,大大提高了读者的学习兴趣和效率。全书共分 10 章,内容包括 AutoCAD 基础知识、基本绘图命令、对象特性、图形编辑、文字、图案填充、图块、标注尺寸、设计中心及其他辅助功能、图纸布局与打印输出。

为提高教学效果,本书在每一章内容后都精心安排了复习思考题和上机操作指导,并在配书多媒体中附有上机操作题的动画讲解。

本教材适合全国各高等职业技术学院的园林及相关专业使用,也可作为 AutoCAD 的自学教材及各类培训中心 AutoCAD 课程的培训教材。

本书配套光盘内容包括:1. 园林 AutoCAD 配书多媒体教程;2. 书中实例文件和课后练习文件;3. 园林 AutoCAD 设计资料。

在编写过程中,我们始终坚持和行业实践相结合,力求重点突出,图文并茂,注重实用。本教材在编写过程中,由张华担任主编,袁小平(文字部分)、杨凤琴(多媒体)担任副主编,刘文利、毕兆东、伍晋元参加编写,深圳大学唐开军教授主审。张华撰写第 1 章(1、2 节)、第 10 章、附录、全书习题、实训题、各章节的修改和多媒体的动画录制工作;袁小平撰写第 3 章、第 4 章、第 8 章;刘文利撰写第 1 章(3~6 节)、第 2 章、第 9 章;毕兆东撰写第 5 章、第 6 章和第 7 章;杨凤琴撰写多媒体教材主体部分;伍晋元负责制作多媒体教学光盘。在教材编写过程中,自始至终得到同行及朋友们的大力支持和帮助,在此一并致谢。

由于编者水平有限,编写时间仓促,不妥之处在所难免,敬请广大读者批评指正。

编　者
2002 年 1 月

第二版前言

《园林 AutoCAD 教程》第一版问世后，经许多国内高职院校园林专业选用，特别是随书多媒体教学光盘，大大方便了教师教学和学生自学，获得了广大师生的高度好评。尽管如此，我们仍感到，当时由于时间仓促及一些原因所限，本教材在体系和局部内容方面尚存在一些不尽如人意之处。此后一段时期，该教材经过几轮的教学试用，在热心读者、出版社的肯定和建议下，我们对第一版进行了全面修订并作了体系调整，进而推出《园林 AutoCAD 教程》第二版。

第二版在继承第一版总体思路的前提下，从体系、内容到形式等方面均作了较大的调整和修改，并从构建园林 CAD 实践课程体系的高度对全书重新进行了整合。与初版相比，第二版具有如下特点：

1. 体系更加合理。第二版以一系列由浅入深的园林工程图实训为主线，重新构建了 AutoCAD 的学习体系。根据体系需要，在每章内容之前增加了"实例演练"部分，引导读者以"实训项目"作为学习手段，通过视频教学快速掌握所用的命令和工具，进而拓展到其他的命令、工具的学习。

2. 内容有所创新。此次修订，新增第 11 章"绘制园林施工图综合实训"，让学生初步掌握绘制各种园林施工总图和详图的方法，加强了课堂教学与岗位需要的对接。另外，对原有章节也进行了相应的调整与修改，特别针对 AutoCAD 2006 中文版的常用新功能进行了改写，并丰富了课后习题和上机实训题，增强了教材的实用性。

3. 行文更加规范。第二版的写作格式进行了严格的规范和统一，并新增常用快捷命令列表，便于学生集中学习和记忆。

在《园林 AutoCAD 教程》第二版的编写过程中，张华任全书主编，编写各章"实例演练"部分和第 11 章，同时负责多媒体教程光盘编写和制作；张朝阳任副主编，编写第 7 章，并负责第 7 至 11 章的统稿工作；袁小平任副主编，编写第 5 章，并负责第 1 至 6 章的统稿工作；张淑红编写第 4 章、第 8 章；姜大崴编写第 3 章；陈思宇编写第 2 章；李军科编写第 10 章；刘洋编写第 1 章、第 6 章；袁刚编写第 9 章；晏强冬为多媒体光盘修改提供技术支持。

《园林 AutoCAD 教程》第二版凝结着我们第一、第二版编写人员多年的教学探索和努力，同时也是一个阶段性成果。由于水平与视野所限，错误与不妥之处在所难免，在此也诚挚地恳望广大读者师生批评指正！

编 者
2009 年 5 月

第三版前言

《园林 AutoCAD 教程》第一版问世以来，全国高职院校积极选用，特别是随书多媒体光盘大大方便了教师教学和学生自学，受到广大师生的高度好评。第二版教材被列为普通高教育"十一五"国家级规划教材、21 世纪农业部高职高专规划教材；第三版教材获"十二五"职业教育国家规划教材立项，并被列为高等职业教育农业部"十二五"规划教材。

第三版教材在继承第二版教材的基础上，对部分内容进行了修改和完善。本教材从园林设计的实际需求出发，编排了十六个"边练边学"实例，引导学生在实践中学习 AutoCAD 的各种概念、绘图命令和绘图技艺，使学生能快速掌握绘图操作。本教材共分 11 章，内容包括：AutoCAD 基础知识、基本绘图、图层和对象特性、图形编辑、文字与表格、图案填充、图块、尺寸标注、辅助工具、图形输出、绘制园林施工图综合实训。

本教材由张华（深圳职业技术学院）主编，张朝阳（长沙环境保护职业技术学院）、袁小平（湖南生物机电职业技术学院）任副主编。具体编写分工如下：张华编写各章"边练边学"的实例演练部分和第 11 章，同时负责多媒体教程光盘编写和制作；张朝阳编写第 7 章，并负责第 7~11 章的统稿工作；袁小平编写第 5 章，并负责第 1~6 章的统稿工作；张淑红（山西林业职业技术学院）编写第 4 章和第 8 章；姜大崴（吉林农业大学）编写第 3 章；陈思宇（潍坊职业学院）编写第 2 章；李军科（杨凌职业技术学院）编写第 10 章；刘洋（吉林农业科技学院）编写第 1 章和第 6 章；袁刚（湖南生物机电职业技术学院）编写第 9 章；晏强冬（深圳职业技术学院）为多媒体光盘修改提供技术支持。本教材由邢黎峰（山东农业大学）、卢圣（北京农学院）审稿。

《园林 AutoCAD 教程》第三版凝结着第一、第二版编审人员多年的教学探索和努力。教材中难免出现错误和不足，敬请读者批评指正。

编 者
2014 年 1 月

目 录

第四版前言
第一版前言
第二版前言
第三版前言

第1章 AutoCAD 基础知识 1
1.1 概述 1
1.1.1 AutoCAD 在园林设计中的应用 1
1.1.2 AutoCAD 2006 中文版的硬软件环境 2
1.2 AutoCAD 2006 的用户界面 2
1.2.1 AutoCAD 2006 的启动 2
1.2.2 菜单栏 2
1.2.3 工具栏 4
1.2.4 绘图窗口 4
1.2.5 命令行和文本窗 4
1.2.6 状态栏 4
1.3 边练边学 5
1.3.1 实例演练一——查阅施工图 6
1.3.2 实例演练二——绘 A3 图框 6
1.3.3 实例演练三——了解设计流程 7
1.4 AutoCAD 2006 的基本操作 8
1.4.1 命令输入与运行 8
1.4.2 命令的重复、中断、撤销与重做 9
1.4.3 对象的删除和恢复 9
1.4.4 坐标的输入 10
1.5 文件操作 11
1.5.1 新建文件 11
1.5.2 打开文件并观察图形 11
1.5.3 保存文件 13
1.5.4 另存文件 13
1.6 使用帮助 14
【研讨与思考】 15
【上机实训题】 15

第 2 章　基本绘图 ··· 17

2.1　边练边学 ··· 17
2.1.1　实例演练四——绘平面几何图 ·· 17
2.1.2　实例演练五——三视图和等轴测图 ······································ 18

2.2　绘图命令一 ··· 20
2.2.1　绘制直线段 ·· 20
2.2.2　绘制构造线 ·· 21
2.2.3　绘制多段线 ·· 22
2.2.4　绘制矩形 ··· 23
2.2.5　绘制正多边形 ··· 24
2.2.6　绘制圆 ·· 25
2.2.7　绘制圆弧 ··· 26
2.2.8　绘制椭圆和椭圆弧 ··· 28

2.3　使用辅助绘图工具 ·· 29
2.3.1　正交模式 ··· 29
2.3.2　对象捕捉和对象追踪 ·· 29
2.3.3　自动追踪 ··· 32

2.4　绘图命令二 ··· 34
2.4.1　绘制圆环 ··· 34
2.4.2　点的绘制 ··· 35
2.4.3　绘制样条曲线 ··· 36
2.4.4　绘制多线和多线样式设置 ··· 37
2.4.5　修订云线 ··· 40
2.4.6　徒手画线 ··· 41

【研讨与思考】 ·· 42
【上机实训题】 ·· 42

第 3 章　图层和对象特性 ··· 46

3.1　边练边学 ··· 46
3.1.1　实例演练六——制作带图框的样板文件 ································ 46
3.1.2　实例演练七——绘制带尺寸的平面图 ··································· 48

3.2　图层 ··· 49
3.2.1　图层的设置 ·· 49
3.2.2　图层工具栏 ·· 51
3.2.3　对象特性工具栏 ··· 52

3.3　使用图层、线型、线宽和颜色的一般原则 ·································· 53
3.4　样板图 ·· 53
3.5　对象特性编辑 ··· 55

3.5.1　特性伴随窗口 ·· 55
　　3.5.2　特性匹配工具 ·· 55
【研讨与思考】 ·· 56
【上机实训题】 ·· 56

第4章　图形编辑 ·· 61
4.1　边练边学 ·· 61
　　4.1.1　实例演练八——绘制轴对称的平面图 ·· 61
　　4.1.2　实例演练九——绘制剖面图 ·· 62
4.2　编辑命令 ·· 63
　　4.2.1　选择对象 ·· 63
　　4.2.2　复制对象 ·· 64
　　4.2.3　改变对象位置 ·· 70
　　4.2.4　改变对象尺寸 ·· 72
　　4.2.5　打断与合并 ·· 81
　　4.2.6　倒角与圆角 ·· 83
　　4.2.7　分解对象 ·· 87
　　4.2.8　多段线编辑 ·· 88
　　4.2.9　多线编辑 ·· 89
　　4.2.10　用夹点进行快速编辑 ··· 90
【研讨与思考】 ·· 93
【上机实训题】 ·· 95

第5章　文字与表格 ·· 102
5.1　边练边学 ·· 102
　　5.1.1　实例演练十——绘建筑平面图 ·· 102
　　5.1.2　实例演练十一——绘建筑立面图 ·· 105
　　5.1.3　实例演练十二——绘建筑剖面图 ·· 110
5.2　文字标注的一般要求 ·· 111
5.3　文字样式的设置 ·· 111
5.4　文字输入和修改 ·· 113
　　5.4.1　单行文字输入 ·· 113
　　5.4.2　多行文字输入 ·· 114
　　5.4.3　文字编辑 ·· 115
　　5.4.4　输入外部文件 ·· 115
　　5.4.5　特殊文字输入 ·· 116
　　5.4.6　文字查找与替换 ·· 116
5.5　表格 ·· 117
　　5.5.1　创建表格 ·· 117

  5.5.2 表格编辑 ··· 118
【研讨与思考】 ··· 120
【上机实训题】 ··· 121

第 6 章 图案填充 127

 6.1 边练边学 ··· 127
  实例演练十三——给剖面图填充图案 ··· 127
 6.2 图案填充 ··· 128
 6.3 关于图案填充的补充说明 ·· 131
 6.4 图案填充的其他工具 ·· 132
  6.4.1 工具选项板图案填充 ··· 132
  6.4.2 查找图案填充面积 ·· 132
 6.5 图案填充编辑 ··· 132
【研讨与思考】 ··· 133
【上机实训题】 ··· 134

第 7 章 图块 139

 7.1 边练边学 ··· 139
  7.1.1 实例演练十四——绘种植设计图 ··· 139
  7.1.2 实例演练十五——带属性图框制作 ·· 141
 7.2 创建图块 ··· 142
 7.3 插入图块 ··· 143
 7.4 块写文件 ··· 146
 7.5 图块属性 ··· 147
  7.5.1 块属性定义 ·· 148
  7.5.2 块属性编辑 ·· 151
  7.5.3 利用图块进行统计 ·· 152
 7.6 图块编辑 ··· 153
  7.6.1 块编辑器 ·· 153
  7.6.2 分解图块 ·· 156
 7.7 外部参照 ··· 156
【研讨与思考】 ··· 159
【上机实训题】 ··· 159

第 8 章 尺寸标注 161

 8.1 边练边学 ··· 161
  实例演练十六——建筑平面图标注 ··· 161
 8.2 尺寸标注的组成及标注规则 ·· 162
  8.2.1 尺寸标注的组成 ··· 162

8.2.2 尺寸标注规则和标注步骤 ································ 162
8.3 尺寸标注命令 ·· 163
 8.3.1 长度尺寸标注 ··· 164
 8.3.2 径向尺寸标注和圆心标注 ······························ 168
 8.3.3 角度标注 ·· 171
 8.3.4 弧长标注 ·· 172
 8.3.5 快速引线标注 ·· 172
 8.3.6 坐标标注 ·· 174
 8.3.7 快速尺寸标注 ·· 175
8.4 尺寸标注样式设定 ··· 176
 8.4.1 创建尺寸标注样式 ·· 177
 8.4.2 尺寸线和尺寸界线设定 ·································· 179
 8.4.3 符号和箭头设定 ··· 180
 8.4.4 文字设定 ·· 182
 8.4.5 调整设定 ·· 183
 8.4.6 主单位设定 ··· 184
 8.4.7 换算单位设定 ·· 185
8.5 编辑尺寸 ··· 186
 8.5.1 修改标注样式 ·· 186
 8.5.2 使用对象特性工具修改尺寸标注 ······················ 187
 8.5.3 使用夹点编辑拉伸尺寸标注 ···························· 188
 8.5.4 编辑标注命令 ·· 188
 8.5.5 修改标注文字 ·· 189
【研讨与思考】 ··· 189
【上机实训题】 ··· 190

第9章 辅助工具 ··· 198

9.1 设计中心 ··· 198
 9.1.1 设计中心界面 ·· 198
 9.1.2 设计中心功能 ·· 200
9.2 查询与清理工具 ·· 203
 9.2.1 测量距离 ·· 203
 9.2.2 测量面积 ·· 203
 9.2.3 查询点坐标 ··· 205
 9.2.4 列表显示图形信息 ·· 205
 9.2.5 使用计算器 ··· 205
 9.2.6 清理无用图形 ·· 206
9.3 CAD标准与图层转换器 ·· 206
 9.3.1 CAD标准的概念 ·· 207

9.3.2　创建 CAD 标准文件 207
　　9.3.3　关联标准文件 208
　　9.3.4　使用 CAD 标准检查图形 209
　　9.3.5　使用图层转换器转换不标准文件的图层 210
9.4　图形选项设置 211
9.5　图纸集 215
【研讨与思考】 216
【上机实训题】 216

第 10 章　图形输出 219

10.1　模型空间、图纸空间与布局的概念 220
　　10.1.1　理解模型空间与图纸空间 220
　　10.1.2　布局的概念 221
10.2　新建布局 221
10.3　为布局创建浮动视口 227
　　10.3.1　创建浮动视口命令 227
　　10.3.2　创建浮动视口过程 227
　　10.3.3　文字高度与尺寸标注在视口中的比例适配 229
10.4　布局编辑 230
10.5　打印图形 230
10.6　用打印样式表控制打印效果 234
【研讨与思考】 238
【上机实训题】 239

第 11 章　绘制园林施工图综合实训 241

11.1　园林施工图概述 241
11.2　园林施工图绘制的技术要点 241
　　11.2.1　封面 242
　　11.2.2　目录 242
　　11.2.3　说明 242
　　11.2.4　施工总平面图 242
　　11.2.5　总平面索引图 244
　　11.2.6　施工总平面放线（定位）图 244
　　11.2.7　竖向设计施工图 244
　　11.2.8　植物配置图 245
　　11.2.9　园林施工详图 246
　　11.2.10　给排水施工图 246
　　11.2.11　照明电气施工图 246
11.3　绘制园林施工图实训 246
　　11.3.1　实训目的 246

11.3.2　实训内容 ·· 246
　　11.3.3　施工图制图要求 ··· 248
　　11.3.4　主要步骤 ·· 250
　【研讨与思考】··· 252

附录 ··· 253
　附录1　本书约定 ·· 253
　附录2　常用快捷命令 ··· 253
　附录3　AutoCAD 2006 命令一览表 ··· 254

第1章 AutoCAD 基础知识

1.1 概　　述

AutoCAD 是 Autodesk 公司推出的 CAD 设计软件包。它具有良好的操作界面及强大的设计功能，因此在多个行业有着广泛的应用。本书即是以 AutoCAD 2006 中文版为基础，介绍在园林设计中如何使用 AutoCAD。

1.1.1 AutoCAD 在园林设计中的应用

随着计算机硬件技术飞速发展和计算机辅助绘图（CAD）软件功能不断完善，借助计算机的强大功能从事设计工作已是许多设计人员的主要工作方式。在园林设计领域，PC 机和 AutoCAD 软件正迅速取代绘图笔和画板成为主要的设计工具。

与手工绘图相比，利用 AutoCAD 进行园林规划设计具有十分明显的优势：

A. 绘图效率高　　AutoCAD 不但具有极高的绘图精度，作图迅速也是一大优势，特别是它的复制功能非常强，AutoCAD 帮助我们从繁重的重复劳动中解脱出来，有更多的时间来思考设计的合理性。

图纸的统一性是集体作业中需要考虑的重要问题，AutoCAD 能够比较高效地解决这一问题。

图纸修改是手工绘图最头疼的问题，用 AutoCAD 能使修改工作快捷而高效。

B. 便于设计资料的组织、存储及调用　　AutoCAD 图形文件可以存储在光盘等介质中，节省存储费用，并且可复制多个副本，加强资料的安全性。

在设计过程中，通过 AutoCAD 可快速准确地调用以前的设计资料，提高设计效率。

C. 便于设计方案的交流、修改　　Internet 的发展使得各地的设计师、施工技术人员可以在不同的地方通过 AutoCAD 方便地对设计进行交流、修改，大大提高了设计的合理性。

D. 可对各方案相对成本进行检测　　通过 AutoCAD 的数据库功能，可方便快速地计算出各设计方案的成本，为设计提供指导。

E. 可使设计方案表现更直观　　通过 AutoCAD 的三维设计功能，可以方便快捷地生成多视角的三维透视图，或做成漫游动画，更直观地感受设计，为设计师和业主提供了一种更为直接的交流渠道。

另外，AutoCAD 具有良好的二次开发性，使得软件更能符合专业设计的需要，这也是 AutoCAD 能够在园林设计行业得到广泛应用的主要原因之一。

1.1.2 AutoCAD 2006 中文版的硬软件环境

A. AutoCAD 2006 中文版的硬件环境要求

a. 基本硬件要求
- Pentium266 以上的处理器。
- 64MB 以上内存。
- 800×600 VGA 显示器。
- 500MB 以上的硬盘剩余空间。
- 光驱。
- 支持 Windows 的显示卡。
- 鼠标或其他点输入设备（如数字化仪）。

b. 扩展硬件要求
- 打印机或绘图仪：作为图纸的输出设备，打印机或绘图仪是常规设计中必不可少的，但因大幅面绘图仪价格不菲，因此在设计任务较少的设计单位或个人，出图任务往往交给市面上的出图公司。
- 光盘刻录机：存储在硬盘或软盘上的设计资料常常受到各种安全威胁，如病毒、坏盘等，我们一定要养成经常备份的习惯。光盘刻录机是目前较为安全且便宜的存储设备。
- 局域网设备：在项目设计集体作业中，为方便资料的管理与调用，需要组建局域网，网卡、路由器和交换机是常用设备。
- 声卡：学习本教材中的多媒体演示部分还需配备声卡。
- 扫描仪：在许多方案设计中，为更好地表达方案构思，需要在图中配上一些照片或图片。通过扫描仪与其他图像软件配合，可以将图片转化为电子文档，再用 AutoCAD 将其插入到图形文件中。

由于硬件的发展速度很快，具体的配置还需根据个人的具体情况，综合考虑。

B. AutoCAD 2006 中文版的软件环境要求
- Windows9X/ME/2006/XP/2003/NT 中文版系统。
- TCP/IP 或 IPX 支持（网络多用户配置时需要）。

1.2 AutoCAD 2006 的用户界面

1.2.1 AutoCAD 2006 的启动

在桌面上双击"AutoCAD 2006 中文版"图标，进入 AutoCAD 2006 的用户界面，如图 1-1 所示。

1.2.2 菜单栏

菜单栏提供了一种执行命令的方法。AutoCAD 2006 的菜单主要有下拉菜单、屏幕菜单、级联菜单、上下文跟踪菜单、图标菜单，如图 1-2 所示。
- 下拉菜单：下拉菜单由文件、编辑、视图、插入、格式、工具、绘图、标注、修改、

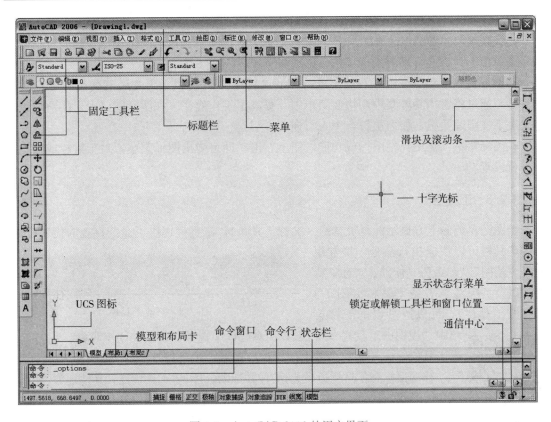

图 1-1　AutoCAD 2006 的用户界面

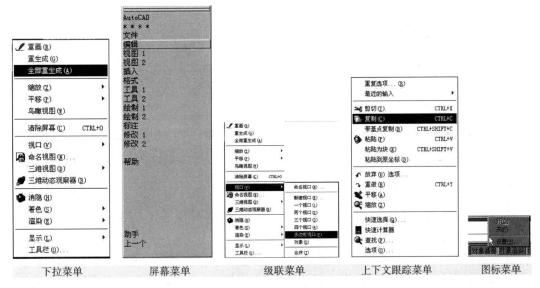

图 1-2　菜单种类示例

快捷工具、窗口、帮助共 12 个一级菜单组成。只要单击菜单中的菜单项即可执行与之对应的命令。

● 屏幕菜单：屏幕菜单常位于屏幕的右边，单击菜单组或菜单项即可进入下一级菜单或执行该命令。可以通过"工具→选项"在选项对话框的显示选项卡中设置屏幕菜单的打开或关闭。

- 级联菜单：在 AutoCAD 2006 的某些菜单中有带向右三角形的菜单项，当光标移动到这些菜单项上时，会自动弹出子菜单，即级联菜单。
- 上下文跟踪菜单（鼠标右键菜单）：AutoCAD 2006 提供上下文敏感的鼠标右键菜单的支持，通过将常用功能集中到快捷菜单中，提高了工作效率。在图形窗口内，用户可以自定义上下文跟踪菜单，使之更符合个人习惯。
- 图标菜单：在工具栏图标或功能按钮上右击，即可弹出图标菜单，对工具栏或辅助功能进行设置。

1.2.3 工具栏

绘图区左侧和上方显示的是工具栏（又称工具条），工具栏提供了命令直观的代表符号。使用工具栏可以快速执行命令，最常用的是"绘图""修改""标准""对象特性"以及"标注"五条工具栏（图 1-3 为修改工具栏）。可以通过点击下拉菜

图 1-3　修改工具栏

工具栏

单中"视图→工具栏"，在工具栏对话框中选择打开或关闭工具栏。用右键点击工具栏，在弹出的菜单中选择相应选项，也可以打开或关闭工具栏。

移动鼠标到工具栏边框上，按住并拖动，可以将工具栏拖到其他地方，并可以改变其形状。

当光标在工具栏图标上做短暂停留时，即出现该图标所代表的命令名称，同时在状态栏显示其功能和命令。

1.2.4 绘图窗口

在该界面中，中间较大一片空白区域为绘图区，CAD 图形即绘制在该区域。绘图区域实际上无限大，可以通过视图控制命令进行平移和缩放。

绘图区左下角显示的是当前使用的坐标系统，如坐标原点 X、Y、Z 轴正向等。默认情况下，坐标系为世界坐标系 WCS。

在绘图区域的右侧和右下方是滑块和滚动条。可以通过滑块在滚动条上移动改变显示区域，如图 1-4 所示。

1.2.5 命令行和文本窗

命令窗口和命令行显示输入的命令、命令的提示信息以及 AutoCAD 的反馈信息。命令窗口和命令行的显示行数可以设定，推荐使用三行。

文本窗口是一个用文字来记录绘图过程的工具，如图 1-5 所示。<F2>快捷键可以实现文本窗口的开启和关闭。也可选择"视图"/"显示"/"文本窗口"命令或执行"TEXT-SCR"命令打开。

1.2.6 状态栏

状态栏（或称状态行）如图 1-6 所示，左边显示了光标的当前信息，当光标在绘图区时

图 1-4　绘图区

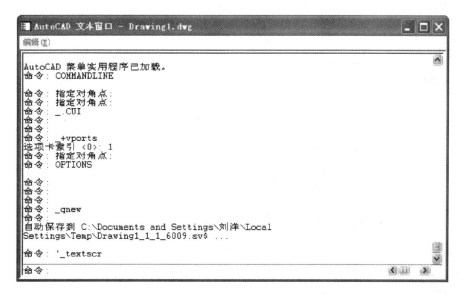

图 1-5　文本窗口

显示其坐标,当光标在工具栏或菜单上时显示其功能及命令。状态行右侧显示了各种辅助绘图状态。单击鼠标左键可对状态值进行有效/无效设置,按键凸起表示无效,凹陷表示有效。单击鼠标右键,将弹出相应的设置菜单。

图 1-6　状态栏

1.3　边练边学

我们现在通过一个练习来进一步说明上述各部分用途,以及观察图形的基本操作。

1.3.1 实例演练一——查阅施工图

打开 Tutorial \ 1 \ 某项目全套景观设计施工图 \ 03 总平面索引图.dwg 及其他详图，利用鼠标观察图形。查阅"中心绿地"中，亭子的地面材料是什么？

A. 演练目的

①掌握"左手键盘，右手鼠标"的绘图方式；②掌握鼠标的用法；③了解项目施工图"先总后分"的编排方式；④掌握查阅施工图的方法。

B. 命令及工具　下面是需要用到的主要命令（表 1-1）及工具（表 1-2）。

表 1-1

命令位置	命　令	含　义	命令所在章节
文件→打开	OPEN	打开文件	1.5.2
文件→关闭	CLOSE	关闭文件	1.5.1
文件→新建	NEW	新建文件	1.5.1
文件→保存	SAVE	保存文件	1.5.3
Re（简写）	REGEN	图形重生成	1.5.2

表 1-2

工具名称		含　义	工具所在章节
鼠标中轮	推拉	缩放画面	1.5.2
	拖拽	平移画面	
	双击	图形最大化显示	
鼠标左键		通常是"选取"的含义	
鼠标右键		1. 调出右键菜单；2. "确认"的含义	
<Esc>键		中断命令或取消选择的作用	1.4.2
回车键		"确认或运行"的含义	
空格键		通常等于<Enter>键	

实例演练一

操作过程请扫码观看实例演练一演示。

1.3.2 实例演练二——绘 A3 图框

打开 Tutorial \ 1 \ ex2.dwg，绘制图 1-7 所示 A3 图框，其中内框线为粗实线，标题栏外框为中实线，其余为细实线。

A. 演练目的

①了解绘图命令的执行方法；②了解编辑命令的执行方法。

B. 命令及工具　下面是需要用到的主要命令（表 1-3）及工具（表 1-4）。

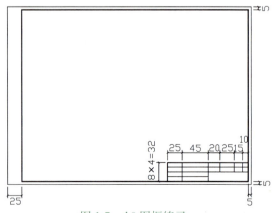

图 1-7　A3 图框练习

表 1-3

命令简写	命令	含义	命令所在章节
L	LINE	画直线段	2.2.1
PL	PLINE	画多段线（如宽线）	2.2.3
PE	PEDIT	多段线编辑	4.2.8
E	ERASE	删除	1.4.3
U	UNDO	取消上一个命令	1.4.2
O	OFFSET	偏移复制	4.2.2
TR	TRIM	修剪	4.2.4

表 1-4

工具名称	含义	工具所在章节
常用选择对象的方法	点选；窗口；窗交	4.2.1
对象捕捉	帮助光标准确捕捉图形的特征点（如线的端点、中点等）	2.3.2

C. 操作提示

（1）用 LINE 绘制 420×297 外框后，用 OFFSET 偏移复制产生内框。

（2）用 TRIM 修剪线头，用 PEDIT 修改内框线宽为 0.6。

（3）标题栏外框用 PLINE 绘制，线宽为 0.3，用 LINE 绘制分隔线，并修剪整齐。

操作过程请扫码观看实例演练二演示。

实例演练二

1.3.3 实例演练三——了解设计流程

本节以一个小广场平面图为例，如图 1-8 所示，演示常规设计流程。让大家在学习伊始就对 AutoCAD 常规设计流程有一个基本的认识。

设计的简要过程如下：

启动 AutoCAD 2006：启动 AutoCAD 2006 后，用样板文件"Gb _ a4-color dependent plot styles.dwt"创建一个新图。

绘图环境设置：图形界限设定为 20 000×15 000。

图层设置：增加六个图层，名称分别为"图形""文字""标注""绿化""填充""中心线"，为各图层设定颜色、线型、线宽。

文字样式设定：设定文字的外观形式。

标注样式设定：设定尺寸标注的外观形式。

绘制图形：按 1∶1 的比例绘制图形。

设置图纸布局；输入文字；进行图案填充；进行尺寸标注；保存绘图文件；输出：绘制好的图形可以通过打印设备输出到图纸上。

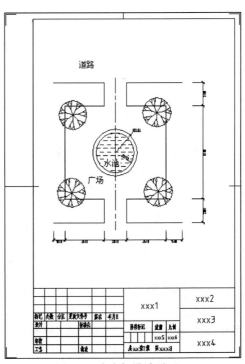

图 1-8 小广场设计平面

操作过程请扫码观看实例演练三演示。

| 实例演练三-1 | 实例演练三-2 | 实例演练三-3 | 实例演练三-4 | 实例演练三-5 | 实例演练三-6 |
| 绘图环境设置 | 图层操作 | 文字样式设置 | 标注样式设置 | 绘制图形 | 布局和打印 |

1.4　AutoCAD 2006 的基本操作

1.4.1　命令输入与运行

AutoCAD 绘图需要输入必要的命令和参数。常用的命令输入方式包括三种：菜单输入、工具栏图标输入和键盘输入。命令的执行以人机对话的方式来完成。

在命令运行的过程中，一般不能穿插运行其他命令，但少数命令可以例外，这类命令称为透明命令，例如：ZOOM、PAN、HELP 等，在做透明使用时，命令前需加"'"符号，以示区别，这类命令也可作常规命令使用。

A. 命令输入　在命令行显示"命令："提示符时，可用以下方法输入命令。

a. 用下拉菜单输入命令　用鼠标点取下拉菜单中的菜单项以执行命令。

b. 用工具栏图标输入命令　用鼠标点取工具栏中的图标，即执行该图标对应的命令。

c. 用键盘输入命令　用键盘在 AutoCAD 命令行输入要执行命令的名称（不分大小写），然后按回车键或空格键执行命令。

一个命令有多种输入方法，下拉菜单输入命令不需要记住命令名称，但操作烦琐，适合输入不熟悉的命令；工具栏图标输入命令直观、迅速，但受显示屏幕限制，不能将所有的工具栏都排列到屏幕上，适合输入最常用的命令；键盘输入命令迅速快捷，但要求熟记命令名称，适于输入常用的命令和级联菜单不易选取的命令。在实际操作中，往往三种方式结合使用。

d. 鼠标右键输入　在绘图区单击右键，从菜单中选择相应的执行命令。

B. 命令执行过程中参数的输入　在命令执行过程中往往需要输入一些参数来控制命令的运行，这些可选参数常会显示在命令行中，按其提示输入字母后回车，即可完成该参数的输入。例如，绘制圆的过程中，命令行出现如下提示：

命令：CIRCLE

指定圆的圆心或[三点(3P)/两点(2P)/相切、相切、半径(T)]：

指定圆的半径或[直径(D)]<0.609 9>：

命令：

方括号"[ ]"内是可选参数；不同参数间用"/"分隔；圆括号"( )"内是选择该参数需输入的简写字母；尖括号"< >"内是缺省值，如接受该值可用"↙"回应，否则需输入新值再按"↙"。

【例 1-1】用三种方法输入直线命令并绘制一个任意三角形。

（1）输入直线命令。

①下拉菜单输入直线命令：单击"绘图→直线"。
②工具栏输入直线命令：单击绘图工具栏中的 ╱ 图标。
③键盘输入直线命令：在命令行输入 LINE，然后回车。
（2）绘制直线。输入直线命令后，命令行上出现提示，按以下步骤绘制直线：

直线命令操作

命令：LINE   提示执行画直线命令
指定第一点:*在绘图区用鼠标左键点取三角形的第一点*
指定下一点或[放弃(U)]:*在绘图区点取三角形的第二点*
指定下一点或[放弃(U)]:*在绘图区点取三角形的第三点*
指定下一点或[闭合(C)/放弃(U)]:C✓   闭合线段，完成三角形

1.4.2　命令的重复、中断、撤销与重做

A. 命令的重复　命令的重复执行常用以下方法：
（1）按回车键或空格键。
（2）在绘图区右击鼠标，在右键菜单中选择"重复×××命令"。

B. 命令的中断　在命令执行的过程中，通常是不能穿插运行其他命令的（透明命令除外），欲中断当前命令的运行可以用键盘上的＜Esc＞键进行。命令中断后，在命令行显示"命令:"提示符。

C. 命令的撤销

命令：UNDO
菜单：编辑→放弃
按钮：
快捷键：＜Ctrl＋Z＞

U 命令可以撤销刚才执行过的命令。其使用没有次数限制，可以沿着绘图顺序一步一步后退，直至返回图形打开时的状态。

如想依次撤销多步操作，在命令行输入 UNDO 命令，再输入要撤销的操作步数，然后按＜Enter＞键。

点击 ▼ 可以选择需要撤销的命令。

D. 命令的重做

命令：REDO
菜单：编辑→重做
按钮：
快捷键：＜Ctrl＋Y＞

REDO 命令将刚刚放弃的操作重新恢复。REDO 命令必须在执行完 UNDO 命令之后立即使用，且能恢复多次上一步 UNDO 命令所放弃的操作。单击 UNDO 或 REDO 列表箭头以选择要放弃或重做的操作。

点击 ▼ 可以选择需要重做的命令。

1.4.3　对象的删除和恢复

已绘制的图形对象，可以用 ERASE 命令对其进行删除操作。

命令：ERASE（简写：E）

菜单：修改→删除

按钮：

快捷键：<Delete>

命令及提示：

命令：ERASE

选择对象：

删除和恢复命令

运行删除命令后，命令行提示"选择对象："，此时可以用鼠标逐个选取欲删除的对象，然后按<Enter>键，即可将其删除。

如果需要恢复被最后一个 ERASE 命令删除的对象，可以用 OOPS 命令完成这一操作。

1.4.4 坐标的输入

当用 AutoCAD 进行绘图时，系统经常提示输入点的坐标。坐标的输入可以采用以下几种方法：

- 在键盘上键入坐标。
- 在已存在的几何图形上用对象捕捉方式来选取点。

点坐标的常用表示方法有以下几种：

A. 绝对直角坐标　以小数、分数等方式，输入点的 X、Y、Z 轴坐标值，并用逗号分开的形式表示点坐标，如"20,10,9"。在二维图形中，Z 坐标可以省略，如"20,10"指点的坐标为"20,10,0"，如图 1-9（a）所示。

B. 绝对极坐标　通过输入点到当前 UCS 原点距离，及该点与原点连线和 X 轴夹角来指定点的位置，距离与角度之间用"<"符号分隔，如"35<30"，如图 1-9（b）所示。

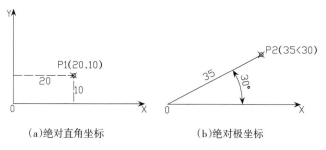

（a）绝对直角坐标　　　　（b）绝对极坐标

图 1-9　绝对坐标图例

C. 相对直角坐标　绝对坐标是相对于世界坐标系原点的。若要输入相对于上一次输入点的坐标值，只需在点坐标前加上"@"符号即可。如图 1-10（a）所示，点 P3 相对于 P1，其坐标可表示为"@20,20"。

D. 相对极坐标　在绝对极坐标前加"@"即表示相对极坐标。如图 1-10（b）所示，点 P4 相对于 P2，其坐标可表示为"@20<60"。

E. 简化相对极坐标　在绘图过程中，光标常常会拉出一条"橡筋线"，并提示输入下一点坐标，此时可以用光标控制方向，在键盘上输入距离值，得到一点的坐标。

【例 1-2】用直线命令绘制长为 30，宽为 20 的矩形，如图 1-11 所示。

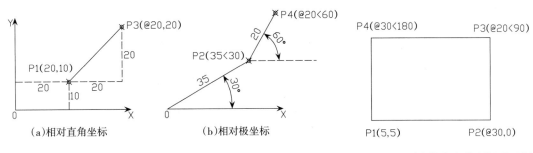

图 1-10　相对坐标图例　　　　　图 1-11　用直线命令绘制矩形示例

命令:LINE✓	运行直线命令
指定第一点:5,5✓	以绝对直角坐标方式输入 P1 点
指定下一点或[放弃(U)]:@30,0✓	以相对直角坐标方式输入 P2 点
指定下一点或[放弃(U)]:@20<90✓	以相对极坐标输入 P3 点
指定下一点或[闭合(C)/放弃(U)]:<正交　开>30✓	按 F8 打开正交模式,将光标移至 P3 左边,输入距离 30✓,此为相对极坐标简化方式
指定下一点或[闭合(C)/放弃(U)]:C✓	闭合该图形

结果如图 1-11 所示。

1.5　文件操作

常用的文件操作命令包括新建、打开和保存命令。

1.5.1　新建文件

命令：NEW

菜单：文件→新建

按钮：

单击标准工具栏中的 新建 按钮，出现如图 1-12 所示的对话框。

● 样板：指已设置好基本绘图环境的 ".dwt" 格式文件。使用样板可使新建的图形文件具有与样板相同的绘图环境，从而减少重复的绘图环境设置工作。

我们可选择常用的 "acadiso.dwt" 样板创建一个公制单位的新图。

图 1-12　选择样板对话框

1.5.2　打开文件并观察图形

A. 打开文件

命令：OPEN

菜单：文件→打开

按钮：

单击打开按钮，出现如图 1-13 所示的对话框。

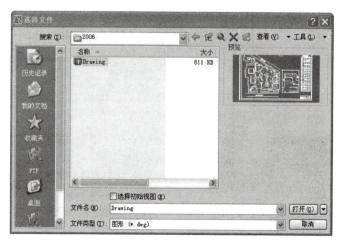

图 1-13　选择文件对话框

在文件列表中双击文件名或单击后点按打开按钮，将打开所选文件。如果文件不在列表中，可从"查找范围"下拉列表中寻找目标文件夹。

打开命令除了可以打开一个已存在的绘图文件外，还包括以下功能：

● 同时打开多个文件：按住＜Ctrl＞键或＜Shift＞键，同时用鼠标连续点取多个文件，单击打开按钮，即可将选中的所有文件全部打开。

● 以只读方式打开文件：以此方式打开的文件不可修改。

● 局部打开文件：当文件中包括了命名视图时，可以依照视图将图形中的某个视图及其相关的环境设定打开。

B. 视图缩放

命令：ZOOM（简写：Z）

菜单：视图→缩放

按钮：

命令及提示：

命令:ZOOM

指定窗口角点,输入比例因子(nX 或 nXP),或

［全部(A)/中心点(C)/动态(D)/范围(E)/上一个(P)/比例(S)/窗口(W)]＜实时＞:

参数：

● 指定窗口角点：通过定义窗口来确定放大范围。对应按钮。

● 输入比例因子（nX 或 nXP）：按照一定的比例来进行缩放。X 指相对于模型空间缩放，XP 指相对于图纸空间缩放。对应按钮。

● 全部（A）：在绘图窗口中显示整个图形，其范围取决于图形所占范围和绘图界限中较大的一个。对应按钮。

- 中心点（C）：指定中心点，将该点作为窗口中图形显示的中心。对应按钮🔍。
- 动态（D）：动态显示图形。对应按钮🔍。
- 范围（E）：将图形在窗口中最大化显示。对应按钮🔍。
- 上一个（P）：恢复缩放显示前一个视图。对应按钮🔍。
- 比例（S）：根据输入的比例显示图形。对应按钮🔍。
- 窗口（W）：同指定窗口角点。对应按钮🔍。
- <实时>：实时缩放，按住鼠标左键向上拖拽放大图形显示，按住鼠标左键向下拖拽缩小图形显示。对应按钮🔍。

视图缩放平移

C. 视图平移

命令：PAN（简写：P）

菜单：视图→平移→实时

按钮：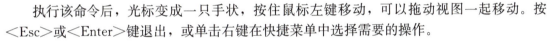

执行该命令后，光标变成一只手状，按住鼠标左键移动，可以拖动视图一起移动。按<Esc>或<Enter>键退出，或单击右键在快捷菜单中选择需要的操作。

D. 鼠标滚轮的缩放平移功能

a. 滚动鼠标滚轮 可对图形进行缩放，向前滚动滚轮图形放大，向后滚动滚轮图形缩小，此操作类似ZOOM命令的"实时"缩放选项。

b. 双击滚轮（或中间键） 图形在当前窗口中最大限度地显示，此操作类似ZOOM命令的"范围（E）"选项和按钮🔍。

c. 在绘图区拖拽滚轮 光标变成手状，图形将随着鼠标的移动而进行平移，此操作类似PAN命令。

E. 图形重生成 在实时缩放和平移视图的过程中，常会碰到图形显示精度不足（这并不影响图形的输出精度）的情形，或是平移、实时缩放不能再继续的情况，此时可用REGEN命令，重生成图形，解决上述问题。

命令：REGEN（简写：RE）

菜单：视图→重生成

命令:RE

REGEN

正在重生成模型

1.5.3 保存文件

命令：SAVE

菜单：文件→保存

按钮：💾

快捷键：<Ctrl+S>

如果编辑的文件已经命名，则系统不做任何提示，直接以当前文件名存盘；如果尚未命名，将弹出对话框，让用户确认保存路径和文件名后再保存。

1.5.4 另存文件

命令：SAVE AS

菜单：文件→另存为

执行该命令后，弹出如图 1-14 所示对话框。

在文件名文本框内输入文件的名称，若要改变文件存放的位置，可在"保存在"下拉列表框中选取新的文件夹。要改变文件格式，可在"文件类型"列表中选择需要的格式。需要注意的是：低版本软件不能开启高版本的图形。

AutoCAD 常用文件格式有：

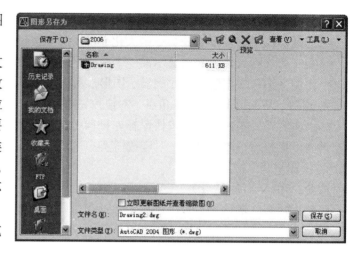

图 1-14　另存为对话框

A..dwg 格式　此格式是 AutoCAD 的专用图形文件格式，不同版本的 AutoCAD 的图形文件格式不同，高版本的图形文件不能在低版本的 AutoCAD 中打开。

B..dwt 格式　此格式是 AutoCAD 的样板文件格式，建立样板文件对大量的绘图作业十分有用，可以避免重复劳动。

C..dxf 格式　此格式是一种通用数据交换文件格式，采用此格式的 AutoCAD 图形可以被其他设计软件读取。

D..bak 格式　此格式是 AutoCAD 的备份文件格式，AutoCAD 在打开文件的时候会自动建立同名的 .bak 文件。当图形文件出现错误不能正常打开时，可以修改 bak 后缀为 dwg，恢复以前的绘图工作。

1.6　使用帮助

命令：HELP

菜单：帮助→AutoCAD 帮助

按钮：

快捷键：<F1>

在"命令："提示符下使用帮助，系统将切换到帮助主题，可以在帮助目录中按分类查找或在索引中通过关键词查找相关信息。

值得注意的是，如果在命令执行过程中运行帮助，可以直接获得与当前命令相关的帮助信息，如图 1-15 所示。

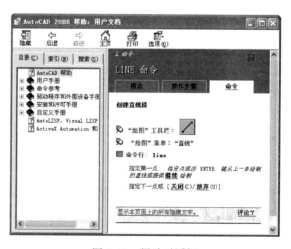

图 1-15　帮助对话框

【研讨与思考】

1. 与手工绘图相比，AutoCAD 绘图有哪些优点？
2. 用 AutoCAD 进行设计的常规流程包括哪些步骤？
3. 描述三种输入命令的方法，并说明命令运行的过程有何特点？
4. 重复执行上一个命令有哪几种方法？如何中断当前执行的命令？
5. 坐标的输入有几种方法？在键盘上输入点坐标的常用表示方法有哪几种？
6. 列出 AutoCAD 启动后显示的 4 个工具栏。若想打开其他工具栏应如何操作？
7. 鼠标右键菜单与下拉菜单相比有何不同？
8. ZOOM 和 PAN 命令有何作用？
9. 用 AutoCAD 绘图时，鼠标的左键、右键、滚轴键有何作用？
10. AutoCAD 常用文件格式有哪几种？分别是何类型的文件？
11. 如果想了解有关 LINE 命令的帮助信息，应如何操作？
12. 讨论题：为什么手工绘图一般不用 1∶1 的绘图比例？在 AutoCAD 中绘图却常常使用该比例绘图？用 1∶1 的比例绘图有何优势？

【上机实训题】

实训题 1-1：抄绘图 1-16 中几何体的三个投影（不标注尺寸）。

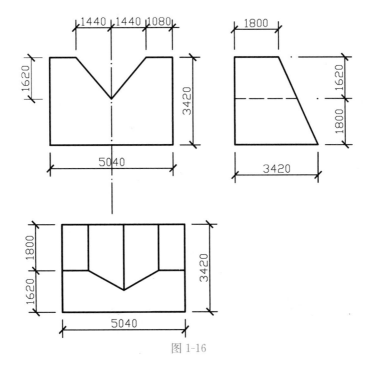

图 1-16

实训题 1-2：抄绘图 1-17 中几何体的两个投影，并画出第三面投影（不标注尺寸）。

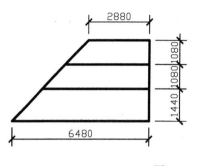
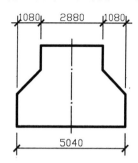

图 1-17

第2章 基本绘图

园林设计图大都是由各种图线和点所组成的，掌握基本的图线和点的绘制是利用 AutoCAD 进行设计的前提。为了方便绘图，AutoCAD 还提供了一些辅助工具，这些辅助工具和绘图命令结合使用，使我们能够快速、准确地完成图形的绘制。

本章内容：
- 绘制直线段
- 绘制构造线
- 绘制多段线
- 绘制矩形
- 绘制正多边形
- 绘制圆
- 绘制圆弧
- 绘制椭圆和椭圆弧
- 用辅助绘图工具控制光标
- 绘制圆环
- 绘制点和点样式设置
- 绘制样条曲线
- 绘制多线和多线样式设置
- 修订云线
- 徒手画线

2.1 边练边学

在学习了基本的文件操作后，我们通过一个练习来进一步说明图形的绘制过程。

2.1.1 实例演练四——绘平面几何图

打开 Tutorial \ 2 \ ex4. dwg，抄绘图 2-1 中的平面几何图。

A. 演练目的

①掌握平面几何图的绘制方法；②理解 1∶1 绘图原则；③掌握基本的绘图命令。

B. 命令及工具　下面是需要用到的命令（表 2-1）及工具（表 2-2）。

表 2-1

命令简写	命　令	含　义	命令所在章节
L	LINE	直线	2.2.1
C	CIRCLE	画圆	2.2.6
E	ERASE	删除	1.4.3
U	UNDO	取消	1.4.2
O	OFFSET	偏移复制	4.2.2
Tr	TRIM	修剪	4.2.4
Mi	MIRROR	镜像复制	4.2.2
F	FILLET	圆角	4.2.6

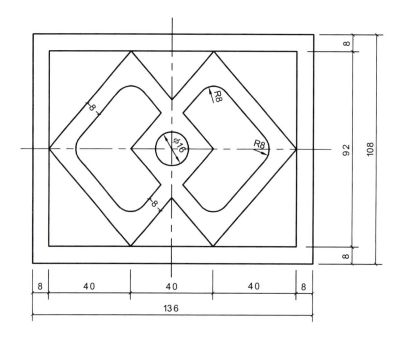

图 2-1

表 **2-2**

工具名称	操作和含义	工具所在章节
图层	新建图层；改变图层的名称、颜色、线型和线宽；变更当前图层；改变图形所属图层	3.2
对象捕捉	帮助光标准确捕捉图形的特征点（如线的端点、中点等）	2.3.2
极轴工具	控制光标沿极轴对齐角度进行捕捉	2.3.3

操作过程请扫码观看实例演练四演示。
请做实训题 2-1，2-2。

实例演练四

2.1.2 实例演练五——三视图和等轴测图

打开 Tutorial \ 2 \ ex5.dwg，抄绘图 2-2 中的几何体平面、立面和等轴测图，并绘出左侧立面。

A. 演练目的

①掌握几何体三视图的绘制方法；②理解三视图间的投影关系；③掌握正等测轴测图的绘制方法。

B. 命令及工具 下面是需要用到的主要新命令（表 2-3）及工具（表 2-4）。

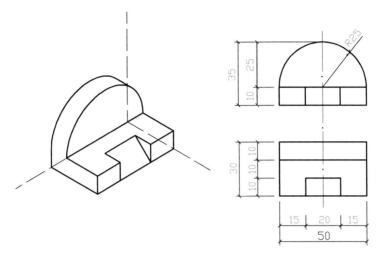

图 2-2

表 2-3

命令简写	命令	含义	命令所在章节
C	CIRCLE	画圆	2.2.6
EI	ELLIPSE	画椭圆	2.2.8
M	MOVE	移动	4.2.3
CP	COPY	复制	4.2.2
RO	ROTATE	旋转	4.2.3
TR	TRIM	修剪	4.2.4

表 2-4

工具名称	操作和含义	工具所在章节
对象追踪	帮助光标吸附在追踪线上,并捕捉到追踪线与图线、追踪线与追踪线的交点	2.3.2
极轴	控制光标沿极轴对齐角度进行捕捉	2.3.3
等轴测绘图模式	开启"等轴测捕捉"后,进入等轴测绘图模式	

上述练习帮助我们学习了几个简单的绘图命令,在实际绘图工作中往往不仅仅绘制直线这么简单,还包括许多诸如圆弧、椭圆、点等对象。下面我们将对常用的绘图命令进行详细讲解。

操作过程请扫码观看实例演练五演示。

C. 操作提示

(1) 开启"极轴,对象捕捉,对象追踪"。

(2) 先平面,后立面,注意两图"宽相等"投影关系;绘制左侧立面之前,先复制平面图并旋转,然后遵循"高平齐,宽相等",绘制图 2-3。

实例演练五

(3) 绘制轴测图之前,应设置极轴角为 30°(图 2-4);再设置"捕捉"工具,开启等轴测捕捉(图 2-5)。

(4) 欲绘制正等测圆,必先按"F5"调整光标对齐轴测面,在绘椭圆时选择"等轴测椭圆(I)"选项(图 2-6)。

请做实训题 2-3，2-4，2-5，2-6。

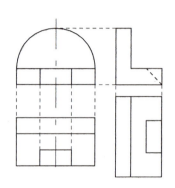

图 2-3 "高平齐，宽相等"

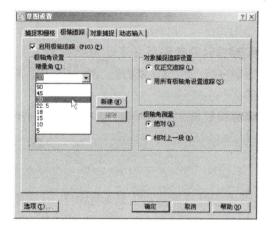

图 2-4 设置极轴角

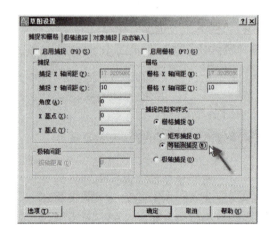

图 2-5 开启等轴测捕捉

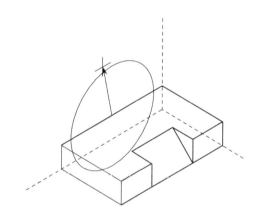

图 2-6 等轴测椭圆绘制

2.2 绘图命令一

2.2.1 绘制直线段

命令：LINE（简写：L）
菜单：绘图→直线
按钮：
命令及提示：
命令：LINE
指定第一点：
指定下一点或［放弃（U）］：
指定下一点或［闭合（C）/放弃（U）］：

直线命令绘制
等边三角形

参数：
- 指定第一点：定义直线的第一点。
- 指定下一点：定义直线的下一个端点。
- 放弃（U）：放弃刚绘制的直线。
- 闭合（C）：封闭直线段，使之首尾连成封闭的多边形。

【例2-1】 用直线命令绘制如图2-7所示的六边形。

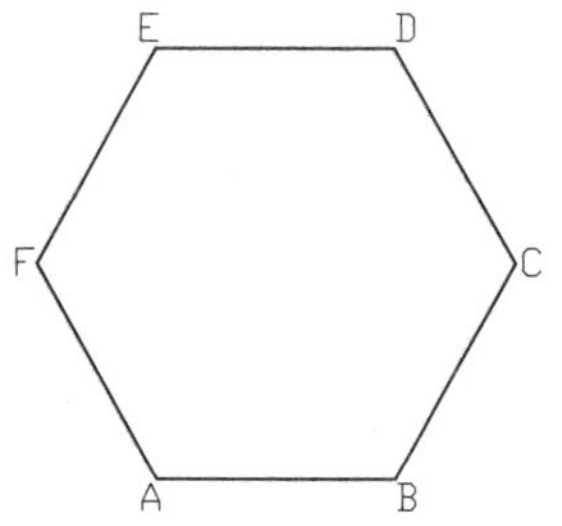

命令：LINE↙

指定第一点：**单击A点**

指定下一点或[放弃(U)]:@100,0↙　　　　　　　输入点B坐标

指定下一点或[放弃(U)]:@100＜60↙　　　　　　输入点C坐标

指定下一点或[闭合(C)/放弃(U)]:@100＜120↙　　输入点D坐标

指定下一点或[闭合(C)/放弃(U)]:@－100,0↙　　　输入点E坐标

指定下一点或[闭合(C)/放弃(U)]:@100＜240↙　　输入点F坐标

指定下一点或[闭合(C)/放弃(U)]:C↙　　　　　　闭合直线

图2-7　直线绘制示例

2.2.2 绘制构造线

构造线是向两方无限延长的线。在园林绘图中，可用构造线绘制辅助轴线。

命令： XLINE（简写：XL）

菜单： 绘图→构造线

命令及提示：

命令:XLINE

指定点或[水平(H)/垂直(V)/角度(A)/二等分(B)/偏移(O)]:

指定通过点:

参数：
- 指定第一点：定义构造线的第一点。
- 指定通过点：定义下一个通过构造线的点。
- 水平（H）：绘制相互水平的构造线。
- 垂直（V）：绘制相互垂直的构造线。
- 角度（A）：设置一定的角度，绘制有一定角度的构造线。
- 二等分（B）：通过指定点，绘制的构造线可将对象平分。
- 偏移（O）：可以将构造线复制并且移动一定距离。

【例2-2】 用构造线命令绘制轴线，如图2-8所示。

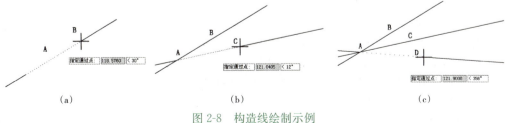

(a)　　　　　　　　　　(b)　　　　　　　　　　(c)

图2-8　构造线绘制示例

命令:XLINE↙
指定点或[水平(H)/垂直(V)/角度(A)/二等分(B)/偏移(O)]:**选取点 A**
指定通过点:**选取通过点 B**　　　　　　　　　见图 2-9(a)
指定通过点:**选取通过点 C**　　　　　　　　　见图 2-9(b)
指定通过点:**选取通过点 D**↙　　　　　　　　见图 2-9(c)

2.2.3　绘制多段线

多段线是由一系列具有宽度性质的直线段或圆弧段组成的单一对象,它与使用 LINE 命令绘制的彼此独立的线段有明显不同。

命令：PLINE（简写：PL）

菜单：绘图→多段线

按钮：

命令及提示：

命令:PLINE
指定起点:
指定下一点或[圆弧(A)/闭合(CL)/半宽(H)/长度(L)/放弃(U)/宽度(W)]:A↙
指定圆弧的端点或
[角度(A)/圆心(CE)/闭合(CL)/方向(D)/半宽(H)/直线(L)/半径(R)/第二点(S)/放弃(U)/宽度(W)]:

绘制多段线

参数：

- 下一点：输入点后，绘制一条直线段。
- 闭合：在当前位置到多段线起点之间绘制一条直线段以闭合多段线。
- 半宽：输入多段线宽度值的一半。
- 长度：沿着前一线段相同的角度并按指定长度绘制直线段。
- 放弃：删除最近一次添加到多段线上的直线段。
- 宽度：指定下一条直线段的宽度。
- 圆弧：将弧线段添加到多段线中。选择此参数，进入圆弧绘制状态，出现绘制圆弧的一系列参数，其含义如下：
  - 端点：指定绘制圆弧的端点。弧线段从多段线上一段端点的切线方向开始绘制。
  - 角度：指定从起点开始的弧线段包含的圆心角。
  - 圆心：指定绘制圆弧的圆心。
  - 闭合：将多段线首尾相连封闭图形。
  - 方向：指定弧线段的起点方向。
  - 半宽：输入多段线宽度值的一半。
  - 直线：转换成直线绘制方式。
  - 半径：指定弧线段的半径。
  - 第二点：指定三点圆弧的第二点和端点。
  - 放弃：取消最近一次添加到多段线上的弧线段。
  - 宽度：指定下一弧线段的宽度。

【**例 2-3**】用多段线绘制如图 2-9 所示图形。

命令:PLINE↙
指定起点:**点取 A 点**
当前线宽为 0.000 0
指定下一点或[圆弧(A)/闭合(C)/半宽(H)/长度(L)/
放弃(U)/宽度(W)]:<极轴 开>50↙　按<F10>打开极轴追踪,水平向右绘制 50 长的线段 AB
指定下一点或[圆弧(A)/闭合(C)/半宽(H)/长度(L)/
放弃(U)/宽度(W)]:50↙　　　　　　　　　垂直向上绘制 50 长的线段 BC
指定下一点或[圆弧(A)/闭合(C)/半宽(H)/长度(L)/
放弃(U)/宽度(W)]:A↙　　　　　　　　　　进入圆弧绘制状态
指定圆弧的端点或[角度(A)/圆心(CE)/闭合(CL)/方向(D)/半宽(H)/
直线(L)/半径(R)/第二点(S)/放弃(U)/宽度(W)]:W↙　　设定线宽
指定起点宽度<0.0000>:↙　　　　　　　　　圆弧起点线宽为 0
指定端点宽度<0.0000>:5↙　　　　　　　　　圆弧端点线宽为 5
指定圆弧的端点或[角度(A)/圆心(CE)/闭合(CL)/方向(D)/半宽(H)/
直线(L)/半径(R)/第二点(S)/放弃(U)/宽度(W)]:50↙　水平向右绘制弦长为 50 的圆弧 CD
指定圆弧的端点或[角度(A)/圆心(CE)/闭合(CL)/方向(D)/半宽(H)/
直线(L)/半径(R)/第二点(S)/放弃(U)/宽度(W)]:L↙　退出圆弧绘制状态,进入直线绘制
指定下一点或[圆弧(A)/闭合(C)/半宽(H)/长度(L)/
放弃(U)/宽度(W)]:50↙　　　　　　　　　垂直向下绘制 50 长的线段 DE
指定下一点或[圆弧(A)/闭合(C)/半宽(H)/长度(L)/
放弃(U)/宽度(W)]:W↙　　　　　　　　　设定线宽
指定起点宽度<5.0000>:0↙　　　　　　　　直线起点线宽为 0
指定端点宽度<0.0000>:↙　　　　　　　　　直线端点线宽为 0
指定下一点或[圆弧(A)/闭合(C)/半宽(H)/长度(L)/
放弃(U)/宽度(W)]:50↙　　　　　　　　　水平向右绘制 50 长的线段 EF
指定下一点或[圆弧(A)/闭合(C)/半宽(H)/长度(L)/放弃(U)/宽度(W)]:↙　　结束命令
结果如图 2-9 所示。

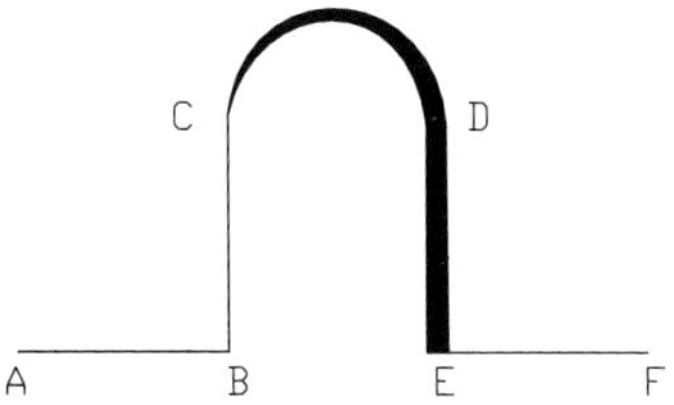

图 2-9　多段线示例

2.2.4　绘制矩形

命令：RECTANGLE（简写：REC）

菜单：绘图→矩形

按钮：

命令及提示：

命令:RECTANG
指定第一个角点或[倒角(C)/标高(E)/圆角(F)/厚度(T)/宽度(W)]:
指定另一个角点或[面积(A)/尺寸(D)/旋转(R)]:

常用参数：

- 第一个角点：定义矩形的一个顶点。
- 另一个角点：定义矩形的另一个对角顶点。
- 倒角（C）：绘制带倒角的矩形。
  ➢ 第一倒角距离：定义第一倒角距离。

绘制矩形

➢ 第二倒角距离：定义第二倒角距离。
- 圆角（F）：绘制带圆角的矩形。
  ➢ 矩形的圆角半径：定义圆角半径。
- 厚度（T）：绘制三维立方体。
- 宽度（W）：定义矩形的线宽。
- 面积（A）：通过指定面积和一个边长（长度或宽度）来创建矩形。程序将计算另一个边长并完成矩形。
- 尺寸（D）：通过指定长度或宽度来创建矩形。
- 旋转（R）：通过指定旋转角度来创建矩形。

【例 2-4】绘制如图 2-10 所示的 40×30 的矩形，其中图（b）倒角距离均为 5，图（c）圆角半径均为 5，图（d）线宽为 1。

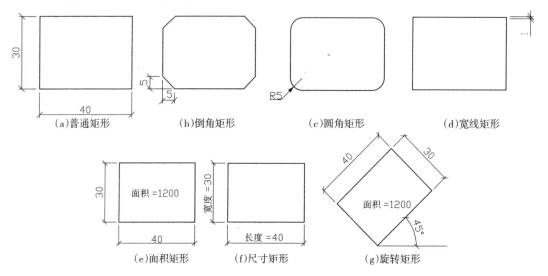

图 2-10 矩形绘制示例

命令：RECTANG↙
指定第一个角点或[倒角(C)/标高(E)/圆角(F)/厚度(T)/宽度(W)]：**点取(a)图矩形左下角点**
指定另一个角点：@40,30↙　　　　　　确定右上角点

若设定倒角参数，则可绘出（b）图；若设定圆角参数，则可绘出（c）图；若设定宽度参数，则可绘出（d）图；若设定面积参数，指定一边长，则可绘出（e）图；若设定尺寸参数，则可绘出（f）图；若设定旋转参数，则可绘出（g）图。

2.2.5 绘制正多边形

命令：POLYGON（简写：POL）

菜单：绘图→多边形

按钮：

命令及提示：

命令：POLYGON
输入边的数目<X>：

绘制正多边形

指定多边形的中心点或[边(E)]：
输入选项[内接于圆(I)/外切于圆(C)]<I>：
指定圆的半径：

参数：
- 边的数目：输入正多边形的边数。
- 中心点：指定绘制的正多边形的中心点。
- 边（E）：采用输入其中一条边的方式产生正多边形。
- 内接于圆（I）：绘制的多边形内接于随后定义的圆。
- 外切于圆（C）：绘制的正多边形外切于随后定义的圆。
- 圆的半径：定义内切圆或外接圆的半径。

【例 2-5】 绘制如图 2-11 所示图形。
首先用直线命令绘制直线 AB 和 AC：
命令：POLYGON↙
输入边的数目<4>：5↙
指定多边形的中心点或[边(E)]：E↙
指定边的第一个端点：**捕捉 C 点**
指定边的第二个端点：**捕捉 B 点**

正五边形绘制完毕。用绘制圆命令绘制以 DE 为直径的圆：

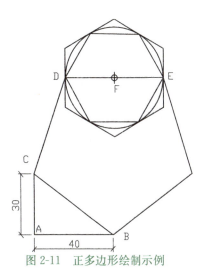

图 2-11　正多边形绘制示例

命令：POLYGON↙
输入边的数目<5>：6↙
指定多边形的中心点或[边(E)]：**捕捉圆心 F 点**
输入选项[内接于圆(I)/外切于圆(C)]<I>：↙
指定圆的半径：**捕捉 E 点**

用"内接于圆"方式绘制多边形
圆的内接六边形绘制完毕

命令：POLYGON↙
输入边的数目<6>：↙
指定多边形的中心点或[边(E)]：**捕捉圆心 F 点**
输入选项[内接于圆(I)/外切于圆(C)]<I>：C↙
指定圆的半径：**捕捉 E 点**

用"外切于圆"方式绘制多边形
圆的外切六边形绘制完毕

2.2.6　绘制圆

命令：CIRCLE（简写：C）

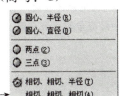

菜单：绘图→圆→
按钮：

根据已知条件不同，可以有六种方式绘制圆。
命令及提示：

绘制圆

命令:CIRCLE

指定圆的圆心或[三点(3P)/两点(2P)/相切、相切、半径(T)]:

指定圆的半径或[直径(D)]<300.0000>:

参数:

- 指定圆的圆心:指定圆心坐标。
- 半径（R）:指定圆心后再定义半径绘制圆。
- 直径（D）:指定圆心后再定义直径绘制圆。
- 两点（2P）:基于圆直径上的两个端点绘制圆。
- 三点（3P）:基于圆周上的三点绘制圆。
- 相切、相切、半径（T）:绘制指定半径并和两个对象相切的圆。
- 相切、相切、相切（TTT）:绘制和三个对象相切的圆。

【例 2-6】打开 Tutorial \ 2 \ 2-6.dwg，如图 2-12 所示，将图 2-12（a）补绘为图 2-12（b）所示图形，其中圆 O_2 半径为 30。

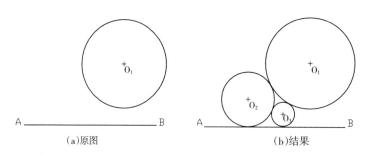

图 2-12　绘制圆示例

命令:C↙
CIRCLE 指定圆的圆心或
[三点(3P)/两点(2P)/相切、相切、半径(T)]:T↙　　　　选用相切、相切、半径方式绘制圆
在对象上指定一点作圆的第一条切线:**将光标靠近线段 AB,出现相切符号时点击左键**
在对象上指定一点作圆的第二条切线:**将光标靠近圆 O_1 左方,出现相切符号时点击左键**
指定圆的半径<13.330 8>:30↙　　　　　　　　　　　输入圆半径为 30,绘出圆 O_2
点击下拉菜单:绘图→圆→相切、相切、相切
命令:CIRCLE↙
指定圆的圆心或[三点(3P)/两点(2P)/相切、相切、半径(T)]:3P
指定圆上的第一点:tan 到　**将光标靠近圆 O_1,出现相切符号时点击左键**
指定圆上的第二点:tan 到　**将光标靠近圆 O_2,出现相切符号时点击左键**
指定圆上的第三点:tan 到　**将光标靠近直线 AB,出现相切符号时点击左键**
结果如图 2-12（b）所示。

2.2.7　绘制圆弧

命令：ARC（简写：A）

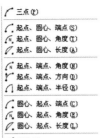

绘制圆弧

菜单：绘图→圆弧→
按钮：

根据已知条件不同，可以有以下八种方式绘制圆弧，如图 2-13 所示。

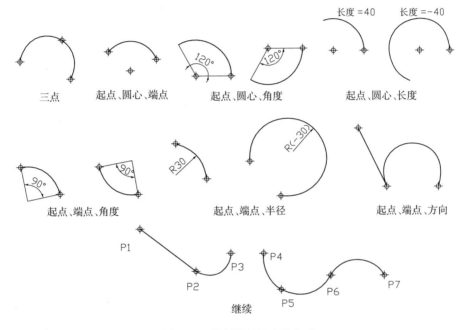

图 2-13 绘制圆弧的八种方式

参数：
- 三点：指定圆弧的起点、第二点、终点绘制圆弧。
- 起点：指定圆弧的起始点。
- 第二点：指定圆弧上任意一点。
- 圆心：指定圆弧的圆心。
- 端点：指定圆弧的终止点。
- 方向：指定和圆弧起点相切的方向。
- 长度：指定圆弧的弦长。正值绘制小于 180°的圆弧，负值绘制大于 180°的圆弧。
- 角度：指定圆弧包含的圆心角。顺时针为负，逆时针为正。
- 半径：指定圆弧的半径。按逆时针绘制，正值绘制小于 180°的圆弧，负值绘制大于 180°的圆弧。

注意：

（1）使用下拉菜单绘制圆弧的过程中，各项参数是明确的，不用再选择参数。

（2）如使用 ARC 命令或按钮绘制圆弧，需根据已知条件和命令行提示，逐项选择参数。

（3）输入角度或长度时，正负值会影响圆弧的绘制方向。

2.2.8 绘制椭圆和椭圆弧

命令：ELLIPSE（简写：EL)

菜单：绘图→椭圆

按钮：

椭圆弧和椭圆绘制方法差不多，可输入命令 ELLIPSE，也可以按 执行椭圆弧命令。

绘制椭圆和椭圆弧

命令及提示：

命令:ELLIPSE

指定椭圆的轴端点或[圆弧(A)/中心点(C)/等轴测圆(I)]：

指定椭圆的中心点：

指定轴的端点：

指定另一条半轴长度或[旋转(R)]：

参数：

- 端点：指定椭圆轴的端点。
- 中心点：指定椭圆的中心点。
- 等轴测圆：当打开等轴测捕捉时，出现此选项。可在当前等轴测绘图平面绘制一个等轴测圆。
- 半轴长度：指定半轴的长度。
- 旋转：指定一轴相对于另一轴的旋转角度，角度值需在 0°～89.4°。

【**例 2-7**】绘制如图 2-14 所示的椭圆及椭圆弧。

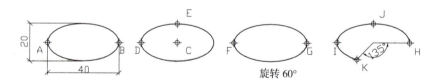

图 2-14 椭圆绘制示例

命令:ELLIPSE↙

指定椭圆的轴端点或[圆弧(A)/中心点(C)]：**点取 A 点**

指定轴的另一个端点:@40,0↙   输入 B 点坐标

指定另一条半轴长度或[旋转(R)]:10↙

命令:↙   回车重复命令

ELLIPSE

指定椭圆的轴端点或[圆弧(A)/中心点(C)]:C↙

指定椭圆的中心点：**点取 C 点**

指定轴的端点:@-20,0↙   输入 D 点坐标

指定另一条半轴长度或[旋转(R)]:10↙

命令:↙

ELLIPSE

指定椭圆的轴端点或[圆弧(A)/中心点(C)]:**点取 F 点**

指定轴的另一个端点:@40,0✓　　　　　　　　输入 G 点坐标

指定另一条半轴长度或[旋转(R)]:R✓

指定绕长轴旋转:60✓

命令:✓

ELLIPSE

指定椭圆的轴端点或[圆弧(A)/中心点(C)]:A✓

指定椭圆弧的轴端点或[中心点(C)]:**点取 H 点**

指定轴的另一个端点:@−40,0✓　　　　　　　输入 I 点坐标

指定另一条半轴长度或[旋转(R)]:10✓

指定起始角度或[参数(P)]:0✓

指定终止角度或[参数(P)/包含角度(I)]:225✓

结果如图 2-14 所示。

2.3　使用辅助绘图工具

在绘制和编辑图形时，我们常需要在屏幕上指定点坐标。最快的定点方法是通过光标直接拾取，但是此方法精度很低；用输入坐标的方法定点有很高的精度，但过程很麻烦。为了既精确又快速地定点，AutoCAD 提供了正交、对象捕捉等几种辅助绘图工具，用来控制光标的移动，有助于在快速绘图的同时，保证绘图精度。

2.3.1　正交模式

在绘制水平和垂直直线时，为减少绘图误差，可打开正交模式，约束光标在水平或垂直方向上移动。

按钮：状态栏中 正交 按钮

快捷键：<F8>

注意：此模式可在其他命令运行过程中切换。在绘图过程中可按<Shift>键临时打开正交模式。

正交工具用法

【例 2-8】绘制如图 2-15 所示图形。

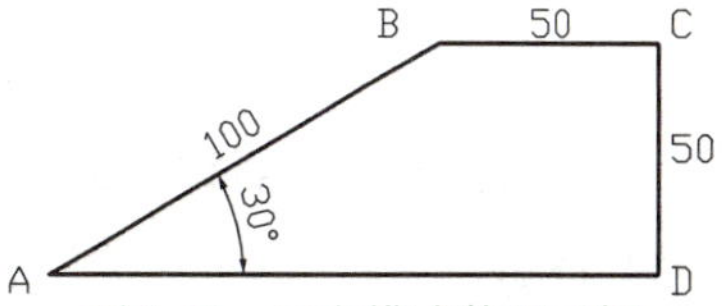

命令:L✓

LINE 指定第一点:**用鼠标左键在绘图区点取 A 点**

指定下一点或[放弃(U)]:@100<30✓　　　　　使用相对坐标输入 B 点

指定下一点或[放弃(U)]:<正交 开>50✓　　　按<F8>打开正交,将光标移到 B 点右方,输入长度 50✓,得到 C 点

指定下一点或[闭合(C)/放弃(U)]:50✓　　　　将光标移到 C 点下方,输入长度 50✓,得到 D 点

指定下一点或[闭合(C)/放弃(U)]:C✓　　　　将多边形闭合

图 2-15　正交模式使用示例

2.3.2　对象捕捉和对象追踪

在图形绘制过程中，常需要根据已有的对象来确定点坐标，对象捕捉可以帮助我们快速、准确定位图形对象中的特征点，提高绘图的精度和工作效率。

如图 2-16 所示，欲绘制直线 AB，其中 A 点是两直线交点，B 点是直线和圆的切点。运行 LINE 命令后，如果用光标直接拾取 A、B 两点，则很难找准，但使用对象捕捉工具，就变得轻而易举。

对象捕捉有两种使用方式，即临时对象捕捉和对象捕捉模式。

A. 一次性捕捉 一次性捕捉是指在某一命令执行中临时选取捕捉对象某一特征点，捕捉完成后，该对象捕捉功能就自动关闭。

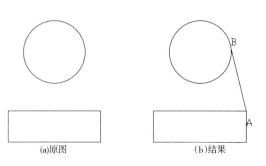

图 2-16 对象捕捉示例

我们可以通过两种方法来调用一次性捕捉。一是通过"对象捕捉"工具栏，如图 2-17 所示；二是通过"<Ctrl>键或<Shift>键+鼠标右键"调出的快捷菜单，如图 2-18 所示。

下面是图 2-16（b）中 AB 线段绘制过程：

命令:LINE↙

指定第一点:按"<Shift>+鼠标右键"的组合键，在弹出的图 2-19 所示的快捷菜单中选取"交点"选项

_int 于 将光标移近 A 点,此时 A 点处出现交点的标记符号,单击左键即可准确找到 A 点

指定下一点或[放弃(U)]:点击对象捕捉工具栏的捕捉切点图标

_tan 到 将光标移近圆右侧,此时 B 点处出现切点的标记符号,单击左键即可准确找到 B 点

指定下一点或[放弃(U)]:↙   结束直线命令

结果如图 2-16（b）所示。

图 2-17 对象捕捉工具栏

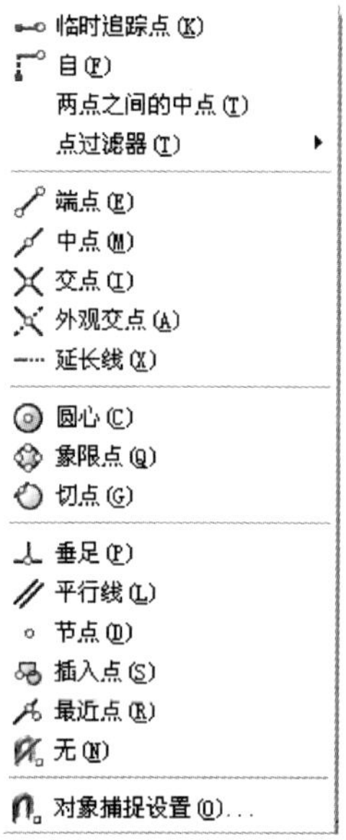

图 2-18 对象捕捉右键快捷菜单

对象捕捉的各项名称含义如表 2-5 所示。

☞ 注意:

（1）只有在绘图过程中出现输入点的提示时,方可使用对象捕捉,否则,将视为无效命令。

（2）一次性捕捉只对一次捕捉有效,使用一次。如需再次捕捉需要再次启用。连续的对象捕捉则建议使用对象捕捉模式。

表 2-5 一次捕捉的各项名称含义

对象捕捉名称	工具栏	说　明
临时追踪点		启用临时追踪点功能,单击确定追踪点
自		捕捉自参照的点可结合点坐标输入使用
端点		捕捉弧、椭圆弧、直线、多线、多段线或射线最近的端点,或者捕捉宽线、实体或与三维面域的最近角点

(续)

对象捕捉名称	工具栏	说明
中点	/	捕捉弧、椭圆、椭圆弧、直线、多线、多段线、实体、样条曲线或参照线的中点
交点	×	捕捉弧、圆、椭圆、椭圆弧、直线、多线、多段线、射线、样条曲线或参照线的交点
外观交点	×	捕捉两个对象（弧、椭圆、椭圆弧、直线、多线、多段线、样条曲线或参照线）的外观交点，它们在3D空间中可能相交，也可能不相交
延伸	---	当鼠标经过对象端点时，显示临时延伸线，可以用延伸线上的点绘制对象
圆心	⊙	捕捉弧、圆、椭圆或椭圆弧的中心
象限点	◇	捕捉圆弧、圆、椭圆、椭圆弧的四分之一象限点处
切点	○	捕捉圆弧、圆、椭圆、椭圆弧的切点
垂足	⊥	捕捉垂直于圆弧、圆、椭圆、椭圆弧、线、多线、多段线、射线、实体、样条曲线或参照线的点
平行	//	AutoCAD绘图过程中提示第二点时，可以绘制出平行于另一对象的矢量
节点	·	捕捉一个点对象、尺寸标注的定义、标注文字的起点
插入点	⊕	捕捉图块、属性、形或文本的插入点
最近点	⊠	捕捉圆弧、圆、椭圆、椭圆弧、线、多线、多段线、点、样条曲线或参照线上距离光标最近的点
无	⊘	取消对象捕捉
对象捕捉设置	n.	打开对象捕捉选项卡

B. 对象捕捉模式 临时对象捕捉方式在每次进行对象捕捉前，需要先选取菜单或工具，比较麻烦。在进行连续、大量的对象特征点捕捉时，常使用对象捕捉模式，它可以先设置一些特征点名称，然后在绘图过程中可以连续地进行捕捉。

要使用对象捕捉模式，必须先对其进行设置。

命令：DSETTINGS   **简写**：DS

菜单：工具→草图设置

按钮："对象捕捉"工具栏 n.

也可在状态栏中的 对象捕捉 按钮上右击，从快捷菜单中选择"设置"，打开"草图设置"对话框中的"对象捕捉"选项卡，如图2-19所示。

该选项卡包含的常用参数含义如下：

• 启用对象捕捉：控制是否启用对象捕捉。可用<F3>功能键或状态栏的 对象捕捉 按钮，控制启用和关闭对象捕捉。

• 启用对象捕捉追踪：控制是否启用对象捕捉追踪。关于对象捕捉追踪将在稍后的内容中介绍。

• 全部清除：关闭所有对象捕捉模式。

• 全部选择：打开所有对象捕捉模式。

对象捕捉工具用法

图2-19 对象捕捉设置选项卡

对象捕捉模式区　设置捕捉的对象特征点,其中的各项参数参考表2-5。

⚐ 注意：

（1）在对象密集的图形中使用对象捕捉模式,往往不容易选准所需的特征点,此时可按<Tab>键切换捕捉各点,也可用临时对象捕捉方式进行捕捉。

（2）如在绘图中需要暂时关闭对象捕捉模式,可按<F3>功能键或点击状态栏中的 对象捕捉 按钮,暂时关闭对象捕捉模式。

2.3.3　自动追踪

"追踪"是指从图形中已有的点引出追踪线,将光标吸附在追踪线上来定位所需的点。自动追踪有两种方式:一种为极轴追踪,另一种为对象追踪（也称对象捕捉追踪）。

A. 极轴追踪　极轴追踪是在指定起始点后,命令提示指定另一点时,AutoCAD 按预设的角度增量方向显示出追踪线（虚线）,这时可将光标吸附在追踪线上,点取所需要的点。

极轴追踪与正交模式相似,但其角度设定更为灵活,而且与对象捕捉结合使用时,还可捕捉追踪线与图线的交点。正交和极轴不能同时打开。打开正交自动关闭极轴,打开极轴自动关闭正交。

a. 极轴追踪的设置

命令：DSETTINGS

菜单：工具→草图设置

还可以在状态栏中右击 极轴 按钮,选择快捷菜单中的"设置",打开"草图设置"对话框中的"极轴追踪"选项卡,如图 2-20 所示。

该选项卡包含的常用参数含义如下：

● 启用极轴追踪：打开或关闭极轴追踪,其快捷键为<F10>。

极轴角设置区

● 角增量：设置极轴角增量大小。缺省为 90°,即捕捉 90°的整数倍角度。用户可以选择其他预设角度或输入新的角度。当光标移动到设定角度或其整数倍角度附近时,自动被吸附过去并显示极轴和当前的方位。

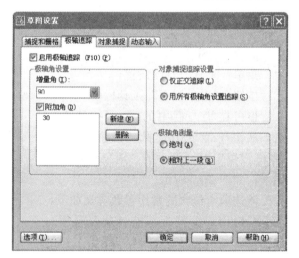

自动追踪用法

图 2-20　极轴追踪设置

● 附加角：该复选框设定是否启用附加角。极轴追踪时,系统会捕捉角增量及其整倍数角度和附加角度,但不捕捉附加角的整倍数角度。

● 新建 ：新增加一个附加角。

● 删除 ：删除选定的附加角。

对象捕捉追踪设置区

● 仅正交追踪：在对象捕捉追踪时仅采用正交方式。

● 用所有极轴角设置追踪：在对象捕捉追踪时采用所有极轴角。

极轴角测量单位区

● 绝对：设置极轴角为绝对角度。

● 相对于上一段：设置极轴角为相对于上一段的角度。

b. 极轴追踪的使用　下面我们通过一个例子说明如何使用极轴追踪。

【例 2-9】用极轴追踪绘制如图 2-21 所示的矩形。

（1）右击状态行的 极轴 按钮，在弹出的菜单中选择"设置"，打开"草图设置"对话框，如图 2-22 所示。

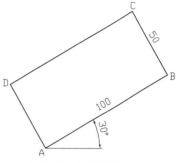

图 2-21　极轴追踪示例

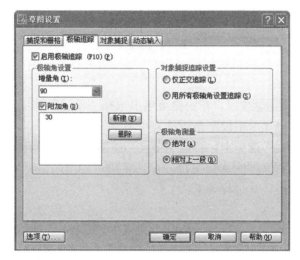

极轴工具用法

图 2-22　极轴追踪设置

（2）打开"启用极轴追踪"复选框，确认"角增量"为 90。

（3）打开"附加角"复选框，并新建一个 30°的附加角。

（4）打开"用所有极轴角设置追踪"复选框。

（5）设定"极轴角测量单位"为"相对上一段"，按 确定 按钮结束设置。

（6）运行绘制直线命令，其过程如下：

命令:L↙

LINE 指定第一点:*在绘图区选取 A 点*

指定下一点或[放弃(U)]:100↙　　　　将光标移至 30°附近，出现 30°追踪线，输入 100↙，得到 B 点

指定下一点或[放弃(U)]:50↙　　　　　将光标移至 C 点附近，出现 90°追踪线，输入 50↙，得到 C 点

指定下一点或[闭合(C)/放弃(U)]:100↙　将光标移至 D 点附近，出现 90°追踪线，输入 100↙，得到 D 点

指定下一点或[闭合(C)/放弃(U)]:C↙　　闭合图形，结束命令

结果如图 2-21 所示。

B. 对象追踪　对象追踪（又称对象捕捉追踪）必须在对象捕捉、对象追踪模式同时打开时方可使用。它可以在对象捕捉点发出各极轴方向的追踪线，这样就可以方便地获取追踪线上的点。此外，用它还可以捕捉到追踪线与图线、追踪线与追踪线的交点。

利用对象追踪功能，我们就可以在绘图过程中省去许多绘制辅助线的工作。

a. 对象追踪的设置　对象追踪的设置包含两个方面：一是极轴追踪设置，二是对象捕捉设置。这两部分在前面已经做过详细介绍。启用/关闭对象追踪的快捷键为<F11>。

b. 对象追踪的使用　下面我们通过一个例子说明如何使用对象追踪。

【例 2-10】打开 Tutorial \ 2 \ 2-10.dwg，用对象追踪功能，在已知矩形的中心绘制半径为 10 的圆，如图 2-23（c）所示。

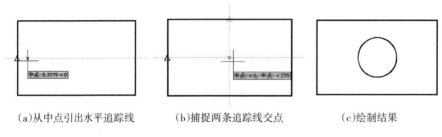

(a)从中点引出水平追踪线　　　(b)捕捉两条追踪线交点　　　(c)绘制结果

图 2-23　对象追踪示例

（1）右击状态行的 极轴追踪 按钮，在快捷菜单中选择"设置"选项，打开"草图设置"对话框，在"极轴追踪"选项卡中设定角增量为"90"。

（2）点取"对象捕捉"选项卡，打开"中点"捕捉模式。按 确定 按钮完成设置。

（3）打开状态行的 对象捕捉 和 对象追踪 按钮。

（4）运行绘制圆命令，其过程如下：

命令：C↙

CIRCLE 指定圆的圆心或[三点(3P)/两点(2P)/相切、相切、半径(T)]:将光标移到矩形左边线中点上，稍微停留，出现中点标记和小十字标记后，将光标水平移开，此时出现文字提示和追踪线，如图 2-24(a)所示；再将光标移到矩形相邻边线中点，又出现了中点标记和追踪线，此时，移动光标使两条追踪线相交，单击左键选取交点位置

指定圆的半径或[直径(D)]<10.0000>:10↙　　　输入半径为 10，绘出圆

结果如图 2-23（c）所示。

2.4　绘图命令二

2.4.1　绘制圆环

命令：DONUT（简写：DO）
菜单：绘图→圆环
命令及提示：

命令：DONUT
指定圆环的内径<XX>:
指定圆环的外径<XX>:
指定圆环的中心点<退出>:

参数：

- 内径：定义圆环的内圈直径。

绘制圆环

- 外径：定义圆环的外圈直径。
- 中心点：指定圆环的圆心位置。
- 退出：结束圆环绘制，否则可以连续绘制同样的圆环。

【例2-11】绘制如图2-24所示图形。

图2-24　圆环绘制示例

命令:DONUT↙
指定圆环的内径<10.0000>:5↙
指定圆环的外径<20.0000>:10↙
指定圆环的中心点<退出>:100,100↙
指定圆环的中心点<退出>:↙
左侧圆环绘制完毕。
命令:↙
DONUT
指定圆环的内径<5.0000>:0↙
指定圆环的外径<10.0000>:↙
指定圆环的中心点<退出>:115,100↙
指定圆环的中心点<退出>:↙
右侧圆环绘制完毕。

2.4.2　点的绘制

在AutoCAD中，点是一个较简单的实体，可被编辑。根据需要可用三种方法绘制点。

A. 绘制点和点样式设置

命令：POINT（简写：PO）

菜单：绘图→点

按钮：·

命令及提示：

命令:POINT
当前点模式:PDMODE=33　PDSIZE=3.000 0　　　当前绘制点的显示模式和大小
指定点:　　　　　　　　　　　　　　　　　　定义点的位置

从菜单栏绘图，"点"命令中可选择单点或多点两种方法绘制点。如果选择的是单点，一次只能画一个点；选择多点，可连续画点，直到按<Enter>键或<Esc>键结束。

点的外观形式和大小可以通过点样式来控制。点样式设置方法如下：

菜单：格式→点样式

运行命令后弹出如图2-25所示的"点样式"对话框。

可以选取点的外观形式，并设置点的显示大小，可以相对于屏幕设置点的尺寸，也可以用绝对单位设置点的尺寸。设置完成后，图形内的点对象就会以新的设定来显示。

B. 绘制定数等分点　DIVIDE命令可以在图形对象的定数等分处绘制点，可以定数等分的对象包括圆弧、圆、椭圆、椭

图2-25　点样式对话框

圆弧、直线、多段线和样条曲线，如图 2-26 所示。

命令：DIVIDE（简写：DIV）

菜单：绘图→点→定数等分

命令及提示：

命令:DIVIDE

选择要定数等分的对象：

输入线段数目或[块(B)]：

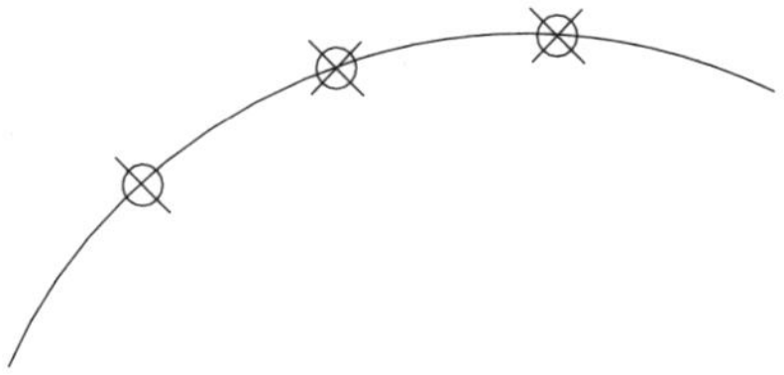

图 2-26　绘制定数等分点

参数：

- 选择要定数等分的对象：对象可以是圆弧、圆、椭圆、椭圆弧、多段线和样条曲线。
- 线段数目：指定等分的数目。

C. 绘制定距等分点　在某线段上的指定距离等分处绘制点，如图 2-27 所示，可以采用 MEASURE 命令来完成。

图 2-27　绘制定距等分点

命令：MEASURE

菜单：绘图→点→定距等分

命令及提示：

命令:MEASURE

选择要定距等分的对象：

指定线段长度或[块(B)]：

参数：

- 选择要定距等分的对象：对象可以是圆弧、圆、椭圆、椭圆弧、直线、多段线和样条曲线。
- 线段长度：指定等分的长度。

2.4.3　绘制样条曲线

园林设计中有许多自由曲线，可以用样条曲线命令绘制。

命令：SPLINE（简写：SPL）

菜单：绘图→样条曲线

按钮：

命令及提示：

命令:SPLINE

指定第一个点或[对象(O)]：

指定下一点：

指定下一点或[闭合(C)/拟合公差(F)]<起点切向>：

绘制样条曲线

参数：

- 对象（O）：将已存在的拟合样条曲线多段线转换为等价的样条曲线。
- 第一点：定义样条曲线的起始点。
- 下一点：样条曲线定义的一般点。
- 闭合（C）：样条曲线首尾连成封闭曲线。

- 拟合公差（F）：定义拟合公差大小。拟合公差控制样条曲线与指定点间的偏差程度，值越大，生成的样条曲线越光滑。
- 起点切向：定义起点处的切线方向。
- 端点切向：定义终点处的切线方向。
- 放弃（U）：该选项不在提示中出现，可输入 U 取消上一段曲线。

【例 2-12】绘制如图 2-28 所示图形。

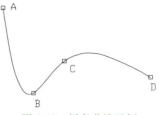

图 2-28 样条曲线示例

命令:SPLINE↙
指定第一个点或[对象(O)]:**点取 A 点**
指定下一点:**点取 B 点**   输入 B 点坐标
指定下一点或[闭合(C)/拟合公差(F)]<起点切向>:**点取 C 点**   输入 C 点坐标
指定下一点或[闭合(C)/拟合公差(F)]<起点切向>:**点取 D 点**   输入 D 点坐标
指定下一点或[闭合(C)/拟合公差(F)]<起点切向>:↙
指定起点切向:**移动光标,控制曲线 A 点的弯曲度,点击左键**
指定端点切向:**移动光标,控制曲线 D 点的弯曲度,点击左键**

2.4.4　绘制多线和多线样式设置

多线是一种多重平行线，在园林图中常用来绘制道路、建筑墙线等对象。

A. 绘制多线

命令:MLINE(简写:ML)
菜单:绘图→多线
命令及提示:
命令:MLINE
当前设置:对正＝上,比例＝20.00,样式＝STANDARD
指定起点或[对正(J)/比例(S)/样式(ST)]:
指定下一点:
指定下一点或[放弃(U)]:

绘制多线和多线样式设置

参数:

- 当前设置：提示当前多线的设置。
- 指定起点：指定多线的起点。
- 对正（J）：设置多线的基准对正位置，如图 2-29 所示。
  - 上（T）：光标对齐多线最上方（偏移值最大）的平行线。
  - 无（Z）：光标对齐多线的 0 偏移位置。
  - 下（B）：光标对齐多线最下方（偏移值最小）的平行线。
- 比例（S）：指定多线的绘制比例，此比例控制平行线间距大小。
- 样式（ST）：指定采用的多线样式名，缺省值为 STANDARD。
- 指定下一点：指定多线的下一点。
- 放弃（U）：取消最后绘制的一段多线。

注意:

（1）从左到右绘制多线时，平行线按偏移值大小自上而下排列，如从右到左绘制多线时，平行线的排列将发生反转，如图2-29（a）、（c）所示。

（2）多线是一个整体，如果要修改多线，例如：修改多线间的连接，需采用专门的多线编辑命令，或将其分解后再修改，具体操作在第4章图形编辑中介绍。

(a)对正:上　　　　(b)对正:无　　　　(c)对正:下

图 2-29　多线的对正参数示例

B. 多线样式设置　用缺省样式绘制出的多线是双线，其实我们还可以绘制三条或三条以上平行线组成的多线，这就需要对多线样式进行设置。

命令：MLSTYLE

菜单：格式→多线样式

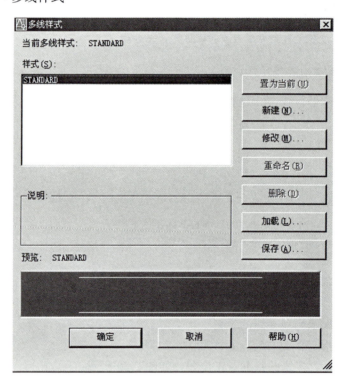

图 2-30　多线样式设置对话框

输入多线样式命令后，弹出如图2-30所示的"多线样式"设置对话框。

选择相应按钮可以新建或修改列表中的多线。弹出的多线样式对话框，如图2-31所示。

主要参数：
- 说明：为多线样式添加说明。
- 封口：控制多线起点和端点的封口形式。
- 填充：控制多线的填充，可用填充颜色选择色彩填充。

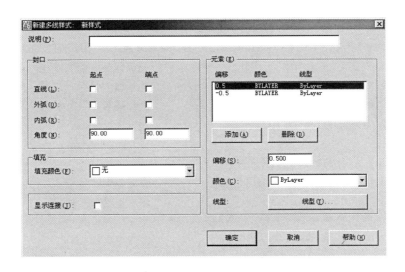

图 2-31 创建多线样式对话框

- 显示连接：控制每条多线线段顶点处连接的显示。如图 2-32 所示。
- 元素：修改当前多线样式中各平行线的特性。
  - 添加：添加一条平行线。
  - 删除：删除一条平行线。
  - 偏移：为选中的平行线指定偏移量。
  - 颜色：为选中的平行线指定颜色。
  - 线型：为选中的平行线指定某种线型。

图 2-32 显示连接

【例 2-13】用多线命令绘制如图 2-33 所示图形。

(1) 在绘制多线之前，先设置多线样式，点取"格式→多线样式"，打开"多线样式"对话框，点击 新建 按钮弹出创建新的多线样式对话框，在新样式名中输入多线样式名为"WALL"，单击 继续 按钮。

(2) 在元素中单击 添加 按钮，在 0 偏移位置增加一平行线，将其设为红色，线型为"ACAD_ISO08W100"。

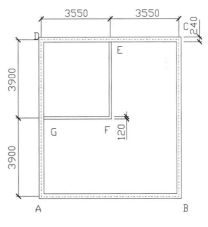

图 2-33 多线绘制示例

(3) 在多线样式对话框中可看到样式"WALL"的预览，点取 确定 按钮结束设置。

(4) 在下拉菜单中点取"格式→线型"，在线型管理器中将全局比例因子设为 50，按 确定 按钮，结束线型比例设定。

(5) 输入多线绘制命令绘制图形，过程如下：

命令:MLINE↵
当前设置:对正=无,比例=240.00,样式=WALL
指定起点或[对正(J)/比例(S)/样式(ST)]:<正交 开>**点取 A 点**　　　打开正交工具,点取 A 点
指定下一点:7100↵　　　　　　　　　　　　　　光标移至 A 点右方,输入距离,得 B 点
指定下一点或[放弃(U)]:7800↵　　　　　　　　光标移至 B 点上方,输入距离,得 C 点
指定下一点或[闭合(C)/放弃(U)]:7100↵　　　　光标移至 C 点左方,输入距离,得 D 点
指定下一点或[闭合(C)/放弃(U)]:C↵　　　　　　闭合多线
命令:MLINE↵
当前设置:对正=无,比例=240.00,样式=WALL
指定起点或[对正(J)/比例(S)/样式(ST)]:S↵　　　设定多线比例
输入多线比例<240.00>:120↵　　　　　　　　　输入多线比例为 120
当前设置:对正=无,比例=120.00,样式=WALL
指定起点或[对正(J)/比例(S)/样式(ST)]:ST↵　　改变当前多线样式
输入多线样式名或[?]:STANDARD↵　　　　　　　输入预设的多线样式名
当前设置:对正=无,比例=120.00,样式=STANDARD
指定起点或[对正(J)/比例(S)/样式(ST)]:<对象捕捉 开><对象捕捉追踪 开>**捕捉(中点)E 点**
指定下一点:**捕捉从 AD 和 DC 中点引出的追踪线交点 F**
指定下一点或[放弃(U)]:**捕捉(中点)G 点**
指定下一点或[闭合(C)/放弃(U)]:↵　　　　　　　结束命令
结果如图 2-33 所示。

2.4.5　修订云线

修订云线是一种由许多圆弧组成的多段线。在园林制图中,常用它来绘制树丛和灌木丛。此外,还用于设计师在检查阶段提示图形的某个部分。

命令:REVCLOUD
菜单:绘图→修订云线
按钮:

命令及提示:
命令:REVCLOUD↵
最小弧长:150　最大弧长:298.6161　样式:普通
指定起点或[弧长(A)/对象(O)/样式(S)]<对象>:　　开始画修订云线
沿云线路径引导十字光标...　　　　　　　　　　画修订云线在未闭合时↵或击右键
反转方向[是(Y)/否(N)]<否>:↵
修订云线完成。

参数:
- 指定起点:定义修订云线的第一点。
- 弧长(A):指定新的最大和最小弧长。默认的弧长最小值和最大值设置为 0.500 0 个单位。弧长的最大值不能超过最小值的 3 倍。
- 对象(O):指定要转换为修订云线的圆、椭圆、多段线或样条曲线。
- 样式(S):修订云线有普通(N)和手绘(C)两种样式。
- 反转方向:决定修订云线弧的方向。

【例2-14】用修订云线命令绘制图2-34。

图2-34 云线的外观

命令:REVCLOUD↙
最小弧长:15　最大弧长:15　样式:普通
指定起点或[弧长(A)/对象(O)/样式(S)]<对象>:A↙　　　　输入A修改弧长
指定最小弧长<15>:10↙　　　　　　　　　　　　　　　　　设置最小弧长10
指定最大弧长<10>:20↙　　　　　　　　　　　　　　　　　设置最大弧长20
指定起点或[弧长(A)/对象(O)/样式(S)]<对象>:　　　　　　开始绘制
沿云线路径引导十字光标…
修订云线完成。
命令:REVCLOUD↙
最小弧长:10　最大弧长:20　样式:普通
指定起点或[弧长(A)/对象(O)/样式(S)]<对象>:O↙
选择对象:　　　　　　　　　　　　　　　　　　　　　　选择A普通中间闭合云线
反转方向[是(Y)/否(N)]<否>:Y↙　　　　　　　　　　　　将A普通中间闭合云线翻转

云线绘制完成，如图2-34（a）所示。若在绘制前设置"样式（S）"为"手绘"，则可绘出2-34（b）图。

2.4.6 徒手画线

在绘图中有时会需要一些没有规则的线条。因此AutoCAD提供了徒手画线SKETCH命令。通过这一命令，我们可以徒手画图。

命令：SKETCH

命令及提示：
命令:SKETCH
记录增量<1.0000>:
徒手画．画笔(P)/退出(X)/结束(Q)/记录(R)/删除(E)/连接(C)

参数：
- 记录增量<1.0000>：是徒手画线中直线段的最短长度。
- 画笔（P）：用于提笔和落笔。提笔时，系统提示笔提，移动光标不会徒手画线。落笔时，系统提示笔落，移动光标绘制徒手线。该选项是一个开关项，选择该选项提笔再选择该选项落笔，循环执行。在绘图区单击也可以提笔和落笔。
- 退出（X）：选择退出或按<Enter>键，记录徒手线，命令结束。
- 结束（Q）：选择结束或按<Esc>键，不记录徒手线，命令结束。
- 纪录（R）：永久记录临时线段且不改变画笔的位置。

- 删除（E）：删除临时线段的所有部分，如果画笔已落下则提起画笔。选择删除端点。
- 连接（C）：落笔，继续从上次所画的线段的端点或上次删除的线段的端点开始画线。

【例 2-15】用徒手画线命令绘制图 2-35 景石。

命令:SKETCH✓
记录增量<0.6929>:1✓　　　　　　　　　　　输入画线的最小长度
徒手画. 画笔(P)/退出(X)/结束(Q)/记录(R)/删除(E)/连接(C)　<笔落><笔提>✓开始绘制
已记录 110 条直线　　　　　　　　　　　　　提示线段的数量

【研讨与思考】

1. 分别用直线和多段线绘制线，两种命令绘制的线有何区别？
2. 正交模式有何作用？
3. 绘制圆有哪几种方法？如何绘制任意三角形的内切圆和外接圆？

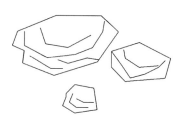

图 2-35　景　石

4. 绘制矩形有几种方法？
5. 对象捕捉应在何种情况下使用？可否在绘图命令运行过程中进行对象捕捉设置？
6. 一次性对象捕捉和对象捕捉模式有何区别？各自的优点是什么？
7. 极轴追踪有何作用？它与正交模式有何异同？
8. 对象追踪有何作用？为何使用对象追踪时，必须开启对象捕捉？
9. 修订云线的样式有几种？
10. 徒手画线和直线有什么区别？

【上机实训题】

实训题 2-1：绘制图 2-36 所示的几何平面图。

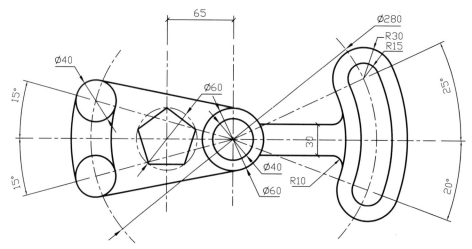

图 2-36

实训题 2-2：绘制图 2-37 所示的几何平面图。

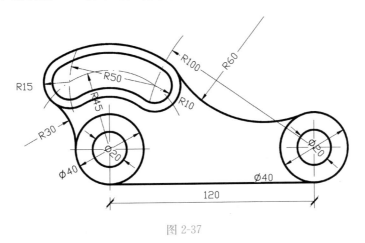

图 2-37

实训题 2-3：抄绘图 2-38 几何体的两个投影和正等测图，并绘出第三投影。

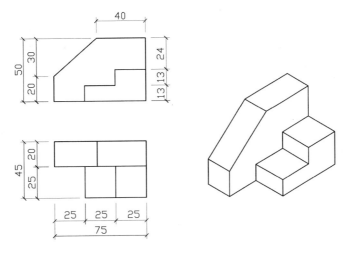

图 2-38

实训题 2-4：抄绘图 2-39 几何体的两个投影，并绘出第三投影和正等测轴测图。

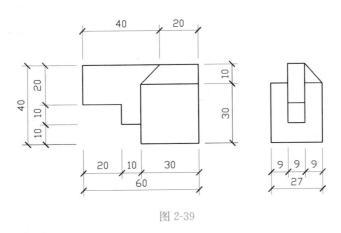

图 2-39

实训题 2-5：抄绘图 2-40 和图 2-41 几何体的两个投影，并绘出第三投影和正等轴测图。

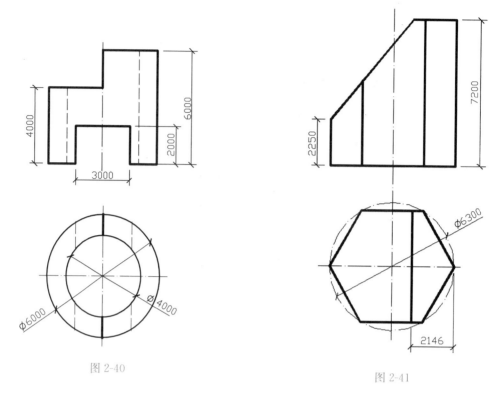

图 2-40　　　　　　　　　图 2-41

实训题 2-6：抄绘图 2-42 和图 2-43 几何体的两个投影，并绘出正等轴测图。

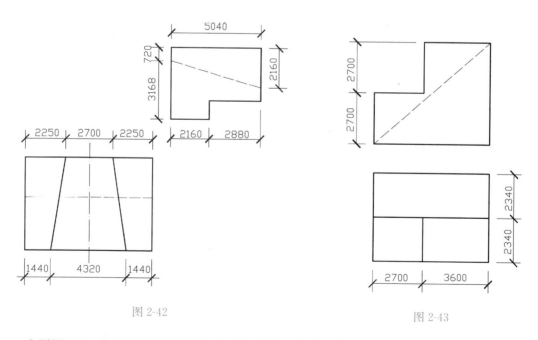

图 2-42　　　　　　　　　图 2-43

实训题 2-7：抄绘图 2-44 几何体的两个投影，并绘出第三投影。

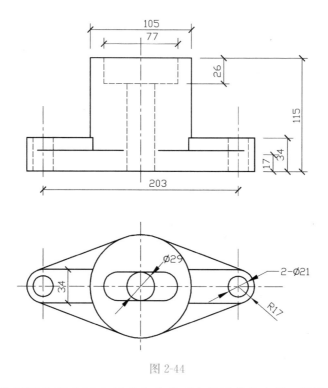

图 2-44

实训题 2-8：绘制图 2-45 和图 2-46 几何体的两个视图并补齐第三视图和正等轴测图。

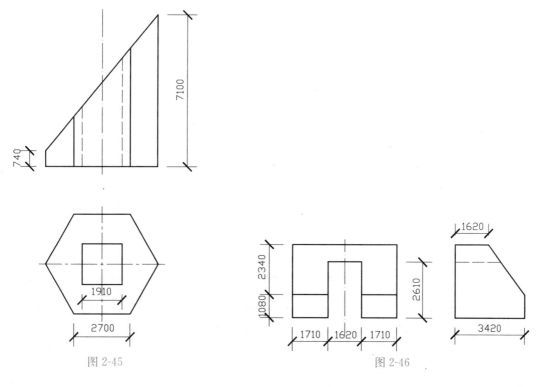

图 2-45　　　　　　　　　　图 2-46

第3章
图层和对象特性

在手工绘图时，图样都有严格的制图规范限制，例如：建筑平、剖面图中被剖切的主要建筑构造的轮廓线，应使用粗实线；不可见轮廓线使用虚线；建筑图的中心线、对称线、定位轴线，应使用细点画线。此等不一而足。在使用 AutoCAD 进行绘图应该如何做呢？

在 AutoCAD 中，每条线、圆、弧等图形对象有着各自的颜色、线型、线宽等特性。在一幅图中通常有上千个对象，如果单独地为每个对象指定其特性，那将不胜其烦。通常我们把图形归成几类，每一类图形放置在特定的图层上，并分别设置图层的特性，来控制图形的颜色、线型、线宽。

本章主要内容：
❑ 图层
❑ 对象的颜色、线型、线宽特性
❑ 在 AutoCAD 中使用图层、线型、线宽和颜色的一般原则
❑ 样板图
❑ 对象特性编辑

3.1 边练边学

3.1.1 实例演练六——制作带图框的样板文件

以"acadiso.dwt"为样板，新建图形文件，并在其中完成下列工作：

(1) 按以下规定设置图层及线型（表 3-1）。

表 3-1

图层名称	颜色（颜色号）	线 型	线 宽
0	白色 (7)	实线 Continuous	0.60mm（粗实线用）
01	红色 (1)	实线 Continuous	0.15mm（细实线，尺寸标注及文字用）
02	青色 (4)	实线 Continuous	0.30mm（中实线用）
03	绿色 (3)	点画线 ISO04W100	0.15mm
04	黄色 (2)	虚线 ISO02W100	0.15mm

(2) 按 1∶1 的比例绘制 A3 图框（横装），留装订边，画出图框线。

(3) 画出如图 3-1 所示的标题栏，不标注尺寸和文字。

(4) 完成以上各项后，结果如图 3-2 所示。

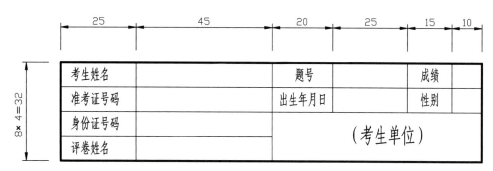

图 3-1 标题栏

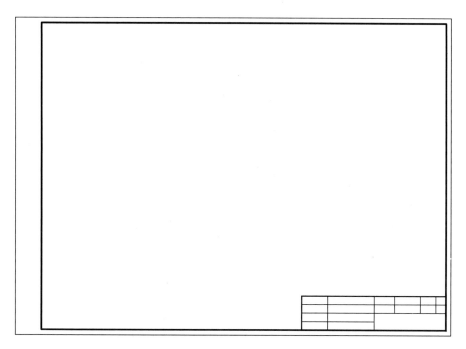

图 3-2 A3 图框

(5) 将图形另存为样板文件,名为"A3 带图框.dwt"。

(6) 以上述样板新建文件,观察图层和图框。

A. 演练目的

①掌握图层的新建,修改颜色、线型、线宽操作;②理解图层概念;③掌握转换当前层操作;④掌握将图形对象放到另一图层的操作;⑤掌握样板文件创建和使用。

B. 命令及工具 下面是需要用到的命令(表 3-2)及工具(表 3-3)。

表 3-2

图标或简写	命 令	含 义	命令所在章节
LA	LAYER	打开图层管理器	3.2.1
LT	LINETYPE	打开线型管理器	3.2.3

表 3-3

工具名称	操作和含义	工具所在章节
图层	新建图层；改变图层的名称、颜色、线型和线宽；变更当前图层；改变图形所属图层	3.2
	特性匹配、特性复制	3.5.2

操作过程请扫码观看实例演练六演示。

实例演练六

3.1.2 实例演练七——绘制带尺寸的平面图

以"A3 带图框.dwt"为样板，新建图形文件，并绘出图 3-3。

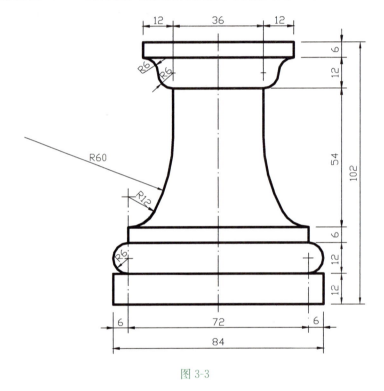

图 3-3

A. 演练目的

①掌握合理的绘图操作顺序；②熟练基本的绘图和编辑命令；③了解尺寸标注的基本用法。

B. 命令及工具　下面是需要用到的部分命令（表 3-4）及工具（表 3-5）。

表 3-4

命令简写	命令	含义	命令所在章节
O	OFFSET	偏移复制	4.2.2
C	CIRCLE	画圆	2.2.6
TR	TRIM	修剪	4.2.4
F	FILLER	圆角	4.2.6
MI	MIRROR	镜像复制	4.2.2

表 3-5

工具名称	操作和含义	工具所在章节
图层	变更当前图层；改变图形所属图层	3.2.2
对象捕捉	帮助光标捕捉图形的特征点	2.3.2
对象追踪	帮助光标吸附在追踪线上，并捕捉到追踪线与图线、追踪线与追踪线的交点	2.3.2
标注工具栏	对图形进行尺寸标注	8.3

标注工具栏相应工具的含义（图 3-4）：

图 3-4　标注工具栏相应工具的含义

操作过程请扫码观看实例演练七演示。

实例演练七

3.2　图　　层

在 AutoCAD 中，每个图层可以看成是一张透明纸，我们可以在不同的"透明纸"上绘图。多个图层叠加在一起，就形成最后的图形。

例如，一个广场设计，其铺装平面设计、竖向设计等图纸都是在总平面定位图的基础上进行的。为方便后续图纸设计，定位图内不同类别的内容，需要放置在不同的层上，在需要时就可以方便地将它们合在一起或单独分开。

层有一些特殊的性质。例如，可以设定该层是否显示，是否允许编辑，是否输出等。在图层中可以设定每层的颜色、线型、线宽，只要图线的相关特性设定成"随层"，图线都将具有所属层的特性，因此用图层来管理图形是十分有效的。

3.2.1　图层的设置

对图层的多数操作需要在图层特性管理器中完成。

命令： LAYER（简写 LA）

菜单： 格式→图层

按钮：

执行图层命令后，弹出如图 3-5 所示的"图层特性管理器"对话框。左窗口是图层过滤器，功能是：在图层繁杂的情况下，为方便图层管理，可设定过滤条件，并将符合条件的图层列在右窗口。右窗口是图层管理器，功能是新建、修改及删除图层。

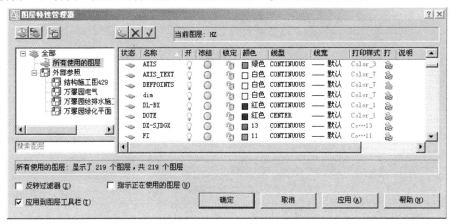

图 3-5　图层特性管理器对话框

常用的图层特性项及其含义：
- 状态：显示图层是否为当前层。带"√"符号为当前层。
- 名称：显示图层名。可以两次单击图层名称，进入修改状态。
- ♀开/关：打开或关闭图层。当图层打开时，它是可见的，并且可以进行打印。当图层关闭时，它是不可见的，并且不能进行打印。
- ❄在所有视口冻结/解冻：被冻结的图层是不可见的，不能进行重生成和打印。
- 🔒锁定/解锁：锁定或解锁图层。被锁定图层中的对象将不能编辑。如果只想查看某图层信息而不需要编辑图层中的对象，将该图层锁定是最好的方法。
- 颜色：改变与选定图层相关联的颜色。单击颜色名称，显示如图 3-6 所示的"选择颜色"对话框，在颜色列表中即可选择相应的颜色。
- 线型：改变与选定图层相关联的线型。单击线型名称，弹出如图 3-7 所示的"选择线型"对话框，在列表中可选择相应的线型。

若表中无需要的线型，点击加载可在弹出的"加载或重载线型"窗口中调用所需的线型（图 3-8）。

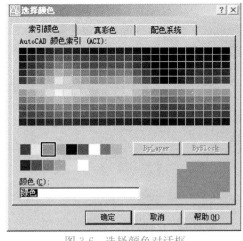

图 3-6　选择颜色对话框

图 3-7　选择线型对话框

- 线宽：改变与选定图层相关联的线宽。单击线宽名称，显示"线宽"对话框，在列表中即可选择所需的线宽（图 3-9）。

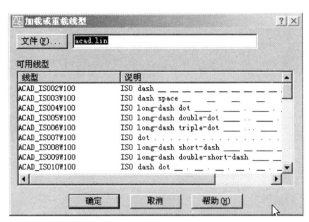

图 3-8　加载或重载线型对话框　　　　　图 3-9　线宽选择对话框

- 打印/不打印：控制选定图层是否可打印。即使关闭了图层的打印，该图层上的对象仍会显示出来。

我们可以借助<Shift>键或<Ctrl>键一次选择多个图层进行修改。

3.2.2　图层工具栏

除了上述"图层特性管理器"可以进行图层管理，我们还可以使用"图层"工具栏快速管理图层和对象。

"对象特性"工具栏缺省位置在"标准"工具栏的下方，如图 3-10 所示。

图 3-10　对象特性工具栏中各项含义

图层特性操作

常用操作：

- 将某图层置为当前：在无选择对象的情况下，点取下拉列表后，选取某层，该层即变成当前层，如图 3-11 所示。
- 设置某对象的图层为当前图层：在图样中选择一个对象，该对象的图层是希望置为当前的图层，然后点取 按钮即可。
- 将某图形放置到指定图层：在图窗中选

图 3-11　将"0"层置为当前

择图形对象，再到图层下拉列表选择指定图层，即可将此对象放置到选定图层上。

3.2.3 对象特性工具栏

对象特性工具栏由三个工具组成，分别为指定颜色、线型和线宽工具，如图3-12所示。它们用来为已有的图形单独指定相应特性，并脱离图层相应特性的控制。

通常为了图形管理方便，设置颜色、线型、线宽均为"Bylayer"，使绘制对象特性与图层设置一致。

对象特性编辑操作

图3-12 对象特性工具栏

常用操作：

- 指定当前颜色（线型或线宽）：在无选择对象的情况下，在颜色（线型或线宽）列表上选取相应选项即可。
- 为图形指定颜色（线型或线宽）：选择图形后，在颜色（线型或线宽）列表上选取相应选项即可。
- 修改线型比例：线型指定后，图形常常不能显示虚线或点画线。这是由于线型比例不合适造成的。在线型列表中选择"其他"选项，调出"线型管理器"对话框。若窗口未显示详细信息，点击右上角 显示细节 ，即可出现如图3-13所示对话框。

线宽特性操作

线型设置操作

颜色特性操作

图3-13 线型管理器对话框

常用参数含义如下：

- 全局比例因子：对所有线型都起作用的比例因子。
- 当前对象缩放比例：仅对新绘制的图线起作用，通常此项设为1。

注意： 线型比例越小，不连续线越密。如果线型比例设定不合适，将不能正常显示图线线型。线型全局比例因子通常定为出图比例分母的 1/2。例如：在一个输出比例 1∶100 的图中设定 ISO 线型比例，全局比例因子 $=\dfrac{100}{2}=50$。

请做上机实训题 3-2，答案参考二维码视频实训题 3-2 演示。

实训题 3-2 演示

3.3 使用图层、线型、线宽和颜色的一般原则

（1）为了使绘制的图形便于识别与修改，应使用图层来管理图形，各图层应具有特定颜色、线型、线宽等特性。

（2）图层命名应根据图形内容、设计阶段、图形特性，用缩写的字母或中文进行命名，应具有一定的逻辑性，便于操作，如"乔木—植物—园林""喷灌—管道—园林""竖向—广场—园建"等，各类对象应放置在不同的图层上。

（3）线型是图样表达的关键要素之一，不同的线型和线宽的组合表示不同的含义。在园林专业制图中采用的各种线型、线宽宜按表 3-6 的规定设置。

表 3-6 园林制图中常用图线的国标规定

线型名称	线宽	用途
粗实线	b	①总图中新建建筑物的可见轮廓线 ②建筑平、剖面图中被剖切的主要建筑构造（包括构配件）的轮廓线 ③建筑立面图的外轮廓线和地面 ④建筑构造详图中被剖切的主要部分的轮廓线
中实线	$0.5b$	①总图中新建构筑物、道路、围墙、区域分界线、尺寸起止符等 ②建筑平、剖面图中被剖切的次要建筑构造（包括构配件）的轮廓线 ③建筑平、立、剖面图中建筑构配件的轮廓线 ④建筑构造详图及建筑构配件详图中的一般轮廓线
细实线	$0.25b$	①总图中的新建道路路肩、人行道、排水沟、树丛、草地、花坛的可见轮廓 ②总图中的原有建筑、构筑物、道路等的可见轮廓 ③坐标网线、小于 $0.5b$ 的图形线、尺寸线、尺寸界线、图例线、索引符号、标高符号等
中虚线	$0.5b$	①总图中拟扩建的建筑物、道路、围墙、预留地、管线轮廓线 ②建筑构造及建筑构配件不可见的轮廓线
细虚线	$0.25b$	①总图中原有建筑、构筑物、道路、围墙的不可见轮廓 ②图例线，小于 $0.5b$ 的不可见轮廓线
细点画线	$0.25b$	①总图中土方填挖区零点线 ②建筑图的中心线、对称线、定位轴线

（4）颜色设置的主要目的是便于观察及出图时设置输出线宽。颜色的设置尽量采用标准颜色，因为标准颜色的对比度大，便于观察和选用，但常用的标准色只有 7 种，对于复杂图形是不够的，在复杂图形中使用其他颜色时也要遵循便于观察的准则。

3.4 样 板 图

当新建一个图形文件时，系统总是会出现"选择样板"的窗口，如图 3-14 所示。

图 3-14 选择样板文件示例

图 3-15 另存为样板文件

当选择一个样板并打开,就会产生一个新文件,它包含了样板的所有内容。利用样板,我们可以减少许多重复劳动。例如,我们可以在样板中设置图层(包括颜色、线型、线宽)、文字样式、图形界限、尺寸标注样式、图纸布局、图框……今后用此样板新建图形,上述工作就不必重新设置。样板图不仅极大地减轻了绘图中重复的工作,而且统一了图纸的格式,使图形的管理更加规范。

将设定好的图形保存为样板图,在"图形另存为"对话框的"保存类型"列表中选择"AutoCAD图形样板文件(*.dwt)"即可,如图3-15所示。样板图通常存放在"…\ACAD2006\TEMPLATE"子目录下。

3.5 对象特性编辑

每个对象都有自己的特性,如所属图层、颜色、线型、线宽、字串、样式、大小、位置、视图、打印样式等。这些特性有些是共有的,有些是某些对象专有的,都可以编辑修改。特性编辑命令主要有:PROPERTIES、MATCHPROP等。

3.5.1 特性伴随窗口

使用对象特性按钮可以打开特性窗口,在此窗口中可以直观地修改所选对象的特性。

命令:PROPERTIES※快捷键<Ctrl+1>
菜单:修改→对象特性
按钮:

当选取了图形对象并点击后,在对话框中立即如图3-16所示反映出所选实体的特性。如果同时选择了多个对象,则在对话框中显示这些对象的共同特性,在相应的特性内容上单击即可进行修改。

3.5.2 特性匹配工具

如果要将某对象的特性复制到另一个对象上,通过特性匹配工具可以快速实现。此时无需逐个修改该对象的具体特性。

命令:MATCHPROP
菜单:修改→特性匹配
按钮:
命令及提示:

命令:MATCHPROP
选择源对象:
当前活动设置:颜色 图层 线型 线型比例 线宽 厚度
打印样式 文字标注 图案填充
选择目标对象或[设置(S)]:S↵
当前活动设置:图层 线型 线型比例 线宽 厚度 文字标注 图案填充
选择目标对象或[设置(S)]:
参数:
- 选择源对象:选择要复制其特性的对象。
- 当前活动设置:当前源对象可供复制的特性。

图3-16 对象特性对话框

特性匹配工具用法

- 选择目标对象：指定源对象的特性所要复制到的对象。
- 设置：可选择性地复制源对象特性。

【例 3-1】将图 3-1 中矩形的特性复制到圆上。

命令：MATCHPROP↙
选择源对象：**点取图中的矩形**
当前活动设置：颜色 图层 线型 线型比例 线宽　　　　　提示当前源对象可供复制的
　　　　　　　　　　　　　　　　　　　　　　　　　　　特性
厚度 文字 标注 图案填充
选择目标对象或［设置（S）］：**(光标变成附带刷子的拾取框) 点取圆**　可以选择一个或多个目标
　　　　　　　　　　　　　　　　　　　　　　　　　　　对象
选择目标对象或［设置（S）］：↙　　　　　　　　　　　回车结束特性匹配命令
结果如图 3-17（c）所示。

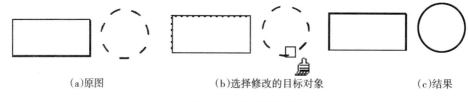

(a)原图　　　　　(b)选择修改的目标对象　　　　(c)结果

图 3-17　特性匹配示例

【研讨与思考】

1. 线型比例对图线的显示有何影响？如何确定线型比例？
2. 线型、线宽和颜色设置中的"随层"或"Bylayer"是何含义？
3. 为什么直接指定对象颜色容易导致对象管理的混乱？应如何管理图形对象的颜色？
4. 图层命名应注意哪些方面？
5. 欲将一个绘制好的对象放置到另一图层中，应如何操作？
6. 图层中包含哪些特性设置？冻结和关闭图层的区别是什么？
7. 如果希望某图线显示又不希望该线条无意中被修改，应如何操作？
8. 修改对象特性有哪些方法？

【上机实训题】

实训题 3-1：以"实例演练六"的样板创建新文件，绘制如图 3-18 所示的庭院灯平、立面和轴测图，要求用图层管理图线的颜色、线型、线宽。

实训题 3-2：以"实例演练六"的样板创建新文件，绘制如图 3-19 所示的平、立面图，要求用图层管理图线的颜色、线型、线宽。

实训题 3-3：以"实例演练六"的样板创建新文件，绘制图 3-20、图 3-21、图 3-22。

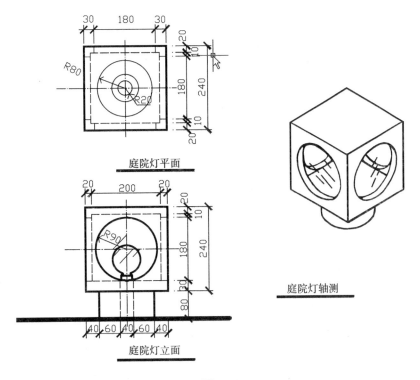

图 3-18

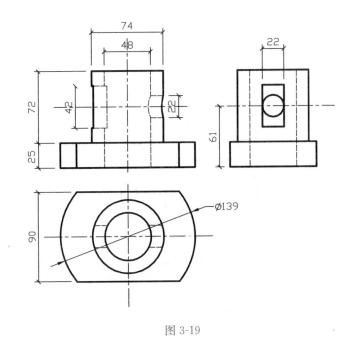

图 3-19

实训题 3-4：以"实例演练六"的样板创建新文件，绘制图 3-23 至图 3-32 中几何体的两个视图并补齐第三视图和轴测图。

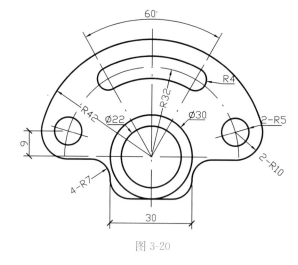

图 3-20

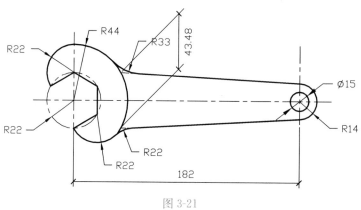

图 3-21

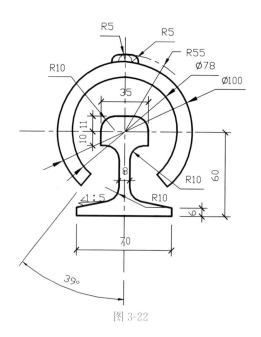

图 3-22

第 3 章 图层和对象特性

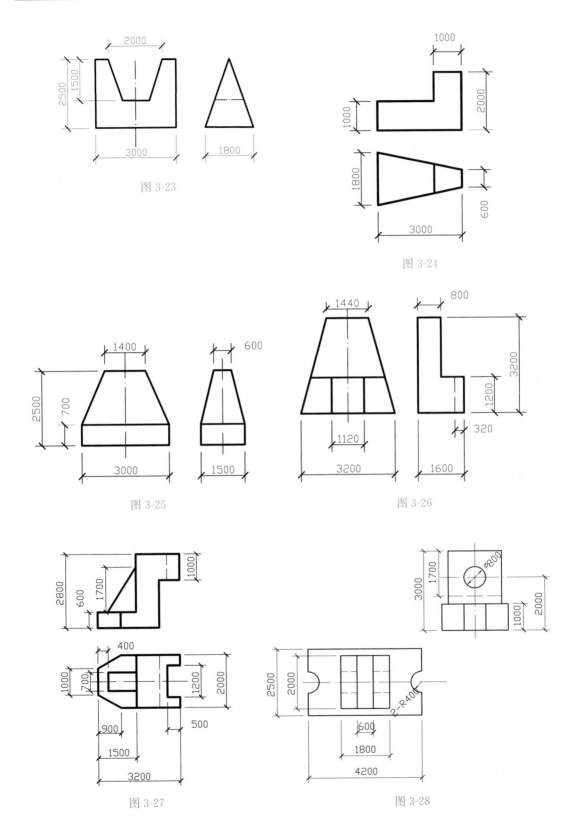

图 3-23

图 3-24

图 3-25

图 3-26

图 3-27

图 3-28

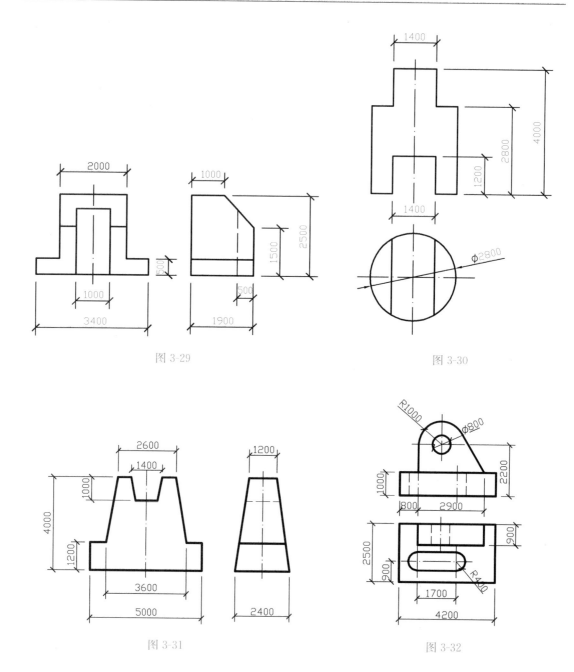

图 3-29

图 3-30

图 3-31

图 3-32

第4章
图形编辑

前几章我们学习了 AutoCAD 的二维图形绘制命令，这仅仅是开始。当你画完一幅图时，或者还没有画完，已经对已画的部分感到不满意了，那么如何进行修改呢？下面我们就介绍图形编辑命令。编辑命令不仅可以保证绘制的图形达到最终所需的结构精度等要求，更为重要的是，通过编辑功能中的复制、偏移、阵列、镜像等命令可以迅速完成相同或相近的图形，配合适当的技巧，可以充分发挥计算机绘图的优势，快速完成图形绘制。

本章主要内容：
- ❏ 选择对象
- ❏ 复制对象
- ❏ 改变对象位置
- ❏ 改变对象尺寸
- ❏ 打断与合并
- ❏ 倒角与圆角
- ❏ 对象的分解
- ❏ 多段线编辑
- ❏ 多线编辑
- ❏ 用夹点进行快速编辑

4.1 边练边学

4.1.1 实例演练八——绘制轴对称的平面图

打开 Tutorial \ 4 \ ex8.dwg，抄绘如图 4-1 所示的轴对称的平面图。

A. 演练目的

①掌握合理的绘图操作顺序；②熟练基本的绘图和编辑命令。

B. 命令及工具 下面是用到的部分命令（表 4-1）及工具（表 4-2）。

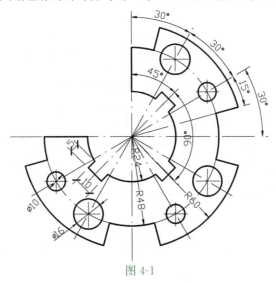

图 4-1

表 4-1

命令简写	命 令	操作和含义	命令所在章节
BR	BREAK	打断	4.2.5
O	OFFSET	偏移复制	4.2.2
TR	TRIM	修剪	4.2.4
F	FILLET	圆角	4.2.6

表 4-2

工具名称	操作和含义	工具所在章节
图层	变更当前图层；改变图形所属图层	3.2.1
对象捕捉	帮助光标捕捉图形的特征点	2.3.2
对象追踪	帮助光标吸附在追踪线上，并捕捉到追踪线与图线、追踪线与追踪线的交点	2.3.3
夹点编辑	旋转复制（本题）	4.2.10
相对极坐标	在绘制已知角度的直线时使用	1.4.4

操作过程请扫码观看实例演练八演示。

4.1.2 实例演练九——绘制剖面图

打开 Tutorial \ 4 \ ex9.dwg，抄绘如图 4-2 所示的平面几何图。

A. 演练目的

①掌握合理的绘图操作顺序；②熟练基本的绘图和编辑命令；③了解图案填充的基本方法。

实例演练八

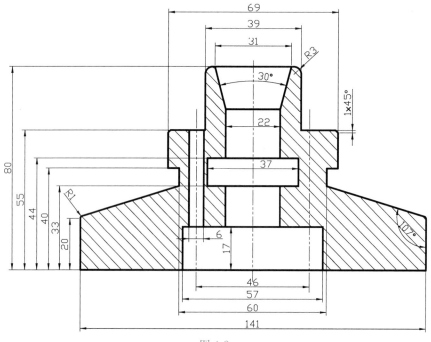

图 4-2

B. 命令及工具 下面是用到的部分命令（表4-3）及工具（表4-4）。

表 4-3

命令简写	命 令	操作和含义	命令所在章节
O	OFFSET	偏移复制	4.2.2
BR	BREAK	打 断	4.2.5
TR	TRIM	修 剪	4.2.4
F	FILLET	圆 角	4.2.6
CHA	CHAMFER	倒角、切角	4.2.6
H	HATCH	图案填充	6.2

表 4-4

工具名称	操作和含义	工具所在章节
图 层	变更当前图层；改变图形所属图层	3.2.1
对象捕捉	帮助光标捕捉图形的特征点	2.3.2
对象追踪	帮助光标吸附在追踪线上，并捕捉到追踪线与图线、追踪线与追踪线的交点	2.3.3
夹点编辑	拉伸对象	4.2.10
标注工具栏	对图形进行尺寸标注	8.3

操作过程请扫码观看实例演练九演示。

实例演练九

4.2 编辑命令

对已有的图形进行编辑，AutoCAD 提供了两种不同的编辑顺序：
（1）先下达编辑命令，再选择对象。
（2）先选择对象，再下达编辑命令。
不论采用何种方式，都必须选择对象，所以本章首先介绍对象的选择方式，然后介绍不同的编辑方法和技巧。

4.2.1 选择对象

在编辑过程中，不论是先下达编辑命令还是先选择编辑对象，都需要为编辑过程创建选择集。选择对象时，被选中的对象呈虚线或亮线，如图4-3所示。

当输入一条编辑命令或进行其他某些操作时，AutoCAD 一般会提示"选择对象："，表示要求用户从屏幕上选取操作的实体，此时十字光标框变成了一个小方框（称为选择框），我们也可以在命令行输入相应的参数，选用不同的实体选择方式。下面对主要的选择方式作详细介绍。

- Auto：在缺省状态下，系统会进入自动模式。我们可以通过下列方法选择对象：
  ➢直接点取方式：将选择框直接移放到对象上，点鼠标左键即可选择对象。
  ➢缺省窗口方式：将选择框移动到图中空白处单击鼠标左键，AutoCAD 会接着提示"指定对角点："，此时将光标移

图 4-3 被选中对象以虚线显示

动至另一位置后再单击左键，AutoCAD会自动以这两个点作为矩形的对角顶点，确定一矩形窗口。若矩形窗口定义时移动光标是从左向右，则矩形窗口为实线，在窗口内部的对象均被选中，如图4-4所示；若矩形窗口定义时移动光标是从右向左，则矩形窗口为虚线（此窗口称交叉窗口），不仅在窗口内部的对象被选中，与窗口边界相交的对象也被选中，如图4-5所示。

图4-4　从左往右定义窗口　　　图4-5　从右往左定义窗口

- All：输入All后按<Enter>，自动选择图中所有对象。
- Last：输入L后按<Enter>，自动选择作图过程中最后生成的对象。
- Fence：输入F后按<Enter>，进入栏选方式，选择与多段折线各边相交的所有对象。
- Wpolygon：输入WP后按<Enter>，进入围圈方式，选择任意封闭多边形内的所有对象。
- Cpolygon：输入CP后按<Enter>，进入圈交方式，选择全部位于任意封闭多边形内及与多边形边界相交的所有对象。
- Remove：输入R后按<Enter>，进入移出模式，提示变为"撤除对象："，再选择的对象就会从选择集中移出；或按住键盘上的<Shift>同时选择移出对象，也可从选择集中取消选择。
- Previous：输入P后按<Enter>，选择上一次生成的选择集。
- Undo：输入U后按<Enter>，放弃最近的一次选择操作。

4.2.2　复制对象

在AutoCAD中，复制图形对象的功能是非常强的。根据不同的需要，可以利用COPY、MIRROR、ARRAY、OFFSET四个命令进行对象复制。

A. 复制　对图形中相同的对象，不论其复杂程度如何，只要完成一个后，便可以通过复制命令复制出一个或若干个相同对象，并将指定对象复制到指定位置上，减轻大量的重复劳动。

命令：COPY（简写：CO或CP）

菜单：修改→复制

按钮：

命令及提示：

命令:COPY

选择对象：

选择对象：↙

指定基点或[位移(D)]<位移>:
指定第二点或<使用第一个点作为位移>:
指定第二个点或[退出(E)/放弃(U)]<退出>:

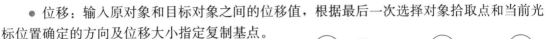
复制命令操作

参数:
- 选择对象:选取欲复制的对象。
- 基点:复制对象的参考点。
- 位移:输入原对象和目标对象之间的位移值,根据最后一次选择对象拾取点和当前光标位置确定的方向及位移大小指定复制基点。
- 指定第二个点:指定第二个点来确定位移。
- 使用第一个点作为位移:将以原点和第一点之间的位移复制一个对象。
- 退出(E):按<Enter>键退出复制对象。

图 4-6 复制对象示例

【例 4-1】打开 Tutorial \ 4 \ 4-1.dwg,将如图 4-6(a)所示图形中的圆复制到长方形的每一个角上。

命令:COPY	
选择对象:**通过直接点取方式选择对象**	提示选择欲复制的对象
选择对象:✓	回车结束选择
指定基点或[位移(D)]<位移>:**捕捉圆心 A 点**	指定复制基点
指定第二个点或<使用第一个点作为位移>:**捕捉 B 点**	在 B 点复制圆
指定第二个点或[退出(E)/放弃(U)]<退出>:**捕捉 C 点**✓	在 C 点复制圆,按回车结束复制
命令:COPY	按回车继续复制
选择对象:**选择 A 点圆**	提示选择欲复制的对象
选择对象:✓	回车结束选择
指定基点或[位移(D)]<位移>:✓	
指定位移<0.0000,0.0000,0.0000>:**30,-20**✓	输入位移值在 D 点复制圆

结果如图 4-6(b)所示。

⚠ 注意:

(1) 复制对象应充分利用各种选择对象的方法。

(2) 在确定位移时应充分利用诸如对象捕捉等精确绘图的辅助工具。

(3) 如果在指定位移的第二点时,按<Enter>键,则以坐标原点(0,0)为第一点,基点为第二点,决定复制对象的方向和距离。

(4) 利用 Windows 剪贴板,可以在图形文件之间或内部进行对象复制。

B. 镜像 对于对称的图形,可以只绘制一半甚至四分之一,然后采用镜像命令产生对称的部分。

命令: MIRROR(简写:MI)

菜单: 修改→镜像

按钮: ⚐

命令及提示:

命令:MIRROR

镜像命令操作

选择对象：
选择对象：↙
指定镜像线的第一点：
指定镜像线的第二点：
是否删除源对象？[是(Y)/否(N)]<N>：

参数：

● 选择对象：选择欲镜像的对象。
● 指定镜像线的第一点：确定镜像对称轴线的第一点。
● 指定镜像线的第二点：确定镜像对称轴线的第二点。
● 是否删除源对象？[是（Y）/否（N）]：Y 删除源对象，N 不删除源对象。

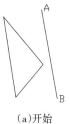 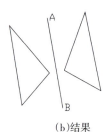

(a)开始　　　　　　(b)结果

图 4-7　镜像对象示例

【例 4-2】打开 Tutorial \ 4 \ 4-2.dwg，将图 4-7（a）所示的三角形做镜像复制。

命令：MIRROR↙
选择对象：*通过窗口方式选择左侧三角形*
指定对角点：找到 3 个
选择对象：↙
指定镜像线的第一点：*捕捉 A 点*
指定镜像线的第二点：*捕捉 B 点*
是否删除源对象？[是(Y)/否(N)]<N>：↙

　　　　　　　　　　　　选择镜像对象
　　　　　　　　　　　　提示选中的对象数目
　　　　　　　　　　　　回车结束对象选择
　　　　　　　　　　　　通过对象捕捉端点 A
　　　　　　　　　　　　通过对象捕捉端点 B
　　　　　　　　　　　　回车保留原对象

结果如图 4-7（b）所示。

💡 **注意：** 该命令一般用于对称图形，可以只绘制其中的一半甚至四分之一，然后采用镜像命令来产生其他对称的部分。

对于文字的镜像，通过 MIRRTEXT 变量可以控制是否使文字和其他的对象一样被镜像。如果 MIRRTEXT 为 0，则文字不做镜像处理。如果 MIRRTEXT 为 1（缺省设置），文字和其他的对象一样被镜像。

C. 阵列　对于规则分布的相同图形，可以通过矩形或环形阵列命令快速产生。

命令： ARRAY（简写：AR）
菜单： 修改→阵列
按钮： ⌗

a. 矩形阵列

命令及提示：

命令：ARRAY
矩形(R)：
输入行数：
输入列数：
输入行偏移(F)：
输入列偏移(M)：
输入阵列角度(A)：

参数：

- 矩形（R）：默认阵列类型为矩形。
- 输入行数<4>：输入矩形阵列的行数。
- 输入列数<4>：输入矩形阵列的列数。
- 输入行偏移（F）：输入阵列行间距。
- 输入列偏移（M）：输入阵列的列间距。
- 输入阵列角度（A）：指定矩形阵列对象的角度，此角度通常为0。
- 拾取两个偏移量：通过一矩形来定义单位单元大小，即同时定义行间距和列间距。
- 选择对象：选择欲阵列的对象。

矩形阵列操作

【例 4-3】打开 Tutorial\4\4-3.dwg，将图 4-8（a）中所示的标高符号进行矩形阵列，复制成 2 行 3 列共 6 个，行间距为 10，列间距为 15。

(a)原始图形　　　(b)矩形阵列结果 1　　　(c)矩形阵列结果 2

图 4-8　矩形阵列示例

命令:ARRAY↵
选择对象:**选择标高符号**
指定对角点:找到 3 个
选择对象:↵　　　　　　　　　　　　回车结束选择
选择阵列类型[矩形(R)/环形(P)]<R>:　　默认矩形阵列
输入行数:2　　　　　　　　　　　　输入阵列行数
输入列数:3　　　　　　　　　　　　输入阵列列数
输入行偏移:10　　　　　　　　　　输入行间距
输入列偏移:15　　　　　　　　　　输入列间距

结果如图 4-8（b）所示。如果输入阵列角度为 15，结果如图 4-8（c）所示。

b. 环形阵列

命令及提示：

命令:ARRAY
选择对象:
选择对象:↵
输入阵列类型[矩形(R)/环形(P)]<R>:P
指定阵列中心点:
输入项目总数:
输入填充角度:
输入项目间角度:
输入复制时旋转项目:

环形阵列操作

参数：

- 选择对象：选择欲阵列的对象。
- 环形（P）：阵列类型为环形阵列。

- 指定阵列中心点：定义阵列中心点。
- 项目总数：输入阵列项目的总数目。
- 填充角度：指定填充角度，正值为逆时针阵列，负值为顺时针阵列，缺省填充角度360。
- 项目间角度：设置阵列对象的基点和阵列中心之间的包含角，必须输入正值，默认值为90。
- 复制时旋转项目：指阵列的同时将对象旋转，否则阵列的同时不旋转对象。相当于直接在指定的圆周（圆弧）上均匀复制原对象，其间的区别详见例4-4。

【例4-4】打开 Tutorial \ 4 \ 4-4.dwg，将图4-9（a）所示的标高符号进行环形阵列。

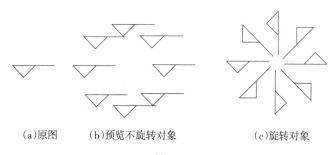

(a)原图　　(b)预览不旋转对象　　　　(c)旋转对象

图4-9　环形阵列示例

命令：ARRAY↙
选择对象：**选择标高符号**
指定对角点：找到3个　　　　　　　　　提示选中的对象数目
选择对象：↙　　　　　　　　　　　　　回车结束选择
输入阵列类型[矩形(R)/环形(P)]<R>:P　　选择环形阵列类型
指定阵列中心点：**指定一点为阵列中心**
输入阵列项目总数：8　　　　　　　　　输入阵列生成对象的个数
指定填充角度：360　　　　　　　　　　默认360°，"+"=逆时针，"-"=顺时针
预览：　　　　　　　　　　　　　　　　可接受或修改图形效果如图4-9(b)所示
修改：
复制时旋转项目：↙　　　　　　　　　　指定旋转图形对象

结果如图4-9（c）所示。如果在阵列的同时不旋转对象，结果如图4-9（b）所示。

D. 偏移　偏移命令可以创建一个与选择对象形状相似，但有一定偏距的图形。偏移线也称为等距线或同心拷贝。

命令：OFFSET（简写：O）

菜单：修改→偏移

按钮：

命令及提示：

命令：OFFSET
当前设置：删除源=否　图层=源　OFFSETGAPTYPE=0
指定偏移距离或[通过(T)/删除(E)/图层(L)]<当前值>:
选择要偏移的对象，或[退出(E)/放弃(U)]<退出>:
指定要偏移的那一侧上的点，或[退出(E)/多个(M)/放弃(U)]<退出>:

参数：

偏移命令操作

- 当前设置：指定当前偏移状态。
- 指定偏移距离：输入偏移距离，该距离可以通过键盘键入，也可以通过点取两个点来定义。
- 通过（T）：指定偏移的对象将通过随后选取的点。
- 删除（E）：偏移源对象后将其删除。
- 图层（L）：确定将偏移对象创建在当前图层上还是源对象所在的图层上。
- 选择要偏移的对象，或［退出（E）/放弃（U）］：选择欲偏移的对象，回车则退出偏移命令。
- 指定要偏移的那一侧上的点：指定点来确定偏移方向。
- 多个（M）：选择一个对象偏移出多个相似对象。

【例 4-5】打开 Tutorial \ 4 \ 4-5.dwg，将三角形 ABC 向内偏移 15 个单位，再将三角形 ABC 向外偏移三个距离为 15 的三个相似形，同时删除源三角形 ABC（图 4-10）。

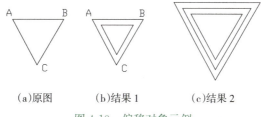

(a)原图　　　(b)结果 1　　　(c)结果 2

图 4-10　偏移对象示例

命令:OFFSET↙	
当前设置：删除源＝否　图层＝源　OFFSETGAPTYPE＝0	
指定偏移距离或［通过(T)/删除(E)/图层(L)］＜当前值＞:15↙	输入偏移距离
选择要偏移的对象，或［退出(E)/放弃(U)］＜退出＞:**点取三角形 ABC**	
指定要偏移的那一侧上的点:**点取三角形 ABC 的外侧**	确定偏移的方向
选择要偏移的对象，或［退出(E)/放弃(U)］＜退出＞:↙	回车退出偏移命令
命令:OFFSET↙	
当前设置：　删除源＝否　图层＝源　OFFSETGAPTYPE＝0	
指定偏移距离或［通过(T)/删除(E)/图层(L)］＜15.0000＞:E↙	选择偏移后删除选项
要在偏移后删除源对象吗？［是(Y)/否(N)］＜否＞:Y↙	选择删除源对象
指定偏移距离或［通过(T)/删除(E)/图层(L)］＜15.0000＞:15	输入偏移距离
选择要偏移的对象，或［退出(E)/放弃(U)］＜退出＞:	
指定要偏移的那一侧上的点，	
或［退出(E)/多个(M)/放弃(U)］＜退出＞:M↙	选择多个选项
指定要偏移的那一侧上的点，	
或［退出(E)/放弃(U)］＜下一个对象＞:**点取外侧**	指定偏移方向
指定要偏移的那一侧上的点，	
或［退出(E)/放弃(U)］＜下一个对象＞:**点取外侧**	指定偏移方向
指定要偏移的那一侧上的点，	
或［退出(E)/放弃(U)］＜下一个对象＞:**点取外侧**	指定偏移方向
选择要偏移的对象，或［退出(E)/放弃(U)］＜退出＞:↙	按回车键删除源对象,结束偏移

结果如图 4-10（b）所示。

☝**注意**：偏移命令只能用点取方式选择一个对象。如果用距离作偏移线，距离必须大于 0。对于多段线距离按中心线计算。不同图形偏移效果不同，圆为同心圆，圆弧为相同中心角，直线为平行线，多段线为同心拷贝。

4.2.3 改变对象位置

在修改图形时，常常需要改变图形对象的位置，在 AutoCAD 中可用 MOVE 命令移动对象，用 ROTATE 命令旋转对象。

A. 移动 移动命令是对象的重新定位，可以将一个或一组对象以指定的角度和方向从一个位置移动到另一个位置。AutoCAD 2006 为该命令增加了"位移"命令选项，选择此命令选项可以设置移动对象的相对距离和方向，最后输入的位移值会被保留。

命令：MOVE （简写：M）
菜单：修改→移动
按钮：✥

命令及提示：
命令:MOVE
选择对象：
选择对象:↵
指定基点或[位移(D)]<位移>：
指定第二个点或<使用第一个点作为位移>：

移动命令操作

参数：
- 选择对象：选择欲移动的对象。
- 基点：指移动的起始点。
- 位移：指定原对象和目标对象之间的位移值。
- 指定第二个点：指定对象移动的目标点。
- 使用第一个点作为位移：用第一点到原点的位移来移动对象。

【**例 4-6**】打开 Tutorial \ 4 \ 4-6.dwg，将图 4-11（a）的小旗从三角形的 A 点移动到 B 点或 C 点。

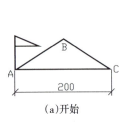
（a）开始

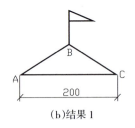
（b）结果 1

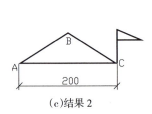
（c）结果 2

图 4-11 移动对象示例

命令:MOVE
选择对象:**选取小旗**
找到 6 个
选择对象:↵   回车结束对象选择
指定基点或[位移(D)]<位移>：**捕捉 A 点**

指定第二个点或<使用第一个点作为位移>:**捕捉 B 点**

结果如图 4-11（b）所示。

命令:MOVE

选择对象:**选取小旗**

找到 6 个

选择对象:↙ 　　　　　　　　　　　　　　　回车结束对象选择

指定基点或［位移(D)］<位移>:↙ 　　　　　按<Enter>选择<位移>

指定位移<200.000 0,0.000 0,0.000 0>:**200,0**↙ 　输入位移值,回车对象移动到 C 点

结果如图 4-11（c）所示。

B. 旋转　　旋转命令可以将某一对象旋转指定角度或参照一对象进行旋转。当 AutoCAD 2006 执行旋转命令时,只要选择"复制"命令选项,就可在旋转对象的同时复制源对象。

命令：ROTATE（简写：RO）

菜单：修改→旋转

按钮：

命令及提示：

命令:ROTATE

UCS 当前的正角方向：ANGDIR＝逆时针　ANGBASE＝0

选择对象：

指定基点：

指定旋转角度,或［复制(C)/参照(R)］<当前值>：

旋转命令操作

参数：

- 选择对象：选择欲旋转的对象。
- 指定基点：指定旋转的基点。
- 指定旋转角度,或［复制（C）/参照（R）］：输入旋转的角度。
- 复制（C）：创建要旋转的选定对象的副本。
- 参照（R）：采用参照的方式旋转对象。
- 指定参考角<0>：如果采用参照方式,可指定旋转的起始角度,通过输入值或指定两点来指定角度。
- 指定新角度：指定旋转的目标角度。输入的新角度值是绝对角度,而不是相对值。

【例 4-7】打开 Tutorial \ 4 \ 4-7.dwg,将图 4-12（a）原图中的长方形旋转 30°,如图 4-12（b）所示；再旋转复制三角形 ACD,使 AC 与 AB 重合,如图 4-12（c）所示。

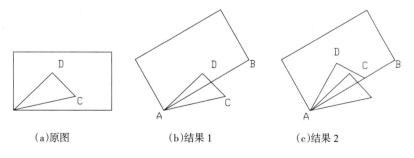

(a)原图　　　　　　(b)结果 1　　　　　　(c)结果 2

图 4-12　旋转对象示例

命令:ROTATE↙
UCS 当前的正角方向：ANGDIR＝逆时针 ANGBASE＝0
选择对象:**选取长方形**
选择对象:↙　　　　　　　　　　　　　　　回车结束对象选择
指定基点:**捕捉 A 点**　　　　　　　　　　指定旋转基点
指定旋转角度,或[复制(C)/参照(R)]:30↙　　确定旋转角度
结果如图 4-12（b）所示。
命令:ROTATE↙　　　　　　　　　　　　　按回车重复旋转命令
UCS 当前的正角方向：ANGDIR＝逆时针 ANGBASE＝0　提示当前相关设置
选择对象:**选取三角形**
找到 3 个
选择对象:↙　　　　　　　　　　　　　　　回车结束对象选择
指定基点:**捕捉 A 点**　　　　　　　　　　定义旋转基点
指定旋转角度,或[复制(C)/参照(R)]<30>:C↙　启用复制方式
旋转一组选定对象
指定旋转角度,或[复制(C)/参照(R)]<30>:R↙　启用参照方式
指定参照角<12>:**捕捉 A 点**　　　　　　　定义将旋转到新角度的第一点
指定第二点:**捕捉 C 点**　　　　　　　　　确定将旋转到新角度的假设线
指定新角度或[点(P)]:**捕捉 B 点**　　　　　如果指定点,参照角度将旋转到该点
结果如图 4-12（c）所示。

4.2.4　改变对象尺寸

在 AutoCAD 中改变对象尺寸的命令有：SCALE（比例缩放），ALIGN（对齐），STRETCH（拉伸），LENGTHEN（拉长），EXTEND（延伸），TRIM（修剪）。

A. 比例缩放　　在绘图过程中经常发现绘制的图形过大或过小。通过比例缩放可以快速实现图形的大小转换。并且只要在缩放的同时选择"复制"命令选项，就可在缩放对象的同时复制源对象。缩放时可以指定一定的比例，也可以参照其他对象进行缩放。

命令：SCALE（简写：SC）
菜单：修改→缩放
按钮：
命令及提示：
命令:SCALE
选择对象:
选择对象:↙
指定基点:
指定比例因子或[复制(C)/参照(R)]:

参数：
● 选择对象：选择欲比例缩放的对象。
● 指定基点：指定比例缩放的基点。
● 指定比例因子：比例因子＞1,则放大对象；比例因子大于 0 小于 1,则缩小对象。
● 复制（C）：创建要缩放的选定对象的副本。

缩放命令操作

● 参照（R）：按指定的新长度和参考长度的比值缩放所选对象。

【例 4-8】 打开 Tutorial \ 4 \ 4-8.dwg，将图 4-13（a）原图所示的正五边形以 A 点为基准复制缩小一半；然后再将三角形 ABC 用参照方式复制缩小成图 4-13（c）所示。

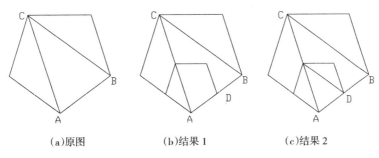

(a)原图　　　　　　(b)结果 1　　　　　　(c)结果 2

图 4-13　比例缩放示例

命令:SCALE↵	
选择对象:**选取正五边形**	
选择对象:↵	回车结束选择
指定基点:**捕捉 A 点**	确定比例缩放的基点
指定比例因子或[复制(C)/参照(R)]:C↵	启用复制方式
缩放一组选定对象	
指定比例因子或[复制(C)/参照(R)]<1.0000>:0.5↵	对象缩小为原来的 0.5 倍,如图 4-13(b)所示
命令:SCALE↵	回车重复缩放
选择对象:**选取三角形 ABC**	
选择对象:↵	回车结束选择
指定基点:**捕捉 A 点**	
指定比例因子或[复制(C)/参照(R)]:C↵	启用复制方式
缩放一组选定对象	
指定比例因子或[复制(C)/参照(R)]<1.0000>:R↵	按参照方式缩放对象
指定参考长度<1>:**捕捉 A 点**	
指定第二点:**捕捉 B 点**	
指定新长度:**捕捉 D 点**	

结果如图 4-13(c)所示。

❀ 注意：

（1）比例缩放真正改变了图形的大小，和视图显示中的 ZOOM 命令缩放有本质的区别。ZOOM 命令仅仅改变在屏幕上的显示大小，图形本身尺寸无任何大小变化。

（2）AutoCAD 2006 新增加的旋转复制、缩放复制命令同样可以创建相似图形，旋转复制对象、缩放复制对象与源对象的位置取决于基点位置的选择,而偏移命令是等距复制。

B. 对齐　　将选定对象用移动和旋转的操作达到与指定位置对齐，并且可以在对齐过程中调整对象缩放比例到对齐点。

命令：ALIGN（简写：AL）

菜单：修改→三维操作→对齐

命令及提示：

命令:ALIGN
选择对象：
指定第一个源点：
指定第一个目标点：
指定第二个源点：
指定第二个目标点：
指定第三个源点或〈继续〉:↙
是否基于对齐点缩放对象？[是(Y)/否(N)]<否>：

对齐命令操作

参数：

- 选择对象：选择欲对齐的对象。
- 指定源点：指定对齐的源点。
- 指定目标点：指定对齐的目标点。

【例 4-9】打开 Tutorial\4\4-9.dwg，将图 4-14(a)柱基础左半部分对齐到右半部分。

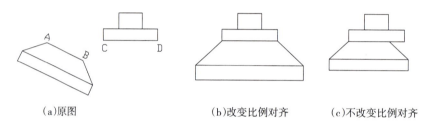

(a)原图　　　　　　　　(b)改变比例对齐　　　　(c)不改变比例对齐

图 4-14　对齐示例

命令:ALIGN↙
选择对象:*选择原图左边的复合图形*　　　　　　　选择需对齐的对象
指定第一个源点:*捕捉 A 点*
指定第一个目标点:*捕捉 C 点*
指定第二个源点:*捕捉 B 点*
指定第二个目标点:*捕捉 D 点*
指定第三个源点或〈继续〉:↙　　　　　　　　　　结束源点与目标点的指定
是否基于对齐点缩放对象？[是(Y)/否(N)]<否>:Y↙　图 4-14(b)为是，图 4-14(c)为否

注意：

（1）如仅输入第一对源点与目标点，只进行移动对象操作。

（2）如输入两对源点与目标点，则可进行移动、旋转、变比操作。

C. 拉伸　　拉伸是调整图形大小、位置的一种十分灵活的工具。AutoCAD 2006 为该命令增加了"位移"命令选项，选择此命令选项可以设置拉伸对象的相对距离和方向，最后输入的位移值会被保留。

命令：STRETCH（简写：S）
菜单：修改→拉伸
按钮：

命令及提示：

命令:STRETCH

以交叉窗口或交叉多边形选择要拉伸的对象…
选择对象：
指定对角点：
选择对象：✓
指定基点或[位移(D)]<位移>：
指定第二个点或<使用第一个点作为位移>：

拉伸命令操作

参数：
- 选择对象：只能以自右向左的交叉窗口或交叉多边形选择要拉伸的点。
- 指定基点或［位移（D）］<位移>：指定拉伸基点或定义位移。
- 位移：指定原对象和目标对象之间的位移值。
- 指定位移的第二点：如果第一点定义了基点，定义第二点来确定位移。
- 使用第一个点作为位移：将第一点的坐标值作为位移增量输入。

【例 4-10】打开 Tutorial \ 4 \ 4-10.dwg，将图 4-15（a）原图中的拱门向右分别放宽 100 个单位和 200 个单位。

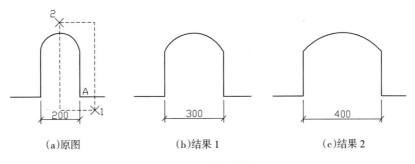

(a)原图　　　　　　(b)结果 1　　　　　　(c)结果 2

图 4-15　拉伸示例

命令:STRETCH ✓	
以交叉窗口或交叉多边形选择要拉伸的对象…	提示选择对象的方式
选择对象:**点取 1 点**	点取交叉窗口的第一个顶点
指定对角点:**点取 2 点**	指定交叉窗口的另一个顶点
选择对象:✓	回车结束对象选择
指定基点或[位移(D)]<位移>:**任取一点**	
指定位移的第二点或<使用第一个点作为位移>:100 ✓	将正交工具打开,光标移到 A 点右方,输入距离

结果如图 4-15(b)所示。

命令:STRETCH	按回车键重复拉伸命令
以交叉窗口或交叉多边形选择要拉伸的对象…	
选择对象:**点取 1 点**	点取交叉窗口的第一个顶点
指定对角点:**点取 2 点**	指定交叉窗口的另一个顶点
选择对象:✓	回车结束对象选择
指定基点或[位移(D)]<位移>:✓	定义位移
指定位移<0.0000,0.0000,0.0000>:**200,0** ✓	输入位移值,回车结束

结果如图 4-15（c）所示。

注意：

（1）拉伸一般只能采用自右向左的交叉窗口或交叉多边形的方式来选择对象。

（2）拉伸对象往往是图形的端点或整个图形，对样条曲线也可拉伸其节点。

（3）圆弧被拉伸，弧高不变，圆不能被拉伸，只能移动。

D. 拉长　拉长命令可以修改某直线、样条曲线或圆弧、椭圆弧的长度或角度。可以指定绝对大小、相对大小、相对百分比大小，甚至可以动态修改其大小。

命令：LENGTHEN　　（简写：LEN）

菜单：修改→拉长

按钮：

命令及提示：

命令:LENGTHEN

选择对象或[增量(DE)/百分数(P)/全部(T)/动态(DY)]:

输入长度增量或[角度(A)]<当前值>:

选择要修改的对象或[放弃(U)]:

拉长命令操作

参数：

- 选择对象：选择欲拉长的直线或圆弧对象，此时显示该对象的长度或角度。
- 增量（DE）：定义增量大小，正值为增，负值为减。
- 百分数（P）：定义百分数来拉长对象，类似于缩放的比例。
- 全部（T）：定义最后的长度或圆弧的角度。
- 动态（DY）：动态拉长对象。
- 输入长度增量或[角度（A）]：输入长度增量或角度增量。
- 选择要修改的对象或[放弃（U）]：点取欲修改的对象，输入 U 则放弃刚完成的操作。

【例 4-11】 将图 4-16（a）原图的直线右边长度减短 100 个单位。

命令:LENGTHEN

选择对象或[增量(DE)/百分数(P)/全部(T)/动态(DY)]:DE✓　　　设置成增量方式

输入长度增量或[角度(A)]<300>:-100✓　　　　　　　　　　　输入长度增量

选择要修改的对象或[放弃(U)]:**点取直线右半段**　　　　　　　指定截短对象及方向

选择要修改的对象或[放弃(U)]:✓　　　　　　　　　　　　　　结束命令

结果如图 4-16（b）所示。

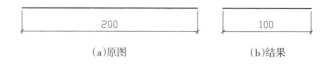

(a)原图　　　　　　　　(b)结果

图 4-16　拉长示例

注意：

（1）点取直线或圆弧时的拾取点直接控制了拉长或截短的方向，修改发生在拾取点的一侧。

（2）拉长功能不能拉长封闭对象。

（3）源对象的加长或缩短取决于输入增量值的正负，增量值为正，源对象加长，否则缩短。

E. 延伸　延伸是以指定的对象为边界,延伸某对象与之精确相交。

命令：EXTEND（简写：EX）

菜单：修改→延伸

按钮：

命令及提示：

命令:EXTEND

当前设置:投影=UCS,边=无

选择边界的边…

选择对象或＜全部选择＞:

选择要延伸的对象,或按住＜Shift＞键选择要修剪的对象,或

［栏选(F)/窗交(C)/投影(P)/边(E)/放弃(U)］:

参数：

- 选择边界的边…：提示选择作为延伸边界的对象。
- 选择对象或＜全部选择＞：选择一个或多个对象,或者按＜Enter＞键选择所有显示的对象。
- 选择要延伸的对象：选择欲延伸的对象。
- 栏选（F）：选择与选择栏相交的所有对象。
- 窗交（C）：选择矩形区域内部或与之相交的对象。
- 按住＜Shift＞键选择要修剪的对象：将选定对象修剪到最近的边界。
- 投影（P）：在三维对象（非 XY 平面对象）延伸时,指定边界对象的投影方式。在 XY 平面对象延伸时可不设定此选项。
- 放弃（U）：放弃最后一次延伸操作。
- 边（E）：确定对象是延伸到边界的延长交点还是只延伸到边界的实际交点。
  ➢延伸（E）：指定对象延伸到边界的延长交点。
  ➢不延伸（N）：指定对象延伸到边界的实际交点。

【**例 4-12**】打开 Tutorial \ 4 \ 4-12.dwg,将图 4-17（a）所示的直线 A 首先延伸到圆 B 上,再延伸到直线 C 的延长交点上。

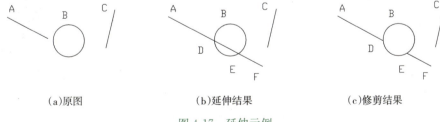

(a)原图　　　　　　　　(b)延伸结果　　　　　　　(c)修剪结果

图 4-17　延伸示例

命令:EXTEND↙

当前设置:投影=无　边=无　　　　　　　　　　　　　　　　提示当前设置

选择边界的边…　　　　　　　　　　　　　　　　　　　　　提示以下选择延伸边界

选择对象或〈全部选择〉:**选择圆 B 和直线 C**

找到 2 个　　　　　　　　　　　　　　　　　　　　　　　　提示选中的数目

选择对象：↙	回车结束边界选择
选择要延伸的对象,或按住<Shift>键选择要修剪的对象,或	
[栏选(F)/窗交(C)/投影(P)/边(E)/放弃(U)]:*拾取直线 A 的右侧*	得交点 D
选择要延伸的对象,或按住<Shift>键选择要修剪的对象,或	
[栏选(F)/窗交(C)/投影(P)/边(E)/放弃(U)]:*拾取直线 A 的右侧*	得交点 E
选择要延伸的对象,或按住<Shift>键选择要修剪的对象,或	
[栏选(F)/窗交(C)/投影(P)/边(E)/放弃(U)]:E↙	设定边界的作用方式
输入隐含边延伸模式[延伸(E)/不延伸(N)]<不延伸>:E↙	指定对象延伸到边界的延长交点
选择要延伸的对象,或按住<Shift>键选择要修剪的对象,或	
[栏选(F)/窗交(C)/投影(P)/边(E)/放弃(U)]:*拾取直线 A 的右侧*	得交点 F,如图 4-17(b)所示延伸结果
选择要延伸的对象,或按住<Shift>键选择要修剪的对象,或	
[栏选(F)/窗交(C)/投影(P)/边(E)/放弃(U)]:*按住<Shift>键*	切换为修剪对象方式,修剪圆内直线 DE
选择圆内的直线段 DE↙	回车结束修剪命令

结果如图 4-17（c）所示。

🔔 **注意：**

（1）选择要延伸的对象时的拾取点决定了延伸的方向,延伸发生在拾取点的一侧。

（2）对有宽度的直线或圆弧,若延伸后末端宽度为负值,则该端宽度量为 0。

（3）在延伸不相交对象时,按住<Shift>键可以切换为修剪方式。

（4）选择对象可以使用点选、栏选、窗选等工具对多个对象进行延伸或修剪。

（5）延伸可以隐含延伸边,在提示"选择对象："时按<Enter>键,自动确定符合条件的对象为延伸边。

F. 修剪　修剪命令是比较常用的编辑命令,绘图中经常需要修剪图形,将超出的部分去掉,以便使图形精确相交。修剪命令是以指定的对象为边界,将要修剪的对象剪去超出部分,也可同时对多条线段进行修剪。

命令： TRIM（简写：TR）

菜单： 修改→修剪

按钮： ⊸⁄

命令及提示：

命令:TRIM

当前设置:投影=UCS　边=无

选择剪切边…

选择对象或<全部选择>:

选择要修剪的对象,或按住<Shift>键选择要延伸的对象,或

[栏选(F)/窗交(C)/投影(P)/边(E)/删除(R)/放弃(U)]:

输入隐含边延伸模式[延伸(E)/不延伸(N)]<不延伸>:

参数：

● 选择剪切边…选择对象或<全部选择>：提示选择对象作为剪切边界,按<Enter>键选择所有显示的对象。

修剪命令操作

- 选择要修剪的对象：选择欲修剪的对象。
- 栏选（F）：选择与选择栏相交的所有对象。
- 窗交（C）：选择矩形区域内部或与之相交的对象。
- 投影（P）：在三维对象（非 XY 平面对象）修剪时，指定边界对象的投影方式。在 XY 平面对象修剪时可不设定此选项。
- 删除（R）：无需退出 TRIM 命令，就可删除不需要的对象。
- 边（E）：确定对象是修剪到边界的延长交点还是只修剪到边界的实际交点。

延伸（E）：指定对象修剪到边界的延长交点。

不延伸（N）：指定对象修剪到边界的实际交点。

- 放弃（U）：放弃最后进行的一次修剪操作。

【例 4-13】修剪练习。

1. 用单击的方法修剪图形

(1) 打开 Tutorial \ 4 \ 4-13-1.dwg，将图 4-18（a）修剪为图 4-18（b）结果。

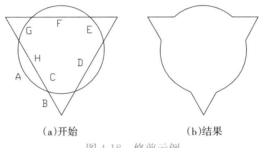

(a)开始　　　　　　　　(b)结果

图 4-18　修剪示例

命令:TRIM↙	
当前设置:投影=UCS　边=无	提示当前设置
选择剪切边…	提示选择作为剪切边界的对象
选择对象或<全部选择>:↙	回车选择全部对象
选择要修剪的对象,或按住<Shift>键选择要延伸的对象,或 [栏选(F)/窗交(C)/投影(P)/边(E)/删除(R)/放弃(U)]:**点取圆弧 C**	选择欲修剪的对象
选择要修剪的对象,或按住<Shift>键选择要延伸的对象,或 [栏选(F)/窗交(C)/投影(P)/边(E)/删除(R)/放弃(U)]:**点取线段 D**	
选择要修剪的对象,或按住<Shift>键选择要延伸的对象,或 [栏选(F)/窗交(C)/投影(P)/边(E)/删除(R)/放弃(U)]:**点取圆弧 E**	
选择要修剪的对象,或按住<Shift>键选择要延伸的对象,或 [栏选(F)/窗交(C)/投影(P)/边(E)/删除(R)/放弃(U)]:**点取线段 F**	
选择要修剪的对象,或按住<Shift>键选择要延伸的对象,或 [栏选(F)/窗交(C)/投影(P)/边(E)/删除(R)/放弃(U)]:**点取圆弧 G**	
选择要修剪的对象,或按住<Shift>键选择要延伸的对象,或 [栏选(F)/窗交(C)/投影(P)/边(E)/删除(R)/放弃(U)]:**点取线段 H**	
选择要修剪的对象,或按住<Shift>键选择要延伸的对象,或 [栏选(F)/窗交(C)/投影(P)/边(E)/删除(R)/放弃(U)]:↙	回车结束修剪命令

(2) 打开 Tutorial \ 4 \ 4-13-1.dwg，如图 4-19（a）所示，以直线为边界，将图上 G 段剪去。

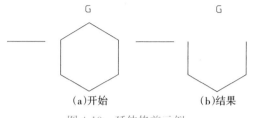

图 4-19 延伸修剪示例

命令:TRIM↙
设置:投影＝UCS 边＝无　　　　　　　　　　　　　提示当前设置
选择剪切边…　　　　　　　　　　　　　　　　　　提示以下选择剪切边
选择对象或〈全部选择〉:**点取直线**
找到 1 个
选择对象:↙　　　　　　　　　　　　　　　　　　　回车结束选择
选择要修剪的对象,或按住＜Shift＞键选择要延伸的对象,或
[栏选(F)/窗交(C)/投影(P)/边(E)/删除(R)/放弃(U)]:E↙　设定边界作用方式
输入隐含边延伸模式[延伸(E)/不延伸(N)]＜不延伸＞:E↙　指定对象修剪到边界线的延长交点
选择要修剪的对象,或按住＜Shift＞键选择要延伸的对象,或
[栏选(F)/窗交(C)/投影(P)/边(E)/删除(R)/放弃(U)]:**点取正六边形 G 部分**
选择要修剪的对象或[投影(P)/边(E)/放弃(U)]:
选择要修剪的对象或[投影(P)/边(E)/放弃(U)]:↙　　　回车结束修剪
结果如图 4-19（b）所示。

2. 用栏选方式修剪图形　打开 Tutorial \ 4 \ 4-13-2.dwg，如图 4-20（a）所示，使用栏选方式将图 4-20（a）修剪为图 4-20（c）。

命令:TRIM↙
设置:投影＝UCS 边＝无　　　　　　　　　　　　　提示当前设置
选择剪切边…　　　　　　　　　　　　　　　　　　提示以下选择剪切边
选择对象或＜全部选择＞:**点取矩形**
找到 1 个
选择对象:↙　　　　　　　　　　　　　　　　　　　回车结束选择
选择要修剪的对象,或按住＜Shift＞键选择要延伸的对象,或
[栏选(F)/窗交(C)/投影(P)/边(E)/删除(R)/放弃(U)]:F↙　设定栏选作用方式
指定第一个栏选点:**点取 1 点**
指定下一个栏选点或[放弃(U)]:**点取 2 点**
指定下一个栏选点或[放弃(U)]:↙
选择要修剪的对象,或按住＜Shift＞键选择要延伸的对象,或
[栏选(F)/窗交(C)/投影(P)/边(E)/删除(R)/放弃(U)]:↙　回车结束修剪
结果如图 4-20(c)所示。

☙ 注意:
（1）修剪可以隐含修剪边,在提示"选择对象:"时按＜Enter＞键,自动确定符合条件的对

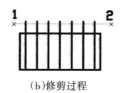

(a)开始　　　　　　　(b)修剪过程　　　　　　(c)结果

图 4-20　栏选方式修剪示例

象为修剪边。

(2)"修剪"命令编辑图形对象时,按住<Shift>键选择对象,系统执行"延伸"命令,将选择的对象延伸到其他对象上。

(3)带宽对象按中心线计算并保留多段线宽度信息,修剪边界与多段线中心垂直。

4.2.5　打断与合并

打断与合并是相对的两个编辑过程,打断以后对象之间可以有间隙,也可没有间隙;合并后的对象成为一个整体。

A. 打断　打断命令可以将某对象一分为二或去掉其中一段减少其长度。圆可以被打断成圆弧。

命令:BREAK　(简写:BR)
菜单:修改→打断
按钮:▫

打断命令操作

命令及提示:
命令:BREAK
选择对象:
指定第二个打断点或[第一点(F)]:F↙
指定第一个打断点:
指定第二个打断点:

参数:
- 选择对象:选择欲打断的对象,将拾取图形对象的点定为第一断点。
- 第一点(F):输入 F 重新定义打断的第一断点。
- 指定第二个打断点:拾取打断的第二断点。如果输入@指第二断点和第一断点相同,即将选择对象分成两段,相当于执行"打断于点"命令,即修改工具栏的▫按钮。

【**例 4-14**】打开 Tutorial \ 4 \ 4-14.dwg,如图 4-21(a)所示,将圆从 AB 处打断。
命令:BREAK
选择对象:**选取圆**
指定第二个打断点或[第一点(F)]:F↙
指定第一个打断点:**捕捉 A 点**
指定第二个打断点:**捕捉 B 点**

结果如图 4-21(b)所示。如果指定 B 点为第一点,A 点为第二点,结果如图 4-21(c)所示。

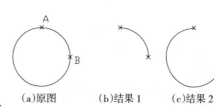

(a)原图　　　(b)结果1　　(c)结果2

图 4-21　打断示例

注意:如果指定的第二断点不在对象上,系统会自动从图形中选取与之距离最近的点作为新的第二断点，即第二断点可以指定在要删除部分的端点之外。

B. 合并　合并命令是将相似对象合并形成一个完整的对象。

命令：JOIN　（简写：J）

菜单：修改→合并

按钮：

命令及提示：

命令行:JOIN

选择源对象：

参数：

● 选择源对象：选择将与之合并的相似对象。

【**例 4-15**】合并练习。

1. 打开 Tutorial \ 4 \ 4-15.dwg，将图 4-22（a）的椭圆弧合并成一个整体或闭合成一个椭圆。

(a)原图　　　　(b)结果 1　　　　(c)结果 2

图 4-22　合并示例一

命令:JOIN

选择源对象,以合并到源或进行[闭合(L)]:**选择椭圆弧 AB**　　　　点取源对象

选择要合并到源的椭圆弧:**选择椭圆弧 CD**　　　　点取要合并到源的对象

找到 1 个

已将 1 个椭圆弧合并到源

结果如图 4-22（b）所示。如果输入闭合"L"，结果如图 4-22（c）所示。

2. 打开 Tutorial \ 4 \ 4-15.dwg，如图 4-23 所示，将图中的多段线、直线、圆弧合并成一个对象。

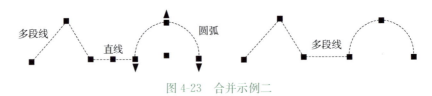

图 4-23　合并示例二

命令:JOIN

选择源对象:选择多段线

选择要合并到源的对象:**点取直线**

找到 1 个

选择要合并到源的对象:**点取圆弧**

找到 1 个,总计 2 个

选择要合并到源的对象:↙

2 条线段已添加到多段线

💡 **注意：**

（1）合并圆弧或椭圆弧时，将从源对象开始沿逆时针方向合并。

（2）合并直线，对象必须共线，之间可以有间隙；合并直线、多段线或圆弧，对象之间不能有间隙；合并样条曲线，对象必须首尾相邻。

4.2.6 倒角与圆角

AutoCAD 2006 对倒角和圆角功能做了改进，当使用这两个工具时，不仅可以同时为多个对象进行倒角和圆角，而且在"多个"模式下还可以使用"放弃"选项，如果按住<Shift>键盘并选择两条直线时，可以快速创建零距离倒角或零半径圆角。

A. 倒角 倒角又称为切角，是园林图上常见的图形，可以通过倒角命令直接产生。

命令：CHAMFER（简写：CHA）

菜单：修改→倒角

按钮：

命令及提示：

命令：CHAMFER

（"修剪"模式）当前倒角距离 1＝0.000 0，距离 2＝0.000 0

选择第一条直线或［放弃(U)/多段线(P)/距离(D)/角度(A)/修剪(T)/方式(E)/多个(M)］：

选择第二条直线，或按住<Shift>键选择要应用角点的直线：

倒角命令操作

参数：

- 选择第一条直线：选择倒角的第一条直线。
- 选择第二条直线：选择倒角的第二条直线。
- 放弃（U）：恢复执行上一个操作命令。
- 多段线（P）：对多段线每个顶点处的相交直线段做倒角处理。
- 距离（D）：设置选定边的倒角距离，两个倒角距离可以相等也可以不等，如图 4-24 所示。如果将两个距离都设置为 0，两条线将相交于一点。
- 角度（A）：通过第一条线的倒角距离和第一条线的倒角角度来形成倒角，如图 4-25 所示。

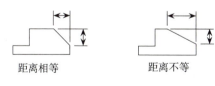

图 4-24 倒角距离设定

图 4-25 通过距离和角度来设置倒角

- 修剪（T）：设定修剪模式。控制是否将选定边修剪到倒角线端点。
  ➢修剪（T）：选择修剪方式，则倒角时自动将不足的补齐，超出的剪掉。
  ➢不修剪（N）：如果为不修剪方式，则仅仅增加一倒角，原有边线不变。
- 方法（M）：设定使用距离方式还是角度方式来形成倒角。

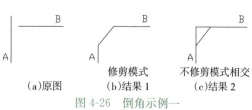

图 4-26 倒角示例一

● 多个（M）：可以为多组对象的边倒角。

【例 4-16】倒角练习。

（1）打开 Tutorial\4\4-16.dwg，如图 4-26（a）所示，用距离为 10，角度 40°的倒角将直线 A 和 B 连接起来。

命令:CHAMFER↙
("修剪"模式)当前倒角距离 1=0.000 0,距离 2=0.000 0　　　提示当前倒角设定
选择第一条直线或[放弃(U)/多段线(P)/距离(D)/角度(A)/
修剪(T)/方式(E)/多个(M)]:A↙　　　设定以角度方式形成倒角
指定第一条直线的倒角长度〈0.000 0〉:10↙
指定第一条直线的倒角角度〈0〉:40↙
选择第一条直线或[放弃(U)/多段线(P)/距离(D)/角度(A)/
修剪(T)/方式(E)/多个(M)]:**选取直线 A**
选择第二条直线,或按住＜Shift＞键选择要应用角点的直线:**选取直线 B**

结果如图 4-26(b)所示。如果设定修剪模式为不修剪,倒角距离为 0,则结果如图 4-26（c）所示。

（2）打开 Tutorial\4\4-16.dwg，将图 4-27（a）中的矩形倒角。

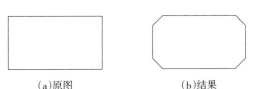

(a)原图　　　　　　　(b)结果

图 4-27　倒角示例二

命令:CHAMFER↙
("修剪"模式)当前倒角长度=10.000 0,角度=40　　　提示当前倒角设定
选择第一条直线或[放弃(U)/多段线(P)/距离(D)/角度(A)/
修剪(T)/方式(E)/多个(M)]:D　　　设定倒角距离
指定第一个倒角距离〈10.000 0〉:5　　　指定第一个倒角距离为 5
指定第二个倒角距离〈5.000 0〉:　　　接受第二个倒角距离缺省值
选择第一条直线或[放弃(U)/多段线(P)/距离(D)/角度(A)/
修剪(T)/方式(E)/多个(M)]:P　　　对多段线进行倒角
选择二维多段线:**选取矩形**
4 条直线已被倒角

结果如图 4-27（b）所示。

（3）打开 Tutorial\4\4-16.dwg，将图 4-28（a）中的多边形倒角为图 4-28（b）。

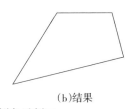

(a)原图　　　　　　　(b)结果

图 4-28　倒角示例三

命令:CHAMFER↙
("修剪"模式)当前倒角距离 1=20.000 0,距离 2=20.000 0　　　提示当前倒角设定
选择第一条直线或[放弃(U)/多段线(P)/距离(D)/角度(A)/
修剪(T)/方式(E)/多个(M)]:**点取直线 AB**
选择第二条直线,或按住＜Shift＞键选择要应用角点的直线:**点取直线 CD**　　　设定零距离倒角
选择第一条直线或[放弃(U)/多段线(P)/距离(D)/角度(A)/
修剪(T)/方式(E)/多个(M)]:**点取直线 CD**
选择第二条直线,或按住＜Shift＞键选择要应用角点的直线:**点取直线 EF**　　　设定零距离倒角

选择第一条直线或[放弃(U)/多段线(P)/距离(D)/角度(A)/
修剪(T)/方式(E)/多个(M)]:**点取直线 EF**
选择第二条直线,或按住<Shift>键选择要应用角点的直线:**点取直线 FG**　　设定零距离倒角
选择第一条直线或[放弃(U)/多段线(P)/距离(D)/角度(A)/修剪(T)/方式(E)/多个(M)]:✓

结果如图 4-28（b）所示。

※ 注意：

（1）如果在"修剪"模式和设定两距离为 0，可以通过倒角命令修齐两直线，而不论这两条不平行直线是否相交或需要延伸才能相交，能得到修剪或者延伸命令所能实现的效果。

（2）当倒角距离不等于 0，在"多个"选项模式下选择"放弃"，同样可以对多组对象进行零距离倒角。

（3）对多段线进行倒角时，如果该多段线最后一条线不是闭合的，则最后一条线和第一条线之间不会自动形成倒角。

（4）选择直线时的拾取点对修剪的位置有影响，一般保留拾取点的线段，而超过倒角的线段自动被修剪。

（5）如果倒角的距离大于短边较远的顶点到交点的距离，则会出现"距离太大"的错误提示，而无法形成倒角。

（6）倒角采用当前图层的颜色和线型。

B. 圆角　　圆角是用光滑圆弧将两对象连接，它和倒角一样，可以直接通过圆角命令产生。

命令：FILLET（简写：F）
菜单：修改→圆角
按钮：

命令及提示：

命令:FILLET
当前设置：　模式＝修剪,半径＝10.000 0

圆角命令操作

选择第一个对象或[放弃(U)/多段线(P)/半径(R)/修剪(T)/多个(M)]:
选择第二个对象,或按住<Shift>键选择要应用角点的对象:

参数：

- 选择第一个对象：选择圆角的第一个对象。
- 选择第二个对象：选择圆角的第二个对象。
- 放弃（U）：恢复执行上一个操作命令。
- 多段线（P）：在多段线每个顶点处插入圆弧。
- 半径（R）：设定圆角半径。
- 修剪（T）：设定修剪模式。控制是否修剪选定的边使其延伸到圆角端点。
- 多个（M）：为多组对象的边圆角。

【**例 4-17**】打开 Tutorial \ 4 \ 4-17.dwg，做圆角练习。如图 4-29（a）所示用半径为 30 的圆角将三条直线连接起来；并设定零距离圆角，将三条直线连接。

命令:FILLET✓
当前设置:模式＝修剪,半径＝10.000 0　　　　　　　　　提示圆角设定的当前状态

(a)原图　　　　(b)结果1　　　　(c)结果2

图4-29　圆角示例

选择第一个对象或[放弃(U)/多段线(P)/半径(R)/修剪(T)/多个(M)]:R
指定圆角半径<10.000 0>:30↙　　　　　　　　　　　　重新设定圆角半径
选择第一个对象
或[放弃(U)/多段线(P)/半径(R)/修剪(T)/多个(M)]:**选取线段A**
选择第二个对象,或按住<Shift>键选择要应用角点的对象:**选取线段B**
命令:↙　　　　　　　　　　　　　　　　　　　　　　敲空格键,重复圆角命令
FILLET
当前设置:模式=修剪,半径=30.000 0
选择第一个对象或[放弃(U)/多段线(P)/半径(R)/修剪(T)/多个(M)]:M　选定多个选项
选择第一个对象或
[放弃(U)/多段线(P)/半径(R)/修剪(T)/多个(M)]:**选取线段A**
选择第二个对象,或按住<Shift>键选择要应用角点的对象:**选取线段C**
选择第一个对象
或[放弃(U)/多段线(P)/半径(R)/修剪(T)/多个(M)]:**选取线段B的左半部**
选择第二个对象,或按住<Shift>键选择要应用角点的对象:**选取线段C**　平行线的圆角,其半径并不
　　　　　　　　　　　　　　　　　　　　　　　　　　　　是设定的30

结果如图4-29(b)所示。
命令:↙　　　　　　　　　　　　　　　　　　　　　　敲空格键,重复圆角
　　　　　　　　　　　　　　　　　　　　　　　　　　命令
FILLET
当前设置:模式=修剪,半径=30.000 0
选择第一个对象或[放弃(U)/多段线(P)/半径(R)/修剪(T)/多个(M)]:M　　选定多个选项
选择第一个对象或[放弃(U)/多段线(P)/半径(R)/修剪(T)/多个(M)]:U　　放弃以前命令
命令已完全放弃
选择第一个对象或
[放弃(U)/多段线(P)/半径(R)/修剪(T)/多个(M)]:**选取线段A**
选择第二个对象,
或按住<Shift>键选择要应用角点的对象:**按住<Shift>键,选取线段B**　设定零距离圆角
选择第一个对象或
[放弃(U)/多段线(P)/半径(R)/修剪(T)/多个(M)]:**选取线段A**
选择第二个对象,
或按住<Shift>键选择要应用角点的对象:**按住<Shift>键,选取线段B**　设定零距离圆角
选择第一个对象或
[放弃(U)/多段线(P)/半径(R)/修剪(T)/多个(M)]:**选取线段B的左半部**
选择第二个对象,

或按住<Shift>键选择要应用角点的对象:*按住<Shift>键,选取线段C*   设定零距离圆角
结果如图 4-29（c）所示。

注意：

（1）如果将圆角半径设定成 0，则在修剪模式下，不论不平行的两条直线情况如何，都将会自动准确相交。

（2）当圆角半径不等于 0，在"多个"选项下选择"放弃"，可以对多组对象进行零距离圆角。

（3）对多段线圆角，如果该多段线最后一段和开始点仅仅相连而不闭合，则该多段线第一个顶点不会被圆角。

（4）如果是修剪模式，则拾取点的位置对结果有影响，一般会保留拾取点所在的部分而将另一段修剪。

（5）平行线之间的圆角，并不受半径设定的影响。

（6）不仅在直线间可以圆角，在圆、圆弧以及直线之间也可以圆角。

4.2.7 分解对象

多段线、多线、块、尺寸、填充图案等是一个整体。如果要对其中单一的对象进行编辑，普通的编辑命令无法完成，通过专用的编辑命令有时也难以满足要求。但如果将这些整体的对象分解，使之变成单独的对象，就可以采用普通的编辑命令进行编辑修改了。

命令：EXPLODE（简写：X）
菜单：修改→分解
按钮：
命令及提示：
命令:EXPLODE
选择对象:
参数：

- 选择对象：选择欲分解的对象，包括块、尺寸、多线、多段线等，而独立的直线、圆、圆弧、文字、点等是不能被分解的。

【例 4-18】打开 Tutorial \ 4 \ 4-18.dwg，将图 4-30（a）所示的多线分解，再用距离值为 10,10 的切角连接。

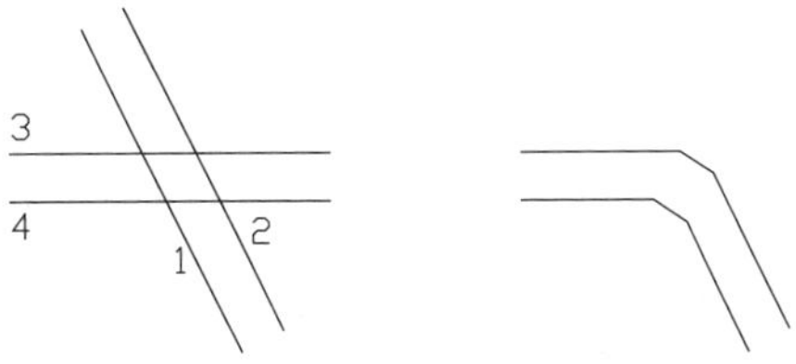

命令:EXPLODE✓
选择对象:*选择两条多线*
找到 2 个   提示选中的数目
选择对象:✓   回车结束对象选择,两条多线被分解成四直线段
命令:CHAMFER✓
("修剪"模式)当前倒角距离 1=10.000 0,距离 2=10.000 0
选择第一条直线或[多段线(P)/距离(D)/角度(A)/修剪(T)/方法(M)]:*选择直线 1*
选择第二条直线,或按住<Shift>键选择要应用角点的直线:*选择直线 4*

分解命令操作

(a)原图   (b)结果
图 4-30 分解示例

命令:CHAMFER↙
("修剪"模式)当前倒角距离 1=10.000 0,距离 2=10.000 0
选择第一条直线或[多段线(P)/距离(D)/角度(A)/修剪(T)/方法(M)]:**选择直线 2**
选择第二条直线,按住<Shift>键选择要应用角点的直线:**选择直线 3**
结果如图 4-30 (b) 图所示。

注意：如果要对多线、块、尺寸标注、多段线等进行特殊的编辑，必须预先将它们分解才能使用普通的编辑命令进行编辑，否则只能用专用的编辑命令进行编辑。

4.2.8 多段线编辑

多段线是一种复合对象，可以采用多段线专用编辑命令来编辑。编辑多段线，可以修改其宽度、开口或封闭、增减顶点数、样条化、直线化和拉直等。

命令：PEDIT（简写：PE）
菜单：修改→多段线
按钮："修改Ⅱ"工具栏

命令及提示：

命令:PEDIT
选择多段线或[多条(M)]:
输入选项
[打开(O)/合并(J)/宽度(W)/编辑顶点(E)/拟合(F)/样条曲线(S)/非曲线化(D)/线型生成(L)/放弃(U)]:

多段线编辑操作

常用参数：

- 选择多段线：选择欲编辑的多段线。如果选择了非多段线，该线条可以转换成多段线。
- 多条（M）：多个对象选择。
- 闭合（C）：自动连接多段线的起点和终点，创建闭合的多段线。

如果该多段线本身是闭合的，则提示为"打开（O）"。如选择"打开"，则将多段线的起点和终点间的线条删除，形成不封口的多段线。

- 合并（J）：将与多段线端点精确相连的其他直线、圆弧、多段线合并成一条多段线。
- 宽度（W）：设置该多段线的全程宽度。对于其中某一条线段的宽度，可以通过顶点编辑来修改。
- 编辑顶点（E）：进入"编辑顶点"模式。对多段线的各个顶点进行单独的编辑。
- 拟合（F）：创建一条平滑曲线，它由连接各相邻顶点的弧线段组成，如图 4-31 所示。
- 样条曲线（S）：产生通过多段线首末顶点，其形状和走向由多段线其余顶点控制的样条曲线。

图 4-31 多段线的拟合

- 非曲线化（D）：取消拟合或样条曲线，回到直线状态。
- 放弃（U）：放弃操作，可一直返回到多段线编辑的开始状态。

【例 4-19】打开 Tutorial \ 4 \ 4-19.dwg，如图 4-32 所示，将图 4-32（a）的直线三角形转化为线宽是 2 的闭合多段线。

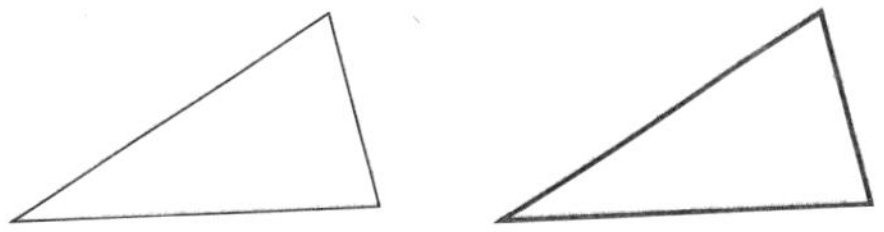

(a)原图　　　　　(b)结果

图 4-32　多段线编辑示例

命令:PEDIT↙
选择多段线或[多条(M)]:**选择三角形任一边**
所选对象不是多段线
是否将其转换为多段线?〈Y〉↙　　　　　　　　　将直线转化为多段线
输入选项[打开(O)/合并(J)/宽度(W)/编辑顶点(E)/拟合(F)/样条曲线(S)/
非曲线化(D)/线型生成(L)/放弃(U)]:J↙　　　　　输入合并选项
选择对象:**选取三角形的另两边**
选择对象:↙
2 条线段已添加到多段线　　　　　　　　　　　　　提示合并为多段线
输入选项[打开(O)/合并(J)/宽度(W)/编辑顶点(E)/拟合(F)/样条曲线(S)/
非曲线化(D)/线型生成(L)/放弃(U)]:W↙　　　　　输入设定多段线宽度选项
指定所有线段的新宽度:2↙　　　　　　　　　　　　输入线宽为 2
输入选项[打开(O)/合并(J)/宽度(W)/编辑顶点(E)/拟合(F)/样条曲线(S)/
非曲线化(D)/线型生成(L)/放弃(U)]:↙　　　　　　结束多段线编辑命令
结果如图 4-32（b）所示。

4.2.9　多线编辑

多线绘制完成后，其形状往往不能完全满足需要，但多线是一个整体，用普通编辑命令是不能对它进行修改的，这就需要使用专门的多线编辑命令。该命令可以控制多线间的相交形式，增加、删除多线的顶点，控制多线的打断或结合。

命令：MLEDIT
菜单：修改→对象→多线
双击多线也可进入"多线编辑工具"对话框
命令与提示：执行多线编辑命令后弹出"**多线编辑工具**"对话框，如图 4-33 所示。
选取相应工具后按"关闭"按钮，命令行上出现以下提示：
命令:MLEDIT
选择第一条多线：
选择第二条多线：
选择第一条多线或[放弃(U)]：

多线编辑操作

参数：
● 选择第一条多线：选择欲修改的第一条多线，在连接效果上对应图 4-33 图标中的竖直多线。
● 选择第二条多线：选择欲修改的第二条多线，在连接效果上对应图 4-33 图标中的水平多线。
● 放弃（U）：取消对多线的最后一次修改。
"多线编辑工具"对话框参数含义：
➢ "十字"连接工具：包括十字闭合、十字打开、十字合并三种连接。使用"十字"

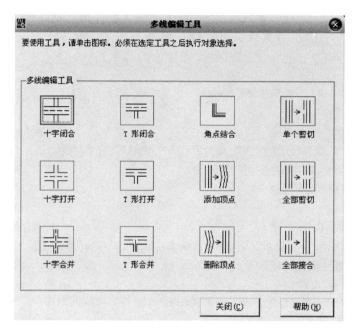

图 4-33 多线编辑工具对话框

连接工具需要两多线相交,选择了相应的工具按"关闭"按钮后,即可在绘图区对相交的多线进行连接编辑。

➢ "T形"连接工具:包括 T 形闭合、T 形打开、T 形合并三种连接。选择了相应的工具按"关闭"按钮,即可在绘图区对相交的多线进行连接编辑。

➢ 角点结合工具:可以将两条不平行的多线形成角连接。

➢ 添加顶点工具:可向多线上添加一个顶点。

➢ 删除顶点工具:可从多线上删除一个顶点。

➢ 单个剪切工具:可剪切多线上选定位置的单条平行线。

➢ 全部剪切工具:可剪切多线上选定位置的所有平行线。

➢ 全部接合工具:可将多线已被剪切的部分重新接合起来。

注意:如果多线编辑工具不能满足需要,可用 EXPLODE 命令对多线进行分解后再用一般编辑命令进行修改。

4.2.10 用夹点进行快速编辑

对象的夹点是指选择对象时,在对象特征点上出现的实心的小方框,也称为基夹点。不用启动 AutoCAD 命令,通过使用夹点,可以对图形进行一系列的编辑操作,包括拉伸、移动、旋转、变比、镜像五种。常见对象的夹点如图 4-34 所示。

夹点编辑操作过程如下:

(1) 选取对象后,显示对象夹点。

(2) 在一个对象上拾取一个夹点,则此点变为热点,此时可以执行默认的拉伸操作。如选择输入以下参数的头两个字母(或在右键调出的快捷菜单上选取相应命令),即可进入相应的编辑状态:

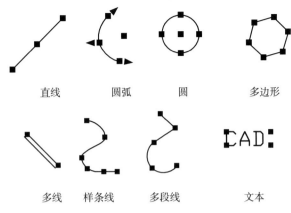

图 4-34 对象的夹点

MIRROR：镜像编辑模式。
MOVE：移动编辑模式。
SCALE：变比编辑模式。
ROTATE：旋转编辑模式。
STRETCH：拉伸编辑模式，此项为缺省模式。

(3) 在命令行上出现相应的提示与选项，如：

＊＊比例缩放＊＊

指定比例因子或[基点(B)/复制(C)/放弃(U)/参照(R)/退出(X)]：

此时，可以使用这些选项，其中包括：

基点（B）：忽略热点并重新选择基点。

复制（C）：复制夹点编辑的对象。

放弃（U）：取消上一步夹点编辑操作。

参照（R）：以参照的方式进行编辑。

退出（X）：退出夹点编辑。

夹点编辑操作

【例 4-20】打开 Tutorial\4\4-20.dwg，完成如下 3 个练习。

练习一：如图 4-35 所示，利用拉伸模式来编辑多段线，将图 4-35(a)修改成图 4-35(c)。

操作步骤如下：

(1) 拾取多段线，出现夹点。

(2) 选取 A 点的夹点，用对象捕捉追踪功能捕捉两边线的交点，如图 4-35(b)所示。

(3) 拾取交点，拉伸成图 4-35（c）所示。

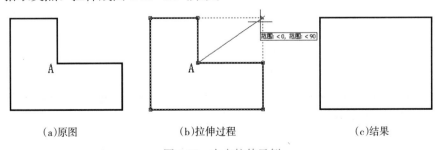

(a)原图　　　　　　　　　(b)拉伸过程　　　　　　　　(c)结果

图 4-35　夹点拉伸示例

练习二：如图 4-36 所示，用夹点编辑将图 4-36（a）修改成图 4-36（c）。

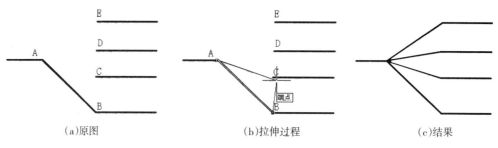

(a)原图　　　　　　　(b)拉伸过程　　　　　　(c)结果

图 4-36　夹点编辑示例

操作步骤如下：
（1）拾取线段 AB，出现夹点。
（2）点取 B 点的夹点，进入夹点编辑模式，输入"C↙"，进入拉伸并复制模式。
（3）利用对象捕捉功能，如图 4-36（b）所示，拉伸直线热点与其余直线端点连接。

结果如图 4-36（c）所示。

练习三：如图 4-37 所示，利用夹点动态编辑工具将图 4-37（a）中圆的半径增加为 100，修改成图 4-37（c）。

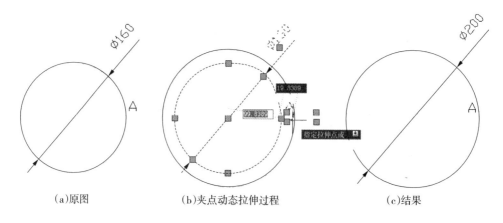

(a)原图　　　　　(b)夹点动态拉伸过程　　　　　(c)结果

图 4-37　夹点动态编辑示例

操作步骤如下：
（1）拾取图中圆及关联尺寸标注，出现夹点。
（2）打开动态输入，点取象限点 A 点的夹点，进入夹点动态编辑模式，输入"100"，按回车。

结果如图 4-37（c）所示。

注意：要生成多个热点，可在拾取夹点的同时按住＜Shift＞键，选择完成后再放开＜Shift＞键，拾取其中一个热点来进入夹点编辑模式。在夹点编辑的众多功能中，以拉伸功能最为方便，也最为常用。圆、椭圆的象限夹点常从中心点测量距离的大小，而不是从选定的夹点测量距离。

【研讨与思考】

1. 选择对象有哪些方法？缺省窗口方式选择对象时，从左拉出的选择窗与从右拉出的有何不同？
2. 编辑对象有哪两种不同的顺序？是否所有的编辑命令都可以采用这两种不同的操作顺序？
3. 将一条直线由 200 变成 300，有几种不同的方式？由 300 改成 200 有哪些方法？
4. 哪些命令可以复制对象？
5. 哪些命令可以移动对象？
6. 哪些命令可以改变对象尺寸？
7. 夹点编辑有几种模式？这几种"夹点"编辑与相应的编辑命令有何区别？
8. 简要说明下列各组命令的相同和不同之处：

镜像命令（MIRROR）和拷贝命令（COPY）

拉伸命令（STRETCH）和延伸命令（EXTEND）

圆角命令（FILLET）和倒角命令（CHAMFER）

打断命令（BREAK）和剪切命令（TRIM）

9. 以一个已知三角形的两边为边长绘制两个正方形，如图 4-38 所示。

图 4-38

操作提示：

（1）先绘制一个指定边长的正方形。

（2）用对齐命令进行变比对齐。

10. 打开附盘上的文件"Tutorial \ 4 \ L4-1.dwg"，在"研讨与思考 10"图中，用 MOVE 命令并通过输入位移值来移动图形元素，使图 4-39 中的左图变为右图。

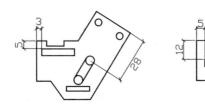

图 4-39

操作提示：

（1）设定极轴角增量为 30°，选择要移动的图形对象。

（2）用 MOVE 命令并通过输入位移值来移动图形元素。

11. 打开附盘上的文件"Tutorial \ 4 \ L4-1.dwg"，在"研讨与思考 11"图中，用 COPY 命令将图 4-40 中的左图修改为右图。

操作提示：

（1）选择要复制的图形对象。

（2）用 COPY 命令,并取多重复制,然后通过捕捉圆心复制大圆,通过输入位移值来复制其他图形元素。

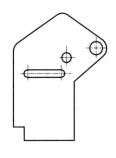

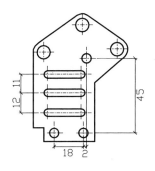

图 4-40

12. 打开附盘上的文件"Tutorial \ 4 \ L4-1.dwg",在"研讨与思考 12"图中,用 ROTATE 和 COPY 命令将图 4-41 中的左图修改为右图。

操作提示:

(1) 选择要旋转的上部图形对象,用 RO-TATE 命令,绕大圆的圆心旋转-50°。

(2) 选择要复制的中部图形对象,先用 COPY 命令复制到位,然后用 ROTATE 命令,并使用参照 (R) 选项旋转到位。

13. 打开附盘上的文件"Tutorial \ 4 \ L4-1.dwg",在"研讨与思考 13"图中,用 ALIGN 命令将图 4-42 中的左图修改为右图。

操作提示:注意在要对齐的图形对象上确定两个源点,在放置图形对象的图形上确定两个目标点。

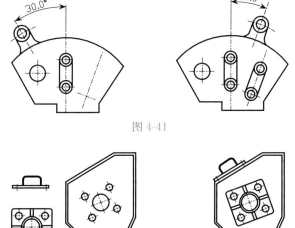

图 4-41

图 4-42

14. 打开附盘上的文件"Tutorial \ 4 \ L4-1.dwg",在"研讨与思考 14"图中,用 STRETCH 命令将图 4-43 中的左图修改为右图。

操作提示:用 STRETCH 命令,从右向左用交叉窗口选择要拉伸的上部图形对象,通过输入位移值来拉伸图形元素。

15. 打开附盘上的文件"Tutorial \ 4 \ L4-1.dwg",在"研讨与思考 15"图中,用 FIL-LET 和 CHAMFER 命令将图 4-44 中的左图修改为右图。

操作提示:当设定圆角半径或倒角距离为 0 时,就可使用 FILLET 或 CHAMFER 命令来连接线段。

16. 打开附盘上的文件"Tutorial \ 4 \ L4-1.dwg",在"研讨与思考 16"图中,用 BREAK 和 DDMODIFY 命令将图 4-45 中的左图修改为右图。

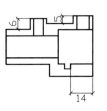
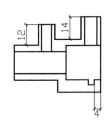

图 4-43

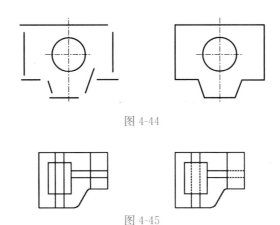

图 4-44

图 4-45

操作提示：先用 BREAK 命令打断所选图形，然后将虚线图层设为当前图层，并画一图形，用 DDMODIFY 命令将打断的图形转变为虚线。

17. 打开附盘上的文件"Tutorial \ 4 \ L4-1.dwg"，在"研讨与思考 17"图中，利用夹点编辑方式将图 4-46 中的左图修改为右图。

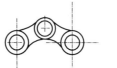

图 4-46

操作提示：打开正交功能(F8)，用夹点编辑方式中的拉伸模式调整左图的中心线长度。

【上机实训题】

实训题 4-1：绘制如图 4-47 至图 4-50 所示的几何平面图，并标注尺寸。

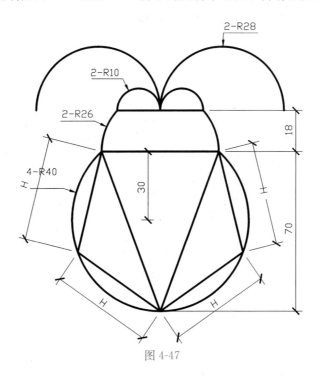

图 4-47

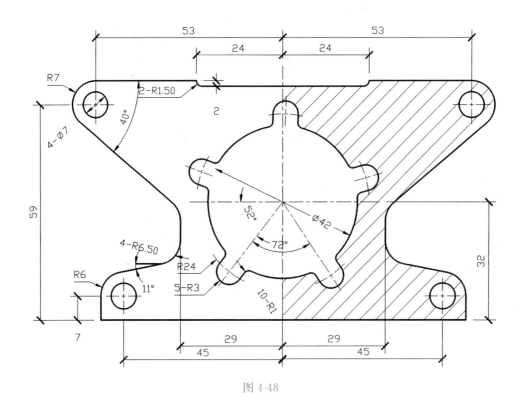

图 4-48

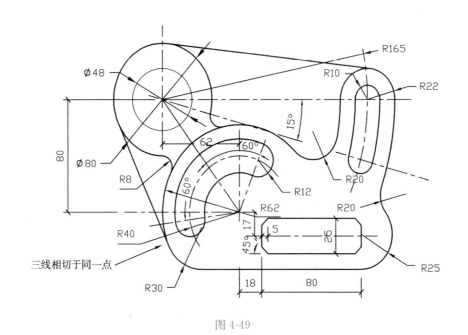

图 4-49

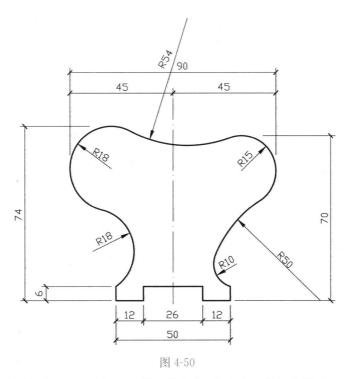

图 4-50

实训题 4-2：绘制图 4-51 至图 4-63 所示的几何平面图，并标注尺寸。

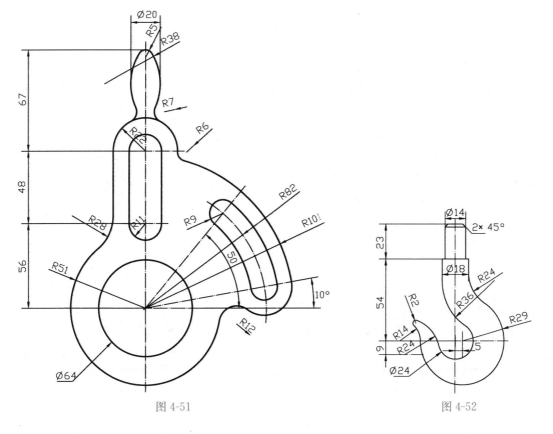

图 4-51

图 4-52

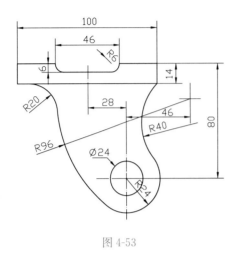

图 4-53

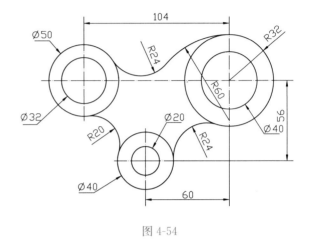

图 4-54

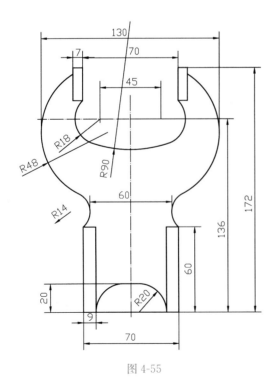

图 4-55

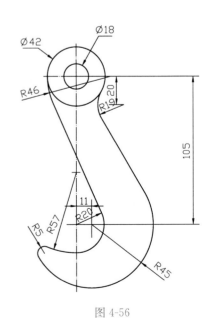

图 4-56

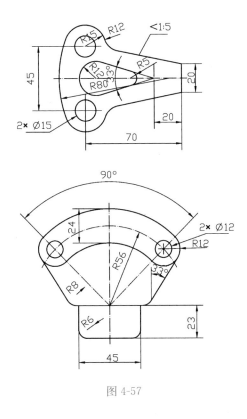

图 4-57

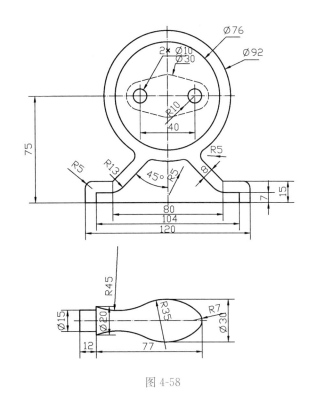

图 4-58

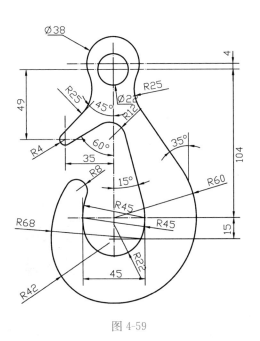

图 4-59

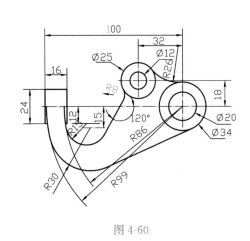

图 4-60

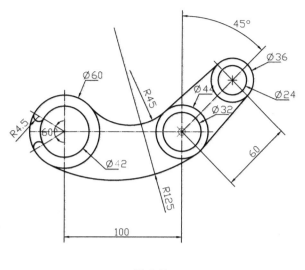

图 4-61

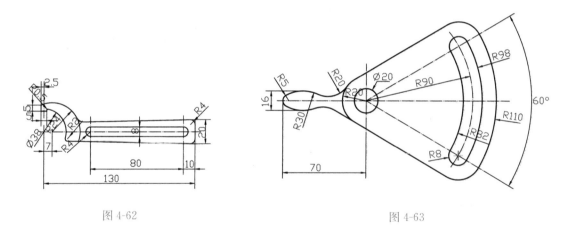

图 4-62   图 4-63

实训题 4-3：利用所学的绘图、编辑命令绘制如图 4-64 所示的六角亭设计图。要求：①合理设定图层，分层绘制图形；②按 1∶1 绘制；③正确设定线型及线型比例；④正确设定线宽，合理使用颜色。

操作提示：

(1) 设定绘图界限、单位、栅格、捕捉、对象捕捉等绘图环境。

(2) 设定各图层的名称、线型、颜色、线宽等特性。

(3) 绘制六角亭平面。

(4) 由平面图上的左边主要构件位置，绘制向上的投影线。

(5) 绘制立面地平线后，用偏移命令绘制图形上主要标高的平行线。

(6) 通过修剪命令整理后，形成左边立面。

(7) 整理图形，使图线的表述正确，再进行镜像复制，完成全图。

实训题 4-3 演示

实训题 4-4：利用所学的绘图、编辑命令绘制如图 4-65 所示的建筑墙线。要求：①合理

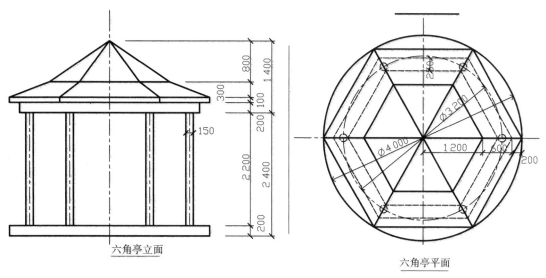

图 4-64 六角亭设计

设定图层,分层绘制图形;②按 1∶1 绘制;③正确设定线型及线型比例;④正确设定线宽,合理使用颜色。

操作提示:
(1) 设定各图层的名称、线型、颜色、线宽等特性,设定对象捕捉等绘图环境。
(2) 在墙轴线图层用点画线绘制轴线。
(3) 设置多线样式,启用对象捕捉绘制墙线。
(4) 用多线编辑命令处理各连接部分。
(5) 用轴线偏移出门的位置,将多线分解后再用修剪命令完成墙线的门洞部分。

实训题 4-4 演示

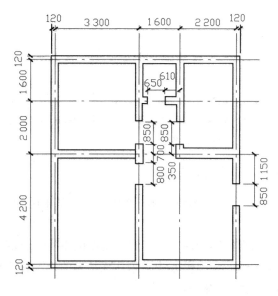

图 4-65 建筑墙线绘制练习

第5章
文字与表格

文字是 AutoCAD 图形中很重要的图形元素，普遍存在于工程图样中，如标识说明、技术要求、标题栏、明细栏的内容和用文字标记图形的各个部分。图形中的文字表达了重要的信息，它也是图形中的一种注释。

AutoCAD 提供了多种创建文字的方法，对简短的文字输入使用单行文字，对带有内部格式的较长的文字输入使用多行文字。文字输入时使用当前文字样式控制其外观，但也可用其他方法来修改文字外观。

在 AutoCAD 2006 中，还可以创建字段。字段是与图形等对象关联的可更新的数据，字段可以包含各种信息，例如面积、图层、日期、文件名、页面设置名称等。修改对象时，可以更新字段以显示最新数据。

在 AutoCAD 2006 中，使用表格功能可以创建不同类型的表格，还可以在其他软件中复制表格，以简化制图操作。

本章主要内容：
❑ 文字标注的一般要求
❑ 文字样式的设置
❑ 文字输入
❑ 字段
❑ 表格

5.1 边练边学

园林建筑是园林施工图中常遇到的内容。下面的实例演练十至十二就以一张较简单的小建筑施工图（图 5-1）为基础，将其分解成建筑平面图、建筑立面图、建筑剖面图和大样图四个部分，重点讲解如何绘制园林建筑图。

5.1.1 实例演练十——绘建筑平面图

打开 Tutorial \ 5 \ ex10.dwg，抄绘如图 5-2 所示的建筑平面图，并绘出标注和表格。

A. 演练目的

①掌握建筑平面图的合理绘图顺序；②了解建筑图的主要组成部分；③掌握墙体的绘制方法；④掌握文字和表格的绘制和编辑方法；⑤熟练基本的绘图和编辑命令。

B. 建筑平面图的用线规则（表 5-1）

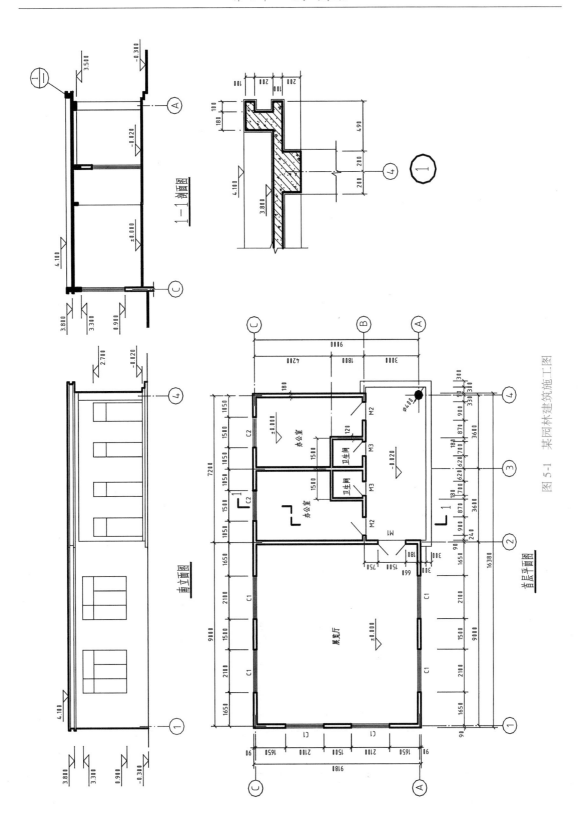

图 5-1 某园林建筑施工图

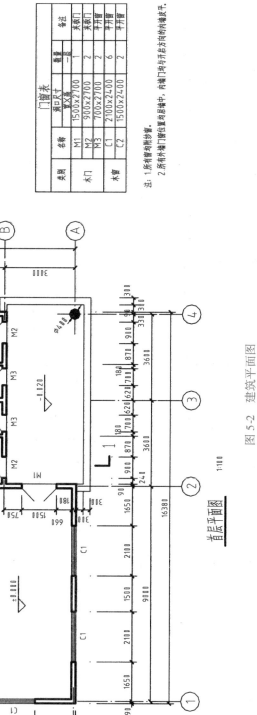

图 5-2 建筑平面图

表 5-1

线类型	适 用 对 象
粗实线	室内 1.2m 标高平面剖切到建筑的墙体、柱子、梁等结构的轮廓线；剖切符号；图名下画线
中实线	门
细实线	台阶、楼梯投影；剖切到的窗线；文字、标注等

C. 命令（表 5-2）**及**（表 5-3）**工具**　下面是需要用到的部分主要命令及工具。

表 5-2

命令简化	命 令	操作和含义	命令所在章节
格式→多线样式	MLSTYLE	多线设置	2.4.4
ML	MLINE	画多线（用于画墙线）	2.4.4
双击多线	MLEDIT	多线编辑	4.2.9
DT	TEXT	单行文字	5.4.1
T	MTEXT	多行文字	5.4.2
格式→文字样式（ST）	STYLE	文字样式设置	5.3
O	OFFSET	偏移复制	4.2.2
BR	BREAK	打断	4.2.5
TR	TRIM	修剪	4.2.4
	TABLE	绘制表格	5.5.1
双击表格		表格编辑	5.5.2

表 5-3

工具名称	操 作 和 含 义	工具所在章节
标注样式设置	制作建筑的国标标注样式	8.4
标注工具栏	标注尺寸	8.3
对象追踪	帮助光标吸附在追踪线上，并捕捉到追踪线与图线、追踪线与追踪线的交点	2.3.2
对象捕捉	帮助光标捕捉图形的特征点	2.3.2
图层	变更当前图层；改变图形所属图层	3.2

D. 步骤与提示　建筑平面绘图先后步骤如下：轴线→轴网→轴网标注→窗→门→尺寸标注→文字标注→图面整理→检查完成。如图 5-3 至图 5-10 所示。

操作过程请扫码观看实例演练十演示。

实例演练十

5.1.2　实例演练十一——绘建筑立面图

打开 Tutorial \ 5 \ ex11.dwg，抄绘如图 5-11 所示建筑立面图，并标注尺寸和文字。

A. 演练目的

①掌握建筑立面图的绘图步骤；②了解建筑图的组成；③掌握平立面图的投影关系；④熟练文字绘制和编辑。

B. 建筑立面图的用线规则（表 5-4）

表 5-4

线类型	适 用 对 象
粗实线	建筑的外轮廓；凸出立面的阳台、雨篷外轮廓；图名下画线；室外地坪线用加粗线绘制
中实线	墙、柱、梁、板的投影；门窗洞外轮廓；台阶、楼梯投影
细实线	门窗的分割线；建筑装饰线脚；文字、标注等

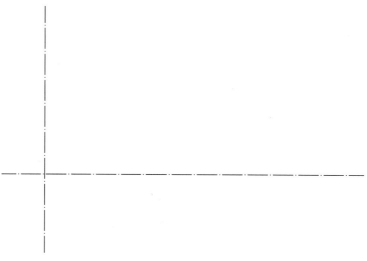

图 5-3　步骤 1：轴线

1. 按题意设置图层的颜色、线型、线宽。
2. 将"格式—线型—显示细节"中的"全局比例因子"调整为 50。
3. 按图中尺寸 1∶1 绘制"横向和纵向"的两条轴线。

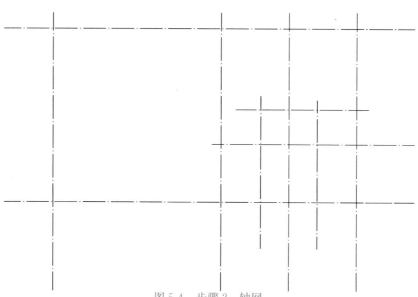

图 5-4　步骤 2：轴网

1. 用 OFFSET "偏移命令"按图中尺寸偏移复制相应轴线形成轴网。
2. 用 BREAK（BR）"打断命令"按图中要求整理轴网。

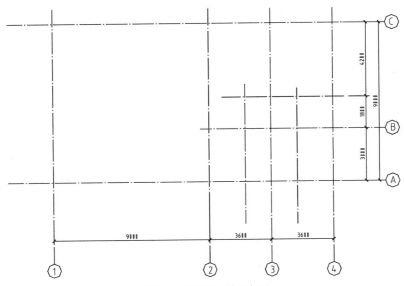

图 5-5 步骤 3：轴网标注

1. 用"格式—标注样式"打开标注样式管理器，修改 ISO-25 样式。
   a. "直线和箭头"标签中，修改"箭头"为"建筑标记"，起点偏移量改为 3。
   b. "调整"标签中，修改"使用全局比例"为 100；文字位置改为"尺寸线上方，不加引线"。
   c. "主单位"标签中，修改"精度"为 0<个位>。
2. 用标注命令进行轴距标注，并画出轴标<圆直径为 800，字高 350>。
3. 用 COPY（CP）"复制命令"复制轴标，并修改标号。

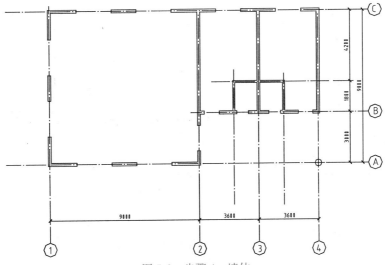

图 5-6 步骤 4：墙体

1. 用"格式—多线样式"打开多线样式管理器，点击"多线特性"钩选"起点、端点、封口"选项。
2. 用"MLINE"（ML）多线命令，设置"比例"<s>为 180 墙厚，设置"对正"<j>为"无"<z>，即是对中的含义。
3. 利用对象捕捉选中轴线交点，按图中长度要求，绘制墙体；特别要注意利用"相对直角坐标"确定门窗间隔的墙体位置。
4. 绘制墙体的顺序一般为先外墙后内墙，特别注意要利用轴线的定位功能。
5. 墙体交点的接合，可利用"修改—对象—多线"多线编辑工具来处理，或是多线分解 EXPLODE（X）后，再用修剪 TRIM（TR）、延伸 EXTEND（EX）工具处理。

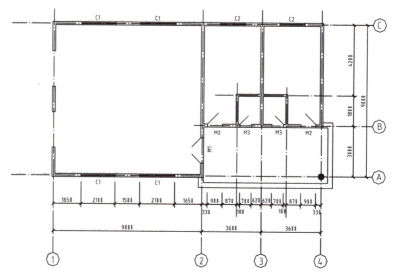

图 5-7 步骤 5：门窗

1. 绘制门、窗及标号，绘制台阶。
2. 需要注意的是平面图中图线与图层的关系：
   轴线——03 图层　墙体——0 图层　窗、台阶、标注、文字——01 图层　门——02 图层

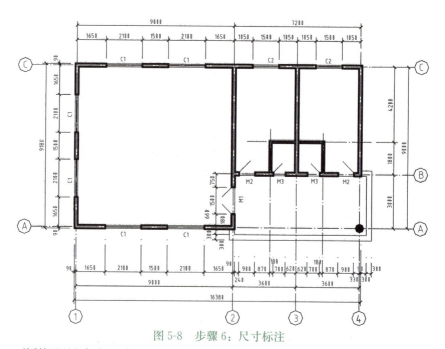

图 5-8 步骤 6：尺寸标注

绘制标注过程中需要注意以下几点：
  a. 建筑尺寸线有三道，最内道用于门窗墙体标注，中间道用于轴网标注，外道用于全长标注。
  b. 内道的第一个标注采用线性标注，其余采用连续标注绘制。
  c. 标注的引出线尽量不要与图线相交，可采用对象捕捉引出追踪线，到墙体外围进行标注的方法，注意引出线尽量对齐。
  d. 如果出现标注数字重叠，可将其选择后，利用蓝色夹点拉伸调整其位置。

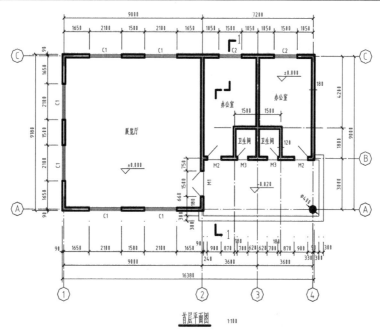

图 5-9　步骤 7：文字标注

1. PLINE（PL）多短线命令绘制标高符号＜直角三角形高度为 300＞。
2. DTEXT（DT）单行文字命令绘制标高数字＜字高为 250＞，±0.00 应表示为%%P0.00。
3. 在 0 图层绘制剖断符号。
4. 中文字的输入：
    a. 菜单"格式—文字样式"打开"文字样式"对话框，钩选"使用大字体"，在大字体下拉列表中选择 gbcbig.shx 中文字体，文字高度为 0，宽度比例为 1.0。
    b. DTEXT（DT）"单行文字命令"绘制房间名称＜字高 350＞、图名＜字高 700＞、比例＜字高 350＞。

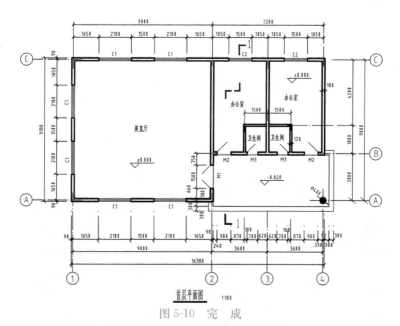

图 5-10　完　成

1. 利用图层下拉列表，关闭 01，02，04 图层显示，上锁 0 图层。
2. 用 BREAK（BR）"打断"命令，打断轴线，使得轴线部分插入墙体。
3. 查漏补缺，调整图面，完成全图。

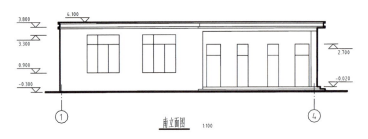

图 5-11　建筑立面图

C. 命令及工具　下面是需要用到的部分主要命令（表 5-5）及工具（表 5-6）。

表 5-5

命令简化	命　令	操作和含义	命令所在章节
DT	TEXT	单行文字	5.4.1
双击文字	DDEDIT	修改文字	5.4.3
SC	SCALE	缩放图形对象	4.2.4
PE	PEDIT	多段线编辑	4.2.8

表 5-6

工具名称	操作和含义	工具所在章节
对象追踪	帮助光标吸附在追踪线上，并捕捉到追踪线与图线、追踪线与追踪线的交点	2.3.2
对象捕捉	帮助光标捕捉图形的特征点	2.3.2
图　层	变更当前图层；改变图形所属图层	3.2

操作过程请扫码观看实例演练十一演示。

实例演练十一

5.1.3　实例演练十二——绘建筑剖面图

打开 Tutorial \ 5 \ ex12.dwg，抄绘如图 5-12 所示的建筑剖面图和大样图，并标注尺寸和文字。

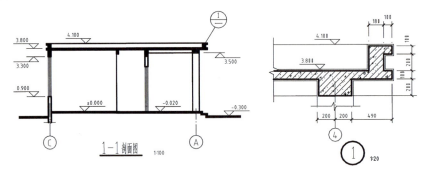

图 5-12　建筑剖面图和大样图

A. 演练目的

①掌握建筑剖面图的绘图步骤；②掌握平、立、剖面图的投影关系；③掌握建筑剖面大

样图的绘图步骤；④掌握大样图与总平面之间的比例转换关系；⑤熟练绘图编辑命令。

B. 建筑剖面图的用线规则（表5-7）

表 5-7

线类型	适用对象
粗实线	剖切到建筑的墙体、柱子、梁、板等结构的轮廓线；图名下画线
中实线	未剖切到的墙体、柱子、梁的投影；门窗洞外轮廓；台阶、楼梯投影
细实线	剖切到的门窗；门窗的分格线；大样图中剖切到的装饰层；文字、标注等

C. 命令及工具 下面是需要用到的部分主要命令（表5-8）及工具（表5-9）。

表 5-8

命令简化	命　　令	操作和含义	命令所在章节
DT	TEXT	单行文字	5.4.1
双击文字	DDEDIT	修改文字	5.4.3
SC	SCALE	缩放图形对象	4.2.4
PE	PEDIT	多段线编辑	4.2.8
H	HATCH	图案填充	6.2
双击图案	HATCHEDIT	图案编辑	6.5

表 5-9

工具名称	操作和含义	工具所在章节
对象追踪	帮助光标吸附在追踪线上，并捕捉到追踪线与图线、追踪线与追踪线的交点	2.3.2
对象捕捉	帮助光标捕捉图形的特征点	2.3.2
图层	变更当前图层；改变图形所属图层	3.2

操作过程请扫码观看实例演练十二演示。

请做上机实训题 5-2、5-3、5-4。

5.2　文字标注的一般要求

实例演练十二

（1）字体要求。清晰易识，宜选用长仿宋体，字体种类应在够用的基础上尽量减少，并保持统一。常用的英文字体有 simplex.shx、isocp.shx 等，中文字体有 gbcbig.shx、仿宋体、黑体等。

（2）分布要求。文字方向通常平行于图纸底边或右侧边缘，并且尽可能不与图形内容重叠。文字应互相对齐，增强可读性，文字图层应与图形分开。

（3）字高与比例。图纸的文字高度应从下列系列选取（2.5，3.5，5，7，10，14，20mm），考虑到打印出图时的比例因子，在模型空间绘制文字时应把希望得到的字高除以出图比例来定制字高，例如：在比例为 1∶200 的图中，欲得到 5mm 的字高，绘制时的字高应为 5÷（1∶200）=1000。

5.3　文字样式的设置

文字样式是用来控制文字外观的设置，包括字体、字高、角度、方向等参数。Auto-

CAD 图形中的文字都有与它关联的文字样式，当关联的文字样式因修改而发生变化时，图形中所有应用了此样式的文字外观均会自动修改。一个图形文件可以有多个文字样式。

命令：STYLE（简写：ST）

菜单：格式→文字样式

执行该命令后，系统弹出如图 5-13 所示的"文字样式"对话框。在该对话框中，可以新建或修改文字样式。

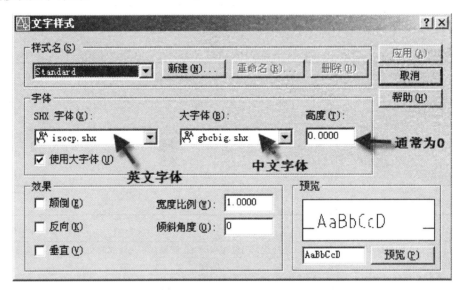

图 5-13　文字样式对话框

主要参数：

- 应用：点取该按钮后，将设置的样式应用到图形中。

样式名区

- 样式名列表：显示当前文字样式，也可选择列表中样式。下方显示所选样式的设置。

文字样式设置

- 新建：用于新建文字样式。文字样式名可以由用户指定，但应具有一定的意义，这样使用时不至于混淆。新建的样式使用当前的样式设置。

- 重命名：重新命名当前文字样式。

字体区　用于设置文字样式使用的字体和字高等特性。

- 字体名列表框：显示当前文字样式所用的字体名称。我们可以在弹出的下拉列表中选择某种字体作为当前文字样式所用的字体，此项宜设为仿宋。

该列表中包含四种类型字体：

（1）Arial：Windows 系统的 TrueType 英文字体。

（2）仿宋_GB2312：Windows 系统的 TrueType 中英文字体。

（3）@仿宋_GB2312：Windows 系统经旋转 90°的 TrueType 中英文字体。

（4）txt.shx：AutoCAD 专用英文线形字体，又称 SHX 字体。此类字体需配合使用大字体方可正常显示中文。常用的英文 shx 字体有 txt.shx、isocp.shx 等。

- 高度：制定字高为固定值。此项宜设为 0，以便输入文字时设定自高。
- 使用大字体复选框：大字体是指 AutoCAD 专用的非西文线形字体（如中文、日文等）。只有选用英文 shx 字体后，才可以打开该复选框，这时可以为该样式指定中文 shx 字体。
- 大字体列表框：在打开使用大字体复选框后，该列表框有效。常用的中文大字体有 gbcbig.shx。

注意：

（1）通常工程图推荐使用线形字体，英文字体可选用 isocp.shx，中文字体可选用 gbcbig.shx。

（2）当字体样式采用 TrueType 字体时，可以通过系统变量 TEXTFILL 设置文字打印输出时是否填充，变量为 1（默认值）时进行填充，为 0 时则不填充。

（3）为了避免在每个新建的图形中重复设置文字样式，可将常用的文字样式保存到样板文件中。

5.4 文字输入和修改

文字输入分为单行文本输入 TEXT、DTEXT 命令和多行文本输入 MTEXT 命令。另外还可以将外部文本文件输入到 AutoCAD 图形中。

5.4.1 单行文字输入

在 AutoCAD 2006 中，TEXT 与 DTEXT 命令功能相同，都可以输入单行文本。

命令： TEXT（简写：DT）

菜单： 绘图→文字→单行文字

按钮：

可通过工具栏的自定义，在"绘图"类工具中拖拽此图标到工具栏，从而得到此按钮。

命令及提示：

命令:DTEXT
当前文字样式:Standard 文字高度：2.5
指定文字的起点或[对正(J)/样式(S)]:J✓
输入选项[对齐(A)/调整(F)/中心(C)/中间(M)/右(R)/左上(TL)/中上(TC)/右上(TR)/左中(ML)/正中(MC)/右中(MR)/左下(BL)/中下(BC)/右下(BR)]:BL✓
指定文字的左下点：
指定高度<2.5>：
指定文字的旋转角度<0>：
输入文字：

参数：

- 指定文字的起点：指定单行文字起点位置。缺省情况下，文字按左下角对齐。
- 对正（J）：设置单行文字的对齐方式。输入对正参数，出现不同的对正参数供选择，其含义如图 5-14 所示：

单行文字输入

- 样式（S）：在命令行直接指定当前使用的文字样式。
- 指定高度：为文字指定高度。
- 指定文字的旋转角度：为文字指定旋转角度。可以用数字或鼠标点取两点的角度作为回应。在图形中一旦指定过文字的旋转角度，缺省值即变为最后一次指定的旋转角度。

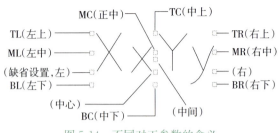

图 5-14　不同对正参数的含义

- 输入文字：可以用中文输入法进行中文输入，也可以用 Windows 的剪贴板复制文本到命令行上。在单行文本输入完成后，可以用回车或鼠标点取一点后，开始下一行的文本输入。要结束文本输入需按回车键两次，此时空格键不再等同于回车键。

注意：

（1）如果在文字关联样式的字体中找不到对应的字符时，文字将显示为"?"。此时，为此文字样式重新指定中文字体，可使中文正常显示。

（2）如果在镜像文字时不打算使文字反向，需将 MIRRTEXT 系统变量设置为 0。

5.4.2　多行文字输入

在 AutoCAD 中可以输入多行文字，并可设定其中的不同文字具有各自的字体或样式、颜色、高度等特性，还可以设置不同的行距，进行文本的查找与替换，导入外部文本文件等。

多行文字可以充满指定宽度的矩形区域，并可以进行移动、旋转、拉伸等编辑操作，还可以通过文本编辑命令对其中的文字进行修改。

命令：MTEXT（简写：T）
菜单：绘图→文字→多行文字
按钮：A
命令及提示：

命令：MTEXT
指定第一角点：
指定对角点或[高度(H)/对正(J)/行距(L)/旋转(R)/样式(S)/宽度(W)]：

多行文字输入

参数：

- 指定第一角点：指定多行文字矩形边界的第一角点。
- 指定对角点：指定多行文字矩形边界的对角点。指定对角点后弹出文字格式对话框，如图 5-15 所示。
- 高度（H）：指定多行文字字符的字体高度。
- 对正（J）：指定矩形边界中文字的对正（缺省是左上）和走向。
- 行距（L）：指定多行文字对象的行间距。
- 旋转（R）：指定文字边界的旋转角度。
- 样式（S）：指定多行文字对象的文字样式。
- 宽度（W）：指定多行文字对象的宽度。

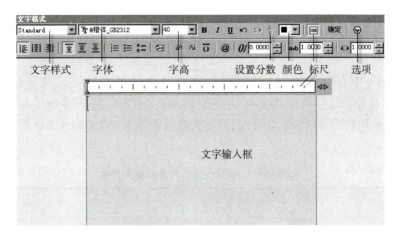

图 5-15　文字格式对话框

5.4.3　文字编辑

文字编辑

双击文字即可进入文字编辑。单行文字可直接在图中修改，完成后回车，可选择另一文字进行修改，回车两次可结束修改。多行文字修改界面与输入界面相同，这里不再重述。

如需将某文字的特性复制到其他文字上，通过特性匹配工具 可以快速实现，无需逐个修改。

一次性修改大量文字的字高等特性，还可以用"特性"对话框来编辑修改文字及属性，如图 5-16 所示。

5.4.4　输入外部文件

在 AutoCAD 2006 中，除了可以输入 .txt 文件外，还可以输入其他类型的文件，如 Word 软件的 .doc、Excel 软件的 .xls 等，在输入的同时还可以保持其排版格式。方法步骤如下：

（1）打开 Windows 资源管理器，但保持其不充满全屏。

（2）显示要输入的文件所在的目录。

（3）选择该文件，并拖曳到 AutoCAD 图形中。

如果该文件是 .txt 格式，插入后作为一个多行文字对象。

如果文件是其他类型文件格式，则显示如图 5-17 所示的"OLE 特性"对话框，在对话框中设置插入区域的大小和比例及文字的字体和大小等。并

图 5-16　用特性窗修改多个文字特性

图 5-17　OLE 特性对话框

可以拖动其位置，控制其大小，还可以在右键菜单中选择编辑命令或双击对其进行编辑。

5.4.5 特殊文字输入

在 AutoCAD 中有些字符是无法通过标准键盘直接键入的，这些字符为特殊字符。在多行文本输入文字时可以使用多行文字编辑器的 符号 按钮输入特殊字符；在单行文字输入中，则需采用特定的代码来输入特殊字符。表 5-10 是 AutoCAD 常用符号的输入代码。

表 5-10　AutoCAD 常用符号的输入代码

代　码	符号及含义	举　例
％％O	上画线	文字　表示为：％％O文字％％O
％％U	下画线	文字　表示为：％％U文字％％U
％％D	度（°）	180°　表示为：180％％D
％％P	正负号±	±0.00　表示为：％％P0.00
％％C	直径φ	φ100　表示为：％％C100
％％％	百分号％	80％　表示为：80％％％

注意：如果在当前字体的字库中没有某些特殊字符（包括汉字），这些字符则会显示为若干"?"，此时，更换所用的字体可以恢复正确的结果。

5.4.6 文字查找与替换

使用 FIND 命令可以查找、替换当前图形的文字。

命令：FIND

菜单：编辑→查找

按钮：

执行 FIND 命令后，自动弹出如图 5-18 所示的对话框。

参数

- 查找字符串：在此输入框中输入要查找的字符串。
- 改为：在此输入框中输入要替换的字符串。如果不想替换，可以不输入。
- 搜索范围列表：定义搜索的范围。搜索范围可以是选择集，也可以是整个图形文件。
- 选项：可以指定搜索文字的类型及其他选项。
- 查找：开始查找文字对象，并在搜索结果区显示查找结果。
- 替换：替换当前查找到的一个字符串。
- 全部改为：替换在搜索范围内的全部查找结果。
- 缩放为：显示当前图形中包含查找或替换结果的区域。
- 全部选择：查找并全部选择包含在"查找字符串"里输入的文本的对象。只有当"搜索范围"设成"当前选择"时，此选项才可用。
- 关闭：结束查找和替换文字。

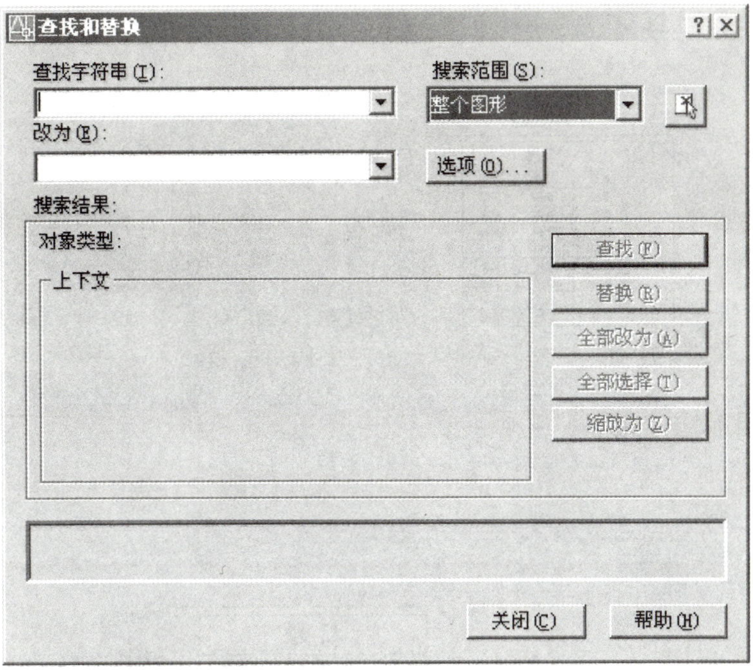

图 5-18　查找和替换对话框

请做上机实训题 **5-4、5-5**。

5.5　表　　格

5.5.1　创建表格

在 AutoCAD 2006 中，用户可以使用创建表格命令创建数据表格或标题块。
命令：TABLE
菜单：绘图→表格
按钮：
执行命令后，弹出插入表格对话框，如图 5-19 所示。
　A. 设置表格样式　　表格样式控制了表格的外观，文字的字体、字号、角度、方向和其他文字特征等。
　　新建表格样式，单击，弹出表格样式对话框，如图 5-20 所示。
　　单击，系统弹出创建新的表格样式对话框，如图 5-21 所示。输入新样式名后，单击，弹出新建表格样式对话框，如图 5-22 所示。
　　表中三个选项卡用于设置表格中数据、列标题和标题的文字参数。设置后点击确定、关闭完成表格样式的设置，回到插入表格对话框。在框中选择，设置列和行的参数后，点击确定，在绘图窗口中单击绘制出一个表格。
　B. 插入表格　　在插入表格对话框中选择设定的表格样式，选择，并设置列和行的参数后，点击确定，在绘图窗口中单击绘制出一个表格，如图 5-23 所示。

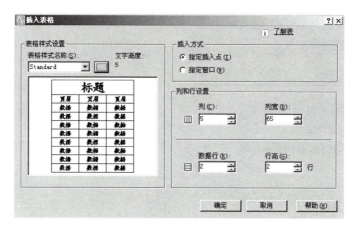

图 5-19　插入表格对话框

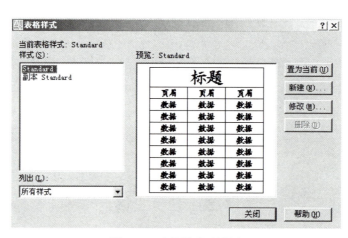

表格插入和修改

图 5-20　表格样式对话框

5.5.2　表格编辑

图 5-21　创建新的表格样式对话框

可以使用表格的快捷菜单来编辑表格。当选中整个表格时,将光标移到夹点上,点击右键后立即松开,会弹出快捷菜单如图 5-24 所示,当选中表格单元时,其快捷菜单如图 5-25 所示。

A. 编辑表格　从表格的快捷菜单中可以看到,可以对表格进行剪切、复制、删除、移动、缩放和旋转等简单操作,还可以均匀调整表格的行、列大小,删除所有特性替代。当选择"输出"命令时,还可以打开"输出数据"对话框,以.csv 格式输出表格中的数据。

B. 编辑表格单元　使用表格单元快捷菜单可以编辑表格单元,其主要命令选项的功能说明如下:

● "单元对齐"命令:在该命令子菜单中可以选择表格单元的对齐方式,如左上、左中、左下等。

● "单元边框"命令:选择该命令将打开"单元边框特性"对话框,可以设置单元格边框的线宽、颜色等特性,如图 5-26 所示。

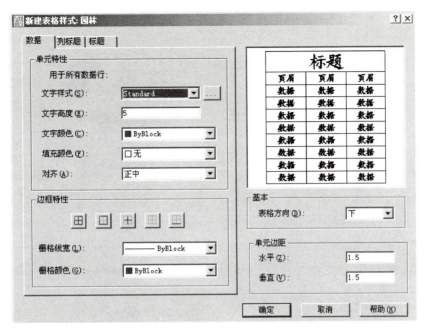

图 5-22 新建表格样式对话框

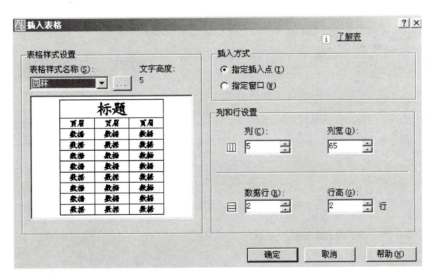

图 5-23 插入表格对话框

- "匹配单元"命令：用当前选中的表格单元格式（源对象）匹配其他表格单元（目标对象），此时鼠标指针变为刷子形状，单击目标对象即可进行匹配。
- "插入块"命令：选择该命令将打开"在表格单元中插入块"对话框。可以从中选择插入到表格中的块，并设置块在表格单元中的对齐方式、比例和旋转角度等特性，如图 5-27 所示。
- "合并单元"命令：当选中多个连续的表格元格后，使用该子菜单中的命令，可以全部、按列或按行合并表格单元。

图 5-24　选中整个表格时

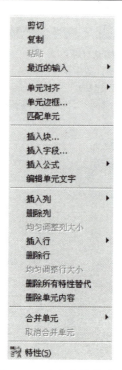
图 5-25　选中表格单元时

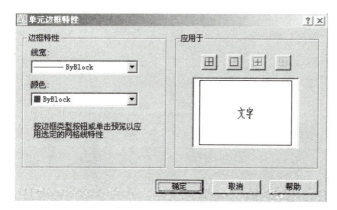
图 5-26　"单元边框特性"对话框

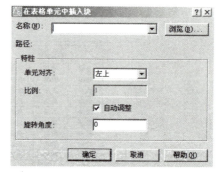
图 5-27　"在表格单元中插入块"对话框

【研讨与思考】

1. 在图形中进行文字标注有哪些要求？

2. 启动一个新图，在图形中创建文字样式，要求文字样式名为 FSX，字体为"仿宋_GB2312"，字体高度为 0，文字的宽度比例为 0.7，高度的倾斜角度为 15°，并进行文字输入。

3. 解释旋转角度与倾斜角度之间的不同。

4. 在文字输入时，字高应如何确定？

5. 文字样式与字体之间有何不同？一个文字样式可否使用两种中文字体？一种中文字

体可否被不同的文字样式使用?

6. 选样字体时需要考虑什么因素?

7. 已经用 ROMANS 字体写入了一段多行文字, 但它应该是斜体的, 怎样改正?

8. 打开图形 Tutorial\5\5-3.dwg, 在文件中的中文字显示为若干"?", 应如何修改方可使文字正常显示?

9. 要使镜像的文字不发生反向应如何设置?

10. 修改已经使用的文字样式对原图有何影响? 这种情况对单行文本和多行文本的影响相同吗?

11. 文字样式如何放到样板图中? 这样做有何好处?

【上机实训题】

实训题 5-1: 制作如表 5-11 所示的苗木表 (栏高 800mm)。

表 5-11 苗木表

序号	图例	名 称	规 格				单位	数量	备 注
			自然高 (m)	胸径 (cm)	冠幅 (m)	净干高 (m)			
		油棕	5～5.5	30～35	4.5～5.0	3.8～4	株	21	
		小叶榕	6～6.5	45～50	5.5～6.0		株	2	
		凤尾竹	6.0～7.0	8～10			丛	37	30株/丛
		高山榕	5.0～5.5	15～20	4～4.5		株	27	
		凤凰木	4.5～5.0	15～20	5.0～5.5		株	15	
		桃花	2.5	7～10	1.7～2.0		株	34	
		李树	2.5	7～10	1.7～2.0		株	21	
		鸡蛋花 (大)	3.5～4.0	18～20	4.0～4.5		株	3	
		鸡蛋花 (小)	2.0～2.5	10～12	2.5～2.8		株	9	
		橡胶榕	6.5～7.0	23～25	6.0～6.5		株	6	
		大花紫薇	2.5～3.0	8～10	2.0～2.5		株	11	
		枕果榕	6.0～6.5	25～28	5.5～6.0		株	1	
		木棉	5.0～5.5	25～28	6.0～6.5		株	10	

实训题 5-2: 抄绘如图 5-28 所示的建筑平、立面及大样图。

实训题 5-3: 抄绘如图 5-29 所示的建筑平、立、剖面图。

实训题 5-4: 打开 Tutorial\5\S5-4.dwg, 将左图的文字绘制完整, 结果如图5-30所示。

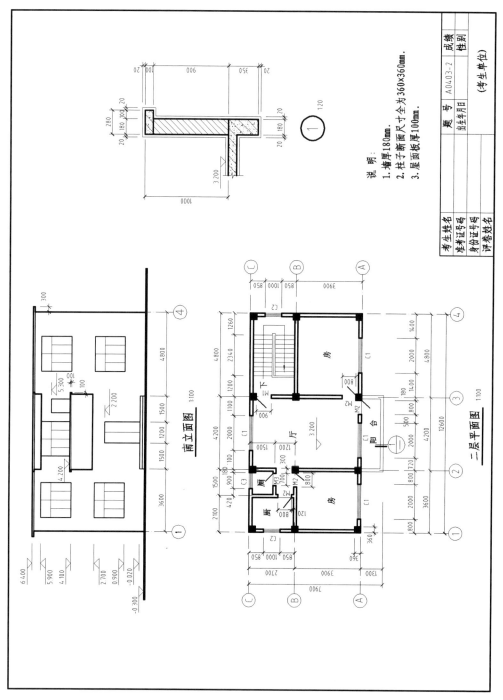

图 5-28 建筑平、立面及大样图

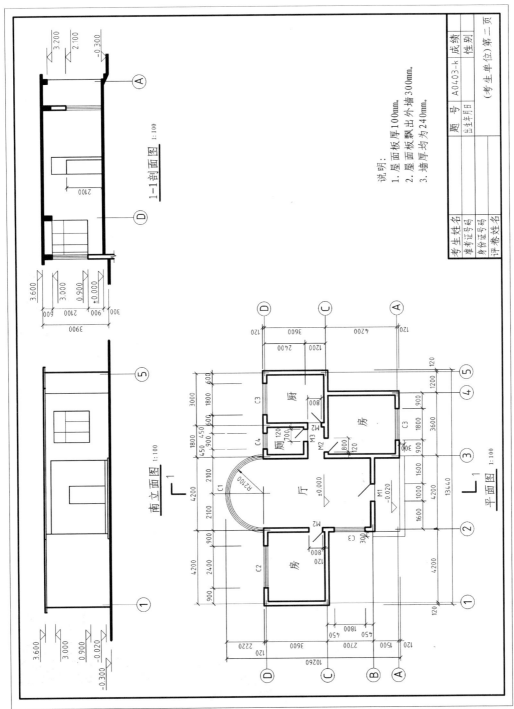

图 5-29 建筑平、立、剖面图

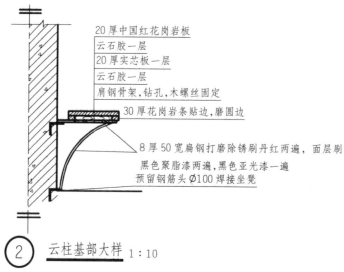

图 5-30

操作提示：

(1) 先设置文字样式，将"文字说明"图层设为当前层。
(2) 多层构造说明文字用 MTEXT 命令绘制，并加下画线。
(3) 其他文字部分可用 TEXT 命令绘制。
(4) 请注意文字的字高设定。

实训题 5-4 演示

实训题 5-5：打开附盘上文件 Tutorial \ 5 \ S5-5.dwg，在图样中加入文字，文字高度为 5，字体为"仿宋_GB2312"，结果如图 5-31 所示。

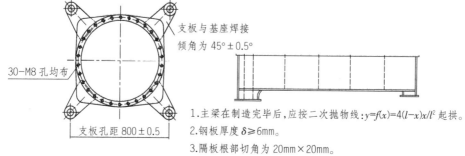

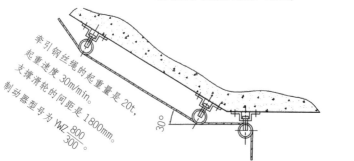

实训题 5-5 演示

图 5-31

实训题 5-6：抄绘如图 5-32 所示的建筑平、立、剖面图。
实训题 5-7：抄绘如图 5-33 所示的建筑平、立、剖面图。

第5章 文字与表格

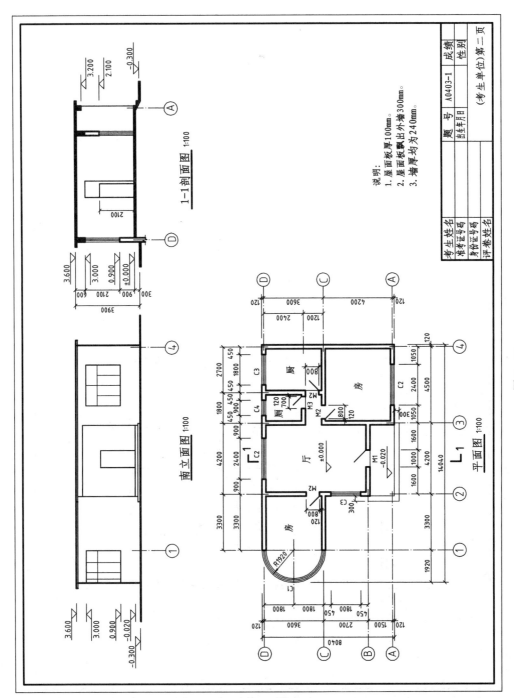

图 5-32

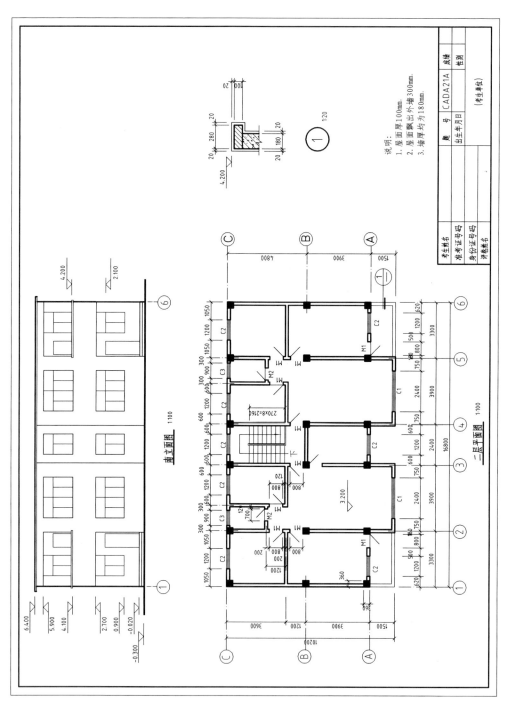

图 5-33

第6章
图 案 填 充

在园林剖面图或断面图中经常要使用某种图案去重复填充图形中的某些区域，以表达该区域的材料等特征，例如：通常以点和三角形填充表示混凝土材料，用斜线表示普通砖砌体等。在 AutoCAD 2006 中进行图案填充可以使用 BHATCH 命令或利用工具选项板创建图案填充。

本章主要内容：
❑ 图案填充
❑ 关于图案填充的补充说明
❑ 工具选项板图案填充
❑ 图案填充编辑
❑ 查找图案填充面积

6.1 边练边学

实例演练十三——给剖面图填充图案

打开 Tutorial \ 6 \ ex13.dwg，给如图 6-1 所示的建筑剖面大样图标注尺寸和文字，并填充图案。

A. 演练目的

①掌握建筑剖面大样图的绘图步骤；②了解材料的图案表达；③熟练绘图编辑命令。

B. 命令及工具　下面是需要用到的部分主要命令（表 6-1）及工具（表 6-2）。

表 6-1

命令简化	命　　令	操作和含义	命令所在章节
DT	TEXT	单行文字	5.4.1
双击文字	DDEDIT	修改文字	5.4.3
SC	SCALE	缩放图形对象	4.2.4
PE	PEDIT	多段线编辑	4.2.8
H	HATCH	图案填充	6.2
双击图案	HATCHEDIT	图案编辑	6.5

表 6-2

工具名称	操作和含义	工具所在章节
对象追踪	帮助光标吸附在追踪线上，并捕捉到追踪线与图线、追踪线与追踪线的交点	2.3.2

(续)

工具名称	操作和含义	工具所在章节
对象捕捉	帮助光标捕捉图形的特征点	2.3.2
图层	变更当前图层；改变图形所属图层	3.2.2

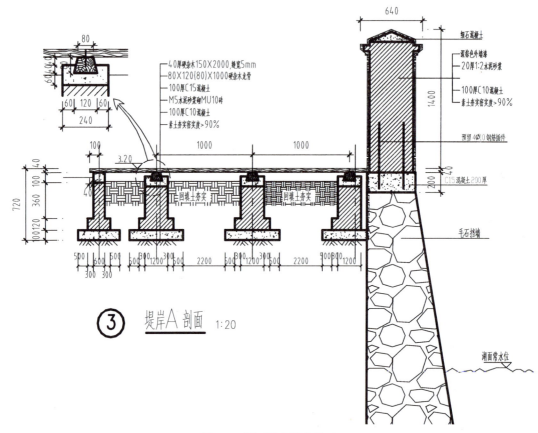

图 6-1 剖面图案填充练习

操作过程请扫码观看实例演练十三演示。

6.2 图案填充

实例演练十三

BHATCH 命令是图案填充的对话框执行命令，我们可以在对话框中设置图案填充所必需的参数。图案填充过程包括两个关键步骤：指定填充图案；指定填充区域。

命令：BHATCH（H）或 HATCH

菜单：绘图→图案填充

按钮：▦

执行 HATCH 命令后弹出如图 6-2 所示的"图案填充和渐变色"对话框。在该对话框中，包含了"图案填充"和"渐变色"两个选项卡。

图案填充

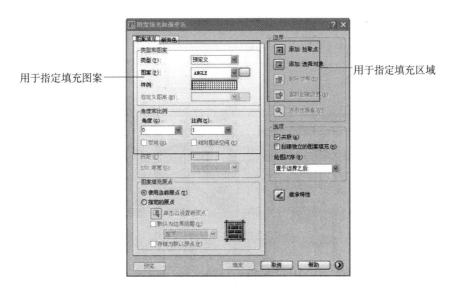

图 6-2 图案填充和渐变色对话框

主要参数：

A. 图案填充选项卡

● 样例：显示选择的图案样例。点取图案样例，同样会弹出"填充图案选项板"对话框，如图 6-3 所示。

在该对话框中，"ANSI""ISO""其他预定义"三个选项卡中皆属预定义类型的图案。双击图案或点取图案后点取确定按钮即可选择该图案，关于常用材料的代表图案将在随后一节中介绍。

● 角度：设置填充图案的旋转角度。

● 比例：设置填充图案的大小比例。

● 双向：对于用户定义的图案，将绘制第二组直线，这些直线与原来的直线成 90°角，从而构成交叉线（只有选择"用户定义"选项后才可用）。

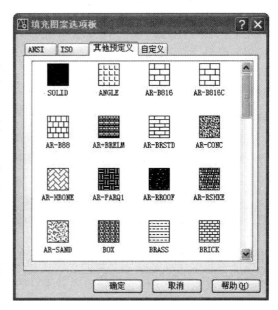

图 6-3 填充图案选项板对话框

● 图案填充原点：控制图案生成的起始位置。

● 添加拾取点：通过添加拾取点的方式来自动产生一条围绕该拾取点的边界。此项要求拾取点的周围边界无缺口，否则将不能产生正确边界。

● 添加选择对象：直接选择对象进行填充，闭合或开放对象均可。

● 删除边界：使用"拾取点"选择填充区域后，单击该按钮，然后单击要删除的孤岛，可将孤岛一并填充。

● 查看选择集：查看已定义的填充边界。

● 继承特性：控制当前填充图案继承一个已经存在的填充图案的特性。如果希望使用图形中已有的图案进行填充，但又不记得该图案的特性，使用此选项是非常好的一种方法。

● 创建独立的图案填充：将同一个填充图案同时应用于图形的多个区域时，可以指定每个填充区域都是一个独立的对象，当修改一个区域中的图案填充，不会改变所有其他图案填充。

孤岛

孤岛检测：控制是否检测内部闭合边界。

B. 渐变色选项卡 渐变色图案填充是在一种颜色的不同灰度之间或两种颜色之间使用过渡。渐变色图案填充可用于增强演示图形的效果，使其呈现光在对象上的反射效果，渐变色对话框如图 6-4 所示。

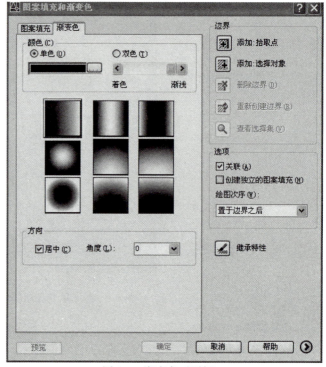

图 6-4 渐变色对话框

预览：预览填充图案的最后结果。如果不合适，可以进一步调整。

确定：接受当前的填充设定，完成图案填充。

💡 注意：

（1）进行图案填充前，需将填充区域完整地显示在绘图区内，否则，可能会出现填充边界定义不正确的情况。

（2）以普通方式填充时，如果填充边界内有文字对象，且在选择填充边界时也选择了它们，图案填充到这些文字处会自动断开，就像用一个比它们略大的看不见的框子保护起来一样，使得这些对象更加清晰，如图 6-5 所示。

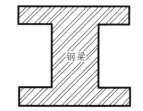

图 6-5 剖面线与文字对象的关系

（3）每次填充的图案是一个整体，如需对填充图案进行局部修改，则要用 EXPLODE 命令分解后方可进行，一般情况下，不推荐此做法，因为这会大大增加文件的容量。

【例 6-1】打开 Tutorial \ 6 \ 6-1.dwg，在图 6-6 所示的多边形和矩形之间填充图案 ANSI31，比例为 3。

命令：BHATCH↙

弹出"边界图案填充"对话框，在快速选项卡中，将"样例"设为 AN-SI31，比例设为"1"，"孤岛显示样式"选"外部"。

单击 添加、拾取 按钮

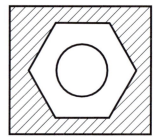

图 6-6 填充图案示例

选择内部点:点取矩形与六边形之间的任意点

右键:确定

在对话框中,点取 确定 按钮,完成填充。

结果如图 6-6 所示。

6.3 关于图案填充的补充说明

在园林 CAD 制图中,图案填充还应符合如下规定:
(1) 图案填充应绘制在专门的图层中,并把线宽设为细线。
(2) 图案填充时,应根据图形大小设定图案的尺度比例。
(3) 常用材料图案可按表 6-3 进行选用。

表 6-3

图 案	一般用途
ANSI31	不特指材料的剖面,剖面砖墙,阴影
ANSI32	剖面钢材
ANSI33	剖面石材
ANSI37	剖面耐火(耐酸)砖
SOLID	用于需要实心填充的表面
AR—B816 & 16C	剖面混凝土砖块
AR—CONC	剖面混凝土
AR—CONC+ANSI31	剖面钢筋混凝土
AR—HBONE	砖砌图案
AR—PARQ1	砖砌图案
AR—RROOF	液体
AR—RSHKE	立面坡屋顶
AR—SAND	平面草坪,建筑砂浆
BRICK	立面砖
DOTS	立面阴影
EARTH(旋转 45°)	剖面土壤

在表示一些无预定义图案的材料时,可以自行绘制。

(4) 同类材料不同品种使用同一图例时,应在图上附加必要的说明。

(5) 两个相同的图例相接时,图例线宜错开或倾斜方向相反,如图 6-7 所示。

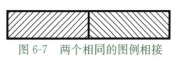

图 6-7 两个相同的图例相接

做上机实训题 6-1。

6.4 图案填充的其他工具

6.4.1 工具选项板图案填充

命令：TOOLPALETTES
菜单：工具→工具选项板窗口
按钮：

执行 TOOLPALETTES 命令后弹出如图 6-8 所示"工具选项板"对话框。

工具选项板的使用：工具选项板是"工具选项板"窗口中选项卡形式的区域，在该选项板中包括注释、建筑、机械、电力、土木工程、图案填充、命令工具等七项内容，需要向图形中添加块或图案填充时，只要从工具选项板选取一图案拖至所要填充的图形中即可。

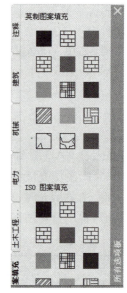

图 6-8 工具选项板对话框

6.4.2 查找图案填充面积

可以使用"特性"窗口中新的"面积"特性快速测量图案填充的面积。

单击"对象特性"，即可查看其面积，如图 6-9 所示。

如果选择多个图案填充，可以查看它们的总面积。

6.5 图案填充编辑

图 6-9 面积查看对话框

对于已有的填充图案，可以通过 HATCHEDIT 命令编辑其图案类型和图案参数特性，但不可修改填充边界的定义。其次，还可以通过特性编辑工具，在伴随窗口中对图案特性进行编辑。第三，也可以使用特性匹配工具，将图案源对象的特性复制到各目标图案上。

命令：HATCHEDIT
菜单：修改→图案填充
按钮："MODIFY Ⅱ"工具栏中的

双击欲修改的图案，弹出"图案填充编辑"对话框，如图 6-10 所示。
"图案填充编辑"对话框和"图案填充和渐变色"对话框一样，只是某些选项被禁用。

图案填充编辑

- 重新创建图案填充边界：在图案填充周围重新创建一个边界，并将其与图案填充对象相关联。
- 编辑图案填充边界：包括删除边界和添加边界。

● 修剪图案填充：在工具栏中点击修剪按钮" "，选择要修剪的对象后可以对已填充图案的图案进行修剪。

对关联和不关联图案的编辑，在此有一些特别说明：

（1）任一个图形编辑命令修改填充边界后，如其边界继续保持封闭，则图案填充区域自动更新并保持关联性。如边界不能保持封闭，则将丧失关联性。

（2）填充图案位于锁定或冻结图层时，修改填充边界，则关联性丧失。

（3）EXPLODE 命令分解一个关联图案填充时，丧失关联性，并将填充图案分解为分离的线段。

【例 6-2】如图 6-11 所示，将（a）修改成（b）。

命令：*修剪*
选择对象〈全部选择〉：↙
点击中间区域：回车，完成修改
结果如图 6-11 所示。

图 6-10 图案填充编辑对话框

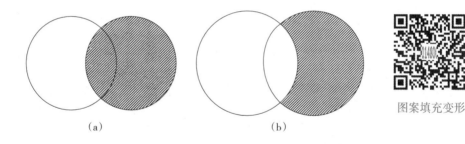

(a)　　　　　　(b)

图案填充变形

图 6-11 修改图案示例

【研讨与思考】

1. 定义填充边界可以用"拾取点""选择对象"两种方法，这两种方法有何区别？
2. 说明 BHATCH 命令中关联图案与不关联图案的区别。
3. 什么是孤岛？删除孤岛的含义如何？
4. 对填充图案使用 EXPLODE 命令的结果是什么？
5. 怎样操作可使填充图案避开文字？
6. 填充图案时，如果填充区域不封闭，应如何处理？

【上机实训题】

实训题 6-1：打开 Tutorial \ 6 \ S6-1.dwg，对大样图填充图案，结果如图 6-12 所示。

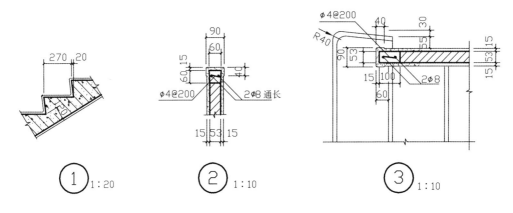

图 6-12

实训题 6-2：打开 Tutorial \ 6 \ S6-2.dwg，将平面图中的各区域，按要求用不同颜色的"SOLID"实填充表示出来，结果如图 6-13 所示。

图 6-13 彩色平面填充效果

实训题 6-2 演示

实训题 6-3： 绘制如图 6-14、图 6-15、图 6-16 所示的施工大样图。

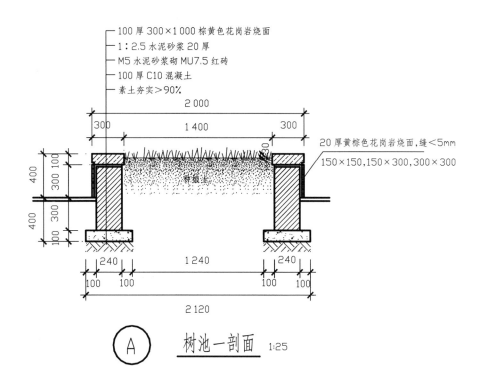

图 6-14

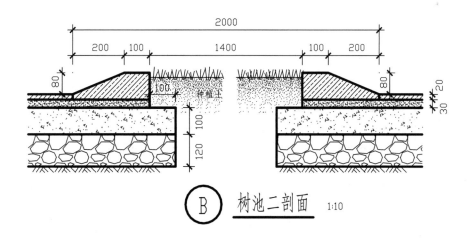

图 6-15

实训题 6-4： 利用所学的绘图、编辑命令绘制如图 6-17 至图 6-21 所示的观景台设计图。

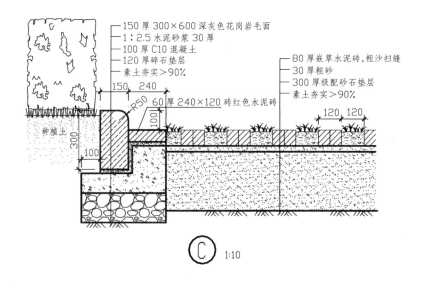

图 6-16 填充结果

要求：①合理设定图层，分层绘制图形；②按 1∶1 绘制；③正确设定线型及线型比例；④正确设定线宽，合理使用颜色。

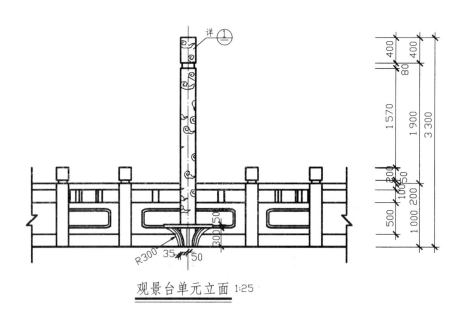

图 6-17

第 6 章 图案填充

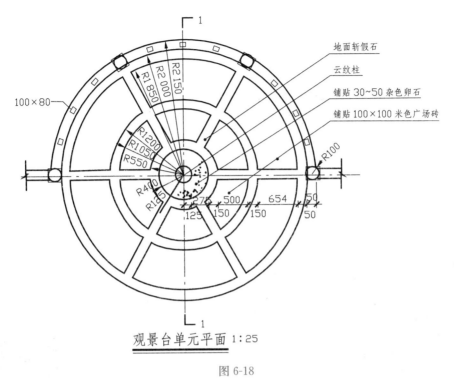

图 6-18

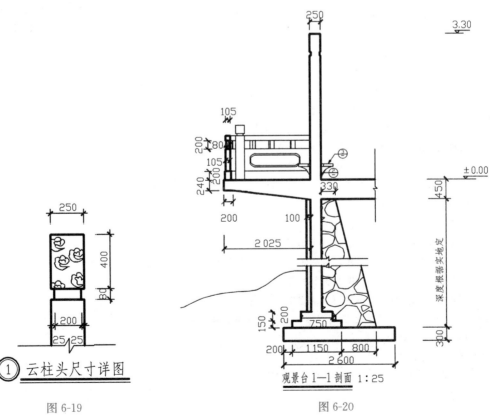

① 云柱头尺寸详图

图 6-19

图 6-20

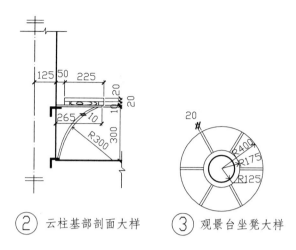

② 云柱基部剖面大样　　③ 观景台坐凳大样

图 6-21　观景台设计

操作提示：

(1) 设定绘图界限、单位、栅格、捕捉、对象捕捉等绘图环境。
(2) 设定各图层的名称、线型、颜色、线宽等特性。
(3) 绘制观景台平面：

a. 绘制观景台平面中心线。
b. 通过对象捕捉绘制同心圆。
c. 绘制过圆心的水平线，用偏移命令上下距 75 各复制一条。
d. 将偏移复制的两条水平线再用圆形阵列复制出同心圆的切割线。
e. 用修剪命令整理图形。
f. 找到右边围栏立柱的中心，完成其绘制后再通过圆形阵列复制半周，然后用修剪命令整理图形。
g. 同样的方法再绘制围栏。
h. 整理图形，使得图线的所属图层和表述正确。

实训题 6-4 演示

(4) 由平面图上的左边主要构件位置，绘制向上的投影线。
(5) 绘制立面地平线后，用偏移命令绘制图形上主要标高的平行线。
(6) 通过修剪命令整理后，形成左边立面。
(7) 绘制完成坐凳立面后整理图形，使得图线的表述正确，再进行镜像复制。
(8) 绘制云柱上的纹理。
(9) 根据平立面绘制剖面图：

i. 将平面图按 315° 镜像复制后，移至剖面图下方。
j. 将对象捕捉和对象追踪打开，用直线命令从下方平面图和左方立面图的主要构件上引出投影线，绘制剖面图主要结构部分，并将粗线放置到相应图层。
k. 绘制围栏、挡土墙、坐凳及详图符号等。

(10) 在剖面图中复制坐凳基部到下方，用修剪命令对其进行整理。
(11) 绘制观景台坐凳大样。
(12) 整理图线完成全图。

第7章 图　　块

图块，是指一个或多个对象结合形成的单个对象，每个块即是一个整体。利用块可将许多频繁使用的符号作为一个部件进行操作，简化绘图过程并提高绘图效率。

使用图块有很多优点：

（1）建立常用符号的图库，提高绘图效率。在园林设计中，有许多图形符号是很常用的，如各种植物、山石、园林小品的图形等。在 AutoCAD 中可以使用图块建立常用符号库，当图形中使用到这些符号时，不必重复创建图形元素，只需从图库中插入相应的图块，大大提高了绘图效率。在本书配备的电子资料中也附带了若干常用植物图块文件，方便大家使用。

（2）节省磁盘空间。在图形存储时，插入当前图形中的所有相同图块，只记录一个图形符号的构造信息和各图块的坐标、比例等数据，可以大大减少文件占用的磁盘空间。图块越复杂，图块使用次数越多，越能体现其优越性。

（3）方便编辑。在 AutoCAD 中，可以通过重新定义图块，来修改图形中所有插入的该图块。例如：在园林设计中，如果需要修改某庭院灯的样式，我们只需修改其中一盏，然后对原庭院灯的图块重新定义，即可使所有该庭院灯产生相同修改。

（4）利用图块属性，方便数据管理。图块属性是与图块相关联的文本信息。例如一盏庭院灯，要求有文本来解释各种细节，例如尺寸、材料、数量和供应商等信息就能作为属性保存在庭院灯图块中，这种文本就称为属性。图块属性还可以从图形中提取出来，用于统计处理。

本章主要内容：

❏ 图块的创建
❏ 图块的插入
❏ 将图块保存为独立文件
❏ 图块属性
❏ 图块编辑
❏ 动态块
❏ 外部参照图形

7.1　边练边学

7.1.1　实例演练十四——绘种植设计图

打开 Tutorial \ 7 \ ex14.dwg，插入 trees.dwg 文件中的植物图块，完成种植设计图如图 7-1 所示，最后插入图框。

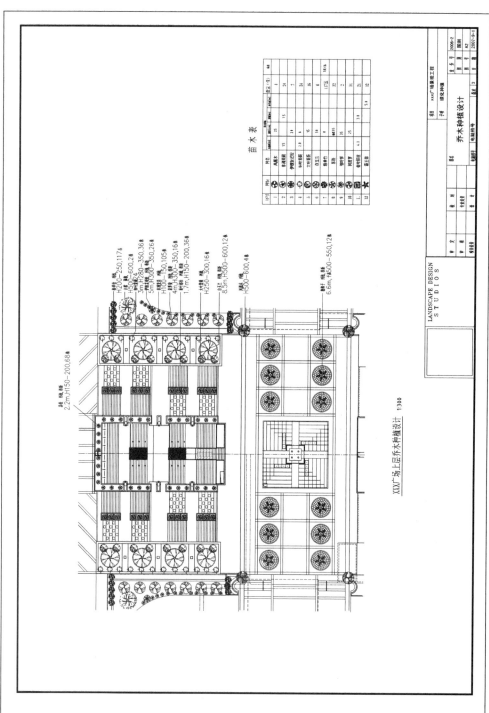

图 7-1

A. 演练目的

①理解图块的含义；②掌握图块插入操作；③掌握图块属性修改操作。

B. 命令及工具　下面是需要用到的部分主要命令（表 7-1）及工具（表 7-2）。

表 7-1

命令简化	命　　令	操作和含义	命令所在章节
B	BLOCK	制作图块	7.2
I	INSERT	插入图块和文件	7.3
W	WBLOCK	写块；将部分图形存为新文件	7.4

表 7-2

工具名称	操作和含义	工具所在章节
设计中心	用设计中心可插入更多类型的对象	9.1
对象追踪	帮助光标吸附在追踪线上，并捕捉到追踪线与图线、追踪线与追踪线的交点	2.3.2
快速选择	可设定过滤条件对图形进行选择	
对象捕捉	帮助光标捕捉图形的特征点	2.3.2

7.1.2　实例演练十五——带属性图框制作

打开 Tutorial \ 7 \ ex15.dwg，制作图 7-2 所示的带块属性的 A2 图框图块。

实例演练十五

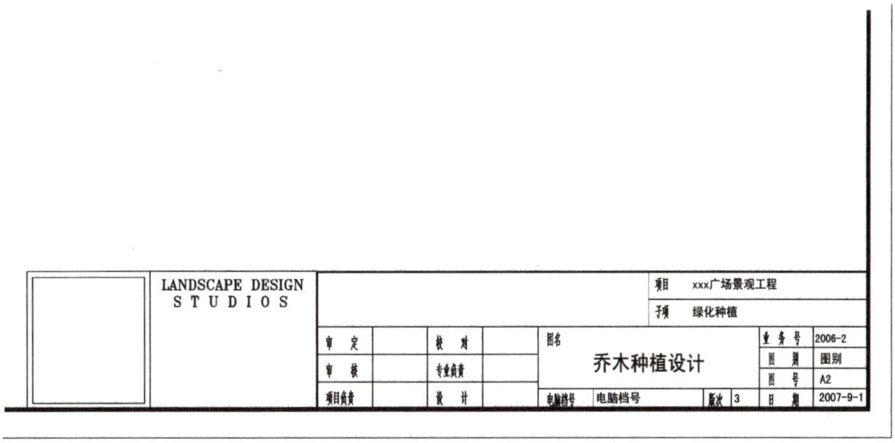

图 7-2

A. 演练目的

①理解属性定义；②掌握图块制作的方法；③掌握图块在位编辑操作。

B. 命令及工具　下面是需要用到的部分主要命令及工具（表 7-3）。

表 7-3

命令简化	操作和含义	命令所在章节
绘图→块→定义属性	定义属性	7.5.1
双击属性定义	编辑属性定义	7.5.2
图块右键→在位编辑	图块在位编辑	
图块右键→编辑属性	编辑图块属性	7.6.1

7.2 创建图块

要使用块，必须先创建块。可以通过 BLOCK 命令将已有的图形对象创建为图块。

命令：BLOCK（简写：B）
菜单：绘图→块→创建
按钮：

执行创建块命令后，弹出如图 7-3 所示的"块定义"对话框。

在该对话框中，可以对块的名称、基点、组成块的图形等参数进行设定。

参数：

● 名称：定义块的名称。在 AutoCAD 中，所有的图块都有指定的名称，单击右边的下拉箭头可以查看当前图形中的所有图块名称。

创建图块

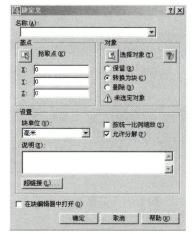

图 7-3 块定义对话框

对象区

● 选择对象：指定图块中包含的对象。点击按钮后，可在绘图区选择屏幕上的图形作为块中包含的对象。

● 保留：创建块后在绘图区中保留创建块的原对象。

● 转换为块：将创建块的原对象保留下来并将它们转换成块。该项为缺省设置。

● 删除：创建块后在绘图区中不保留创建块的原对象。

基点区

● 拾取点：在绘图区中用左键指定图块的基点。图块基点是指在插入该图块时的基准点。缺省基点是原点。另外，也可以直接在 X、Y、Z 三个文本框中输入基点坐标。

虽然用户可以选择任意一点作为插入基点，但是为了绘图方便，应该根据块的结构特点选择基点。一般来说，基点选择块的对称中心、左下角或者其他有特征的位置（如线的端点等）。

注意：

(1) 创建图块之前，必须先绘出创建块的对象。

(2) 如果新块名与已有的块名重复，则发生图块的替换，此过程称为图块的重定义，这将使图形中所有与此相同的图块发生替换。

(3) 图块将沿袭其创建时所在图层上的特性。当插入块时，块仍将保持其原始特性。但是，如果图块创建于"0"图层，则在插入时，该图块将不再沿袭"0"图层的特性，而具有当前图层的特性。因此，创建图块时，推荐在"0"图层上创建，这将方便对图块特性的控制。

【例 7-1】打开 Tutorial \ 7 \ 7-1.dwg，将图 7-4（a）所示的图形创建成图块，名称为"tree01"。

（1）在"绘图"工具栏中点取创建块按钮。进入"块定义"对话框，在其中输入名称"tree01"。

（2）点取 拾取点 按钮，在绘图区利用对象捕捉圆心的位置。

（3）点取 选择对象 按钮，在屏幕绘图区框选所有的图形，回车结束选择。

（4）在说明文本框中键入"阔叶树01平面"，结果如图 7-4（b）所示。

（5）点取 确定 按钮，完成图块"tree01"的建立，保存图形另存为 Tutorial \ 7 \ 7-1-1.dwg。

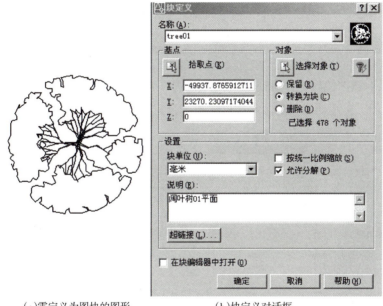

(a)需定义为图块的图形　　　　　　(b)块定义对话框

图 7-4　创建图块示例

7.3　插入图块

创建了图块，就可以用 INSERT 命令将图块插入图形中。

请扫码观看插入图块操作演示，熟悉图块插入过程。

命令：INSERT（简写：I）
菜单：插入→块

插入图块

按钮：

执行该命令后，将弹出如图 7-5 所示的"插入"对话框。

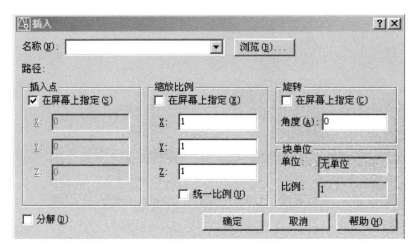

图 7-5 插入对话框

常用参数：
- 名称：用下拉文本框，可选择插入的块名。
- 浏览：点取该按钮后，弹出如图 7-6 所示的"选择图形文件"对话框，用户可以选择某图形文件作为一个块插入当前文件中。

图 7-6 选择图形文件对话框

- 分解：如果选择了该复选框，则块在插入时自动分解成独立的对象，不再是一个整体。缺省情况下不选择该复选框。以后需要编辑块中的对象时，可以采用分解命令将其分解。
- 确定：点取该按钮，按照对话框中的设定插入块。如果需要在屏幕上指定参数，则在命令行上会提示点取必要的点来确定。

插入点区
- 在屏幕上指定：用鼠标在绘图区直接指定块的插入点。
- X、Y、Z：如果不使用在屏幕上指定选项，则可通过输入坐标值指定插入点。

缩放比例区
- 在屏幕上指定：在随后的操作中将会提示缩放比例，用户可以在屏幕上指定缩放比例。
- X、Y、Z：分别指定三个轴向的插入比例，缺省值为1。
- 统一比例：锁定三个方向的比例均相同。

旋转区
- 在屏幕上指定：在随后的提示中会要求输入旋转角度。
- 角度：键入块插入时旋转的角度值，缺省值为0。

块单位区
- 块单位：指定插入块的 INSUNITS 值。
- 显示单位比例因子，该比例因子是根据块的 INSUNITS 值和图形单位计算的。

说明：插入命令只可以插入当前文件中已定义的块，或是外部文件的全部图形。如想插入外部文件中的单个图块，则需通过设计中心进行，关于设计中心的内容将在第 9 章介绍。

【例 7-2】打开 Tutorial \ 7 \ 7-1-1. dwg，在"tree"图层中插入块"tree01"，缩放比例为 X＝Y＝2。

（1）打开文件，将当前图层设为"tree"，点取插入块按钮，弹出"插入"对话框。
（2）在名称列表中选择"tree01"。
（3）在"插入点"区中打开"在屏幕上指定"复选框。
（4）在"缩放比例"区打开"统一比例"，设定缩放比例为 2，如图 7-7 所示。

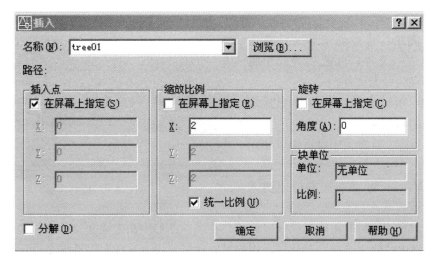

图 7-7　插入对话框的设定

（5）点取 确定 按钮后，点取屏幕上的某一点，结果如图7-8所示，将文件存盘。

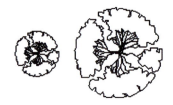

图7-8 插入图块结果

插入图块操作

7.4 块写文件

通过BLOCK命令创建的块只能存在于当前文件中，如果要在其他的图形文件中使用该块，可以用WBLOCK命令，将图块保存为独立文件，然后再用INSERT命令插入该文件。

WBLOCK命令不但可以将已定义的图块保存为独立文件，事实上，WBLOCK命令还可以将未被定义为块的对象保存为独立文件。这样，这部分对象就可以被其他的图形文件引用，当然也可以单独被打开。

请扫码观看第7章【例7-3】演示，熟悉WBLOCK命令操作过程。

例7-3演示

命令：WBLOCK（简写：W）

执行该命令后，将弹出如图7-9所示的"写块"对话框。

参数：

源区

● 块：指定要存为文件的块，从列表中选择其名称。

● 整个图形：将当前图形文件作为一个块输出成一文件，此选项等同于将当前文件另存为一新文件。

● 对象：可以在随后的操作中指定要存为文件的对象。

● 拾取点：暂时关闭对话框以使用户在当前图形中指定插入基点。

● X、Y、Z：可以在文本框中键入基点坐标，缺省基点是原点。

图7-9 写块对话框

● 选择对象：暂时关闭对话框以使用户在当前图形中指定输出文件中包含的对象。

●：弹出"快速选择"对话框，用户可以通过"快速选择"对话框来设定块中包含的对象。

● 保留：将所选对象存为文件后，在当前图形中仍保留它们。

- 转换为块：将所选对象存为文件后，在当前图形中将其转换为块，块按"文件名"文本框中的名称命名。
- 从图形中删除：将所选对象存为文件后，在当前图形中删除它们。

目标区
- 文件名：为输出的块或对象指定文件名。
- 位置：为输出的文件指定路径。
- ▭：弹出"浏览文件夹"对话框，在该对话框中可以指定文件输出位置。
- 插入单位：用于指定新文件插入时所使用的单位。

【例 7-3】绘制如图 7-10 所示的指北针，通过 WBLOCK 命令将左图输出为"…\ Tutorial \ 7 \ 指北针 1. dwg"，右图输出为"…\ Tutorial \ 7 \ 指北针 2. dwg"。

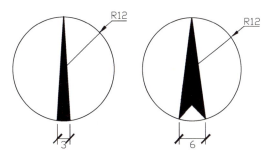

图 7-10　指北针

（1）绘制指北针。
（2）运行 WBLOCK 命令，弹出"写块"对话框。
（3）在"源"区选中"对象"单选框。
（4）在"基点"区点取 拾取点 按钮，在绘图区捕捉左图圆心。
（5）点取"对象"区 选择对象 按钮，在绘图区框选左图指北针，回车返回"写块"对话框。
（6）在"对象"区设定"保留"单选框。
（7）在"目标"区的"文件名"文本框中键入"指北针 1. dwg"。
（8）在"目标"区的"位置"中键入相应路径。
（9）在"目标"区的"插入单位"文本框中点取下拉箭头，选择"毫米"。
（10）点取 确定 按钮，结束写块操作。
（11）对右图指北针重复以上操作，并将块名定义为"指北针 2. dwg"。

经过以上操作，将会在"…\ Tutorial \ 7 \"目录下产生文件"指北针 1. dwg""指北针 2. dwg"。

7.5　图块属性

图块属性就像附在图块上面的标签，包含有该图块的各种信息。如商品的原材料、型号、制造商、价格等。在一些场合，定义属性的目的在于图块插入时的方便性，在另一些场合，定义属性的目的是为了在其他程序中使用这些数据，如在数据库软件中计算图形里图块所代表材料的成本或生成材料采购表等。

使用图块属性一般包括几个步骤：
（1）在定义图块前，先将欲包含在图块中的各信息项，分别做成属性定义。
（2）将图形对象和若干项属性定义共同组成图块。
（3）插入图块时，修改某些属性值，然后，可将此图块复制到图中需要的位置。

（4）图形绘制全部完成后，通过ATTEXT命令提取图中块属性，生成固定格式的文本文件，供其他程序使用。

以上过程第（4）步可按需要进行，并非必须执行的步骤。关于块属性的提取，初学者不要求掌握，本书也没有对此方面展开论述。

7.5.1 块属性定义

块属性需要先定义后使用，块属性定义是在创建图块之前进行的。

命令：ATTDEF

菜单：绘图→块→定义属性

执行该命令后，弹出"属性定义"对话框，如图7-11所示。

在该对话框中包含了"模式""属性""插入点""文字选项"四个区，各项含义如下：

模式区 通过复选框设定属性的模式。

● 不可见：设置插入块后是否显示其属性的值。

● 固定：设置属性是否为常数。

● 验证：设置在插入块时，是否让AutoCAD提示用户确认输入的属性值是否正确。

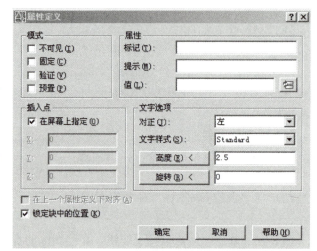

图7-11 属性定义对话框

● 预置：在插入图块时，是否将此属性设为缺省值。

属性区 设置属性。

● 标记：属性的标签，该项是必需的。

● 提示：作输入时提示用户的信息。

● 值：指定属性的缺省值。 ：弹出"字段"对话框，可以选择各种类别的字段，例如日期和时间、文档以及对象等。

插入点区 设置属性插入点。

● 在屏幕上指定：在屏幕上点取某点作为插入点。

● X、Y、Z文本框：插入点坐标值。

文字选项区 控制属性文本的特性。

● 对正：设置属性文字相对于插入点的对正方式。

● 文字样式：指定属性文字的预定文字样式，可以在下拉列表中选择某种文字样式。

块属性定义

● 高度：指定属性文字的高度，也可点取 高度< 按钮，在绘图区点取两点来确定高度。

● 旋转：指定属性文字的旋转角度，也可点取 旋转< 按钮，在绘图区点取两点来定义旋转角度。

● 在上一个属性定义下对齐：选中该复选框，表示当前属性采用上一个属性的文字样式、文字高度以及旋转角度，且另起一行按上一个属性的对正方式排列。此时"插入点"与

"文字选项"均不可用。
- 锁定块中的位置：锁定块参照中属性的位置。

【例 7-4】制作带属性定义的索引符号图块，如图 7-12 (b) 所示，并将其插入。

(a) 索引符号图形　　(b) 定义图块之前　　(c) 图块插入结果

图 7-12　带属性定义的图块制作示例

(1) 新建一个图形后，设定"Standard"文字样式：字体仿宋，宽高比 0.7。
(2) 绘制索引符号图形，半径为 10，如图 7-12 (a) 所示。
(3) 点取菜单"绘图→块→定义属性"，进入"属性定义"对话框，如图 7-13 (a) 所示。

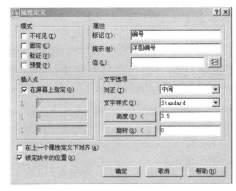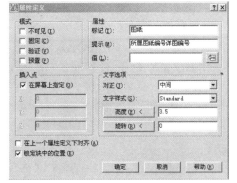

(a) 定义"编号"属性　　　　　　　　(b) 定义"图纸"属性

图 7-13　属性定义对话框

(4) 在"属性定义"对话框中的"标记"文本框中键入"编号"，在"提示"文本框中键入"详图编号"，在"对正"框中选择"中间"，文字高度输入"3.5"，如图 7-13 (a) 所示。

(5) 按 确定 按钮，在圆心偏上的位置选取一点，图形上出现"编号"字样，完成"编号"属性定义。

(6) 重复步骤 (3)、(4)，在步骤 (4) 中对新建的属性定义做如图 7-13 (b) 的设定。

(7) 按 确定 按钮，在圆心偏上的位置选取一点，完成"图纸"属性定义，图形上出现"图纸"字样。

(8) 重复步骤 (3)、(4)，在步骤 (4) 中，"标记"文本框内键入"%%u 图集"，"提示"文本框内键入"图集编号"，"对正"框中选择"右下"，文字高度输入"3.5"，如图 7-14 所示。

(9) 按 确定 按钮，在绘图区中捕捉直径左端点，完成"图集"属性定义，图形上出现

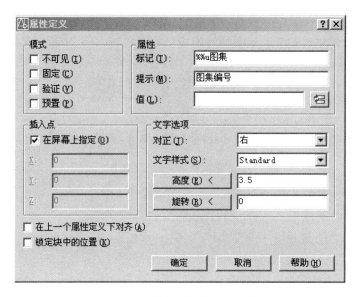

图 7-14 "图集"属性定义对话框

"图集"字样,如图 7-12(b)所示。

(10)用 BLOCK 命令将图 7-12(b)所示图形定义为"索引符号"图块,在对象中勾选保留,其插入基点为圆下方的象限点。

(11)用 INSERT 命令插入"索引符号"图块,过程如下:

命令:I↙

INSERT

在弹出的"插入"对话框中设定插入图块"名称"为"索引符号",如图 7-15 所示,按确定按钮后进入绘图界面

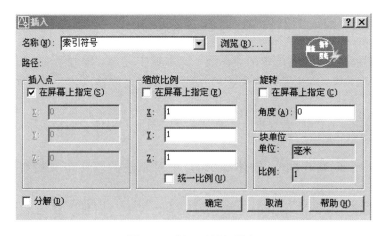

图 7-15 插入对话框设定

指定插入点或[比例(S)/X/Y/Z/旋转(R)/预览比例(PS)/PX/PY/PZ/预览旋转(PR)]:*在绘图区中任意指定一点*

输入属性值

图集编号<>:%%UJ103↙
所属图纸编号<>:4↙
详图编号<>:5↙

结果如图 7-12（c）所示，将文件存为"…\Tutorial\7\7-4-1.dwg"。

7.5.2 块属性编辑

当一个包含属性定义的图块插入后，欲修改其属性可以通过块属性编辑来完成。

命令：ATTEDIT

菜单：修改→对象→属性→单个
　　　　修改→对象→属性→全局

按钮："MODIFY Ⅱ"工具栏中

块属性编辑

命令与提示：

命令：ATTEDIT
选择块参照：*选择需进行属性编辑的图块*

弹出"编辑属性"对话框，如图 7-16 所示。

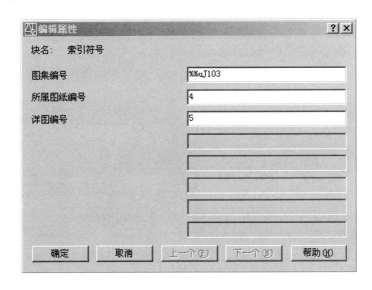

图 7-16　编辑属性对话框

在"编辑属性"对话框中修改参数后，按 确定 按钮，结束命令。

⚠ **注意**："编辑属性"对话框中的参数，由被编辑的图块所包含的属性定义决定。

【例 7-5】 打开 Tutorial\7\7-4-1.dwg，将插入的索引符号修改成图 7-17（b）的结果。

（1）打开【例 7-4】的结果文件 Tutorial\7\7-4-1.dwg。

（2）单击属性编辑 后，命令行提示"选择块参照"，在绘图区上点取欲修改其属性的图块——"索引符号"，弹出

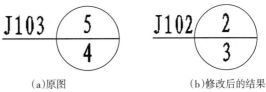

图 7-17　修改"索引符号"块属性示例

如图 7-18 所示的"增强属性编辑器"对话框。

在"图集编号"栏中的"值"修改为"%%uJ102","详图编号"栏中的"值"修改为"2","所属图纸编号"栏中的"值"修改为"3",点取确定按钮,退出该对话框,结果如图 7-17(b)所示。

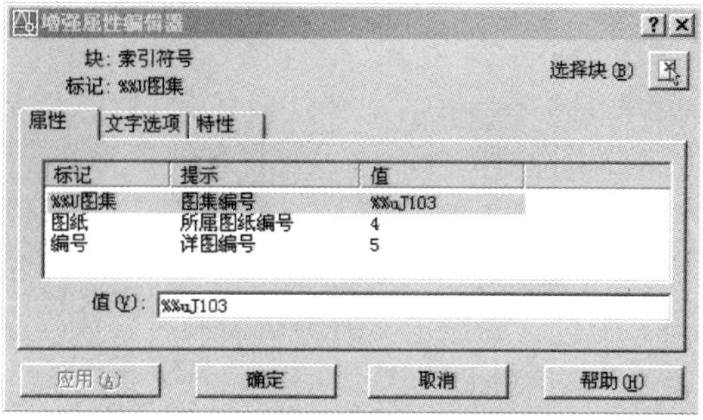

图 7-18 增强属性编辑器

7.5.3 利用图块进行统计

在园林设计图中,有许多重复使用的符号,可以使用图块来提高绘图效率,同时还可以利用图块来进行图形中某个符号的统计。

在进行园林概算的时候,或在设计图上做植物目录表(园林景观要素表)时,往往要在 AutoCAD 上统计树木的棵数、景石的块数等,有时因设计范围较大,加上植物种类和数量都很多,想统计出每种植物的数量,如果一个个数,很麻烦,又容易出错。

如果在绘图时规范地将同一种树或景石定义为同一个图例的块,最好块的名字和所使用的树的名字相同,那么利用图块可以快速地进行统计。

【例 7-6】打开 Tutorial \ 7 \ 植物配置图.dwg,分别统计各树种的数量。

(1)打开文件如图 7-19 所示,图中各植物均定义为图块。

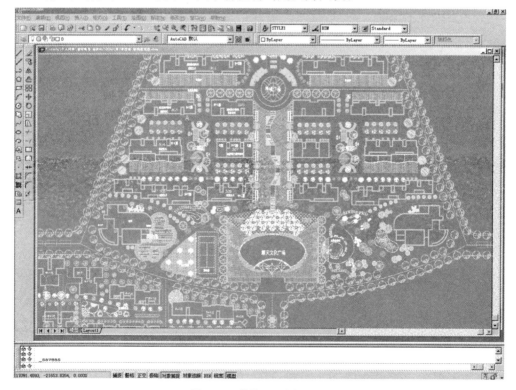

图 7-19 植物配置图.dwg

(2) 在图中单击右键，选择"快速选择"，弹出"快速选择"对话框（图 7-20），在"对象类型"中选择"块参照"，在"特性"栏中选择"名称"，在"运算符"栏中选择"等于"，在"值"中选择其中的一种树种如"广玉兰"，点击确定。

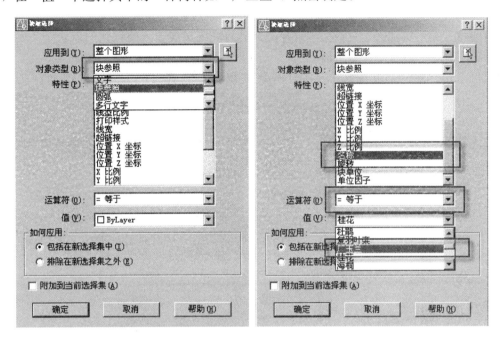

图 7-20 "快速选择"对话框

(3) 在命令窗口中出现如图 7-21 所示的"已选定 15 个项目"，也就是"广玉兰"的数目。同样可以统计出"意杨"的数目为 329。

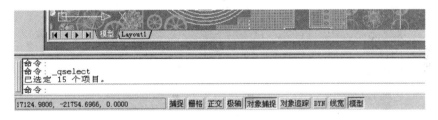

图 7-21 命令窗口中出现对象数目

7.6 图块编辑

7.6.1 块编辑器

可以使用块编辑器修改块定义的动态行为。可以在块编辑器中添加参数和动作，以定义自定义特性和动态行为。块编辑器包含一个特殊的编写区域，在该区域中，您可以像在绘图区域中一样绘制和编辑几何图形。块编辑器还提供了一个"块编辑器"工具栏和多个块编写选项板，块编写选项板中包含用于创建动态块的工具。

命令：BEDIT
菜单：工具→块编辑器

按钮："块编辑器"

快捷菜单：选择一个块参照。在绘图区域中单击鼠标右键，单击"块编辑器"。

命令与提示：

命令：BEDIT

将显示"编辑块定义"对话框。选择要编辑的块定义或输入要创建的新块定义的名称，然后单击"确定"以打开块编辑器。

打开 Tutorial \ 7 \ 7-1-1.dwg，打开块编辑器，选择 TREE01，出现如图 7-22 所示。

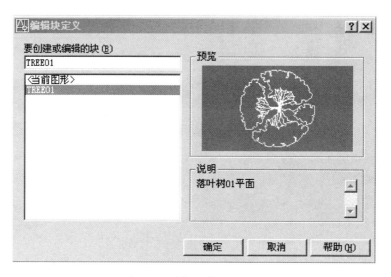

图 7-22 编辑块定义对话框

点击 确定 按钮后，系统打开"块编辑器"窗口，如图 7-23 所示。

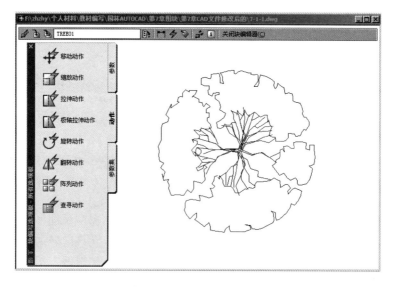

图 7-23 "块编辑器"窗口

各选项含义如下：

- "编辑或创建块定义":利用该对话框可以从图形中保存的块定义列表中选择要在块编辑器中编辑的块定义,也可以输入要在块编辑器中创建的新块定义的名称。
- "保存块定义":可以保存定义的块。
- "将块另存为":利用该对话框可以将图块以其他名称另外存储。
- "定义属性":利用该对话框可以定义块的属性值。

【例 7-7】打开文件 Tutorial \ 7 \ 7-7.dwg,将图 7-24(a)中的"TREE01"图块进行在位编辑,形成带阴影的树图块,如图 7-24(b)所示。

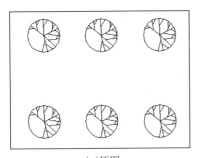 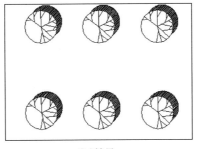

(a)原图　　　　　　　　　　(b)结果　　　　　　　　　图块在位编辑

图 7-24　图块在位编辑示例

(1) 打开 Tutorial \ 7 \ 7-6.dwg,点击"块编辑器"图标,命令行上出现:

命令:BEDIT

并出现"编辑块定义"对话框,选择 TREE01,如图 7-25 所示。

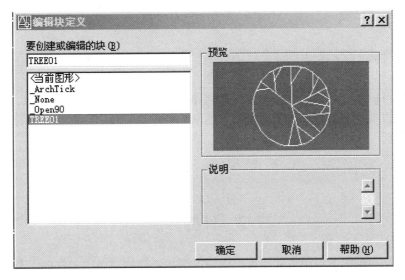

图 7-25　参照编辑对话框

点击 确定 按钮后,系统打开"块编辑器"窗口。

(2) 用复制、修剪、图案填充将图块内的对象加工成如图 7-26 所示结果。

(3) 在"块编辑器"工具栏中点击 后点 关闭块编辑器(C) ,弹出如图 7-27 所示的警示对话框,按 是(Y) 按钮后完成操作。

可以看到所有引用的"TREE01"图块均发生了修改,结果如图7-24(b)所示。

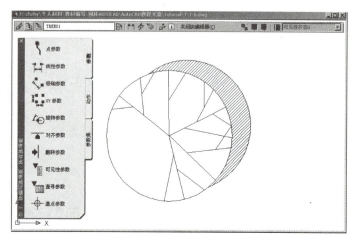

图 7-26 修改结果

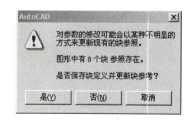

图 7-27 警示对话框

7.6.2 分解图块

在上例中,如果只对一个树图块进行修改,而不影响到其他树图块,这时就需要对图块进行分解。图块一旦分解,块内的对象就变成各自独立的了,可以用一般编辑命令进行编辑,当然也就不能通过图块重定义或在位编辑来影响它们了。

命令:EXPLODE(简写:X)

菜单:修改→分解

按钮:

执行该命令后将提示要求选择分解的对象,选择某块后,将该块分解。

注意:

(1)块是可以嵌套的。所谓嵌套是指在创建新块时所包含的对象中有块。块可以多次嵌套,但不可以自包含。要分解一个嵌套的块到原始的对象,必须进行若干次的分解。每次分解只会取消最后一次块定义。

(2)分解带有属性的块时,其中原属性定义的值都将失去,属性定义重新显示为属性标记。

7.7 外部参照

外部参照是一种图形引用方式,被引用的图形并不存储在当前文件中,当前文件只包含对外部文件的一个引用"链接",因此,外部参照具有以下优点:

A. 实时更新 外部参照为园林项目设计工作带来很大好处。在项目设计中,各专业设计人员(如园建、给排水、电气、种植设计人员)常常互相需要对方的图形资料(如总平面图)。利用外部参照图,各人员每次进入自己的设计图时,最新保存的外部参照图便会加载进来,这样就可以保证设计的图形始终是最新的。如图7-28所示,种植设计图和电气设计图均通过外部参照引用了总平面图,并在此基础上进行各自的设计。当总平面图发生修改后，在种植设计图和电气设计图中可以立刻得到修改后的总平面图，这样就可以避免在合作项目中出现不一致的错误。

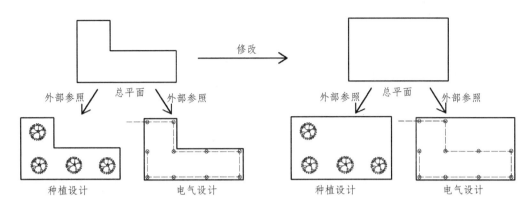

图 7-28　外部参照图自动更新示意

B. 节省空间　一个外部参照图形可被引用到当前图形中，但它并不能成为当前图形数据的一部分，仅有图名及访问图形所需的少量路径信息被存储在当前文件中，大大节省了存储空间。

通过 XREF 命令可以附着、更新外部参照。

命令：XREF（简写：XR）

菜单：插入→外部参照

按钮："参照"工具栏的 ▣

命令与提示：

命令:XR

在弹出如图 7-29 所示的"外部参照管理器"对话框中点取 附着 按钮，在弹出如图 7-30 所示的"选择参照文件"对话框中选取参照文件后按 确定 按钮，在弹出如图 7-31 所示的"外部参照"对话框中设定相应参数后按 确定 按钮，命令行上出现如下提示：

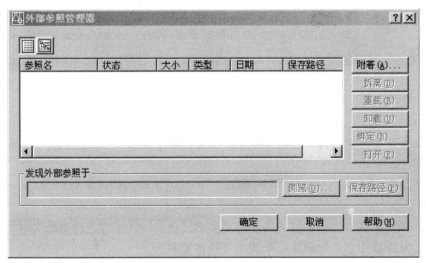

图 7-29　外部参照管理器对话框

图 7-30 选择参照文件对话框

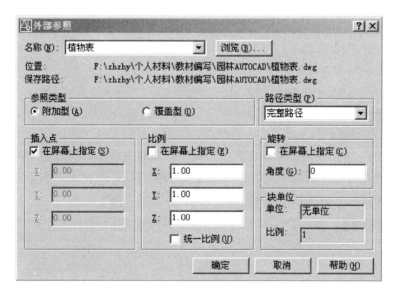

图 7-31 外部参照对话框

命令：XREF

附着外部参照"植物表"：F:\zhzhy\个人材料\教材编写\园林 AUTOCAD\植物表.dwg

"植物表"已加载

指定插入点或[比例(S)/X/Y/Z/旋转(R)/预览比例(PS)/PX/PY/PZ/预览旋转(PR)]：0,0↙

参数：

- **附着**：指定附着到当前文件的外部参照图形。点取后弹出"选择参照文件"对话框。
- **拆离**：从图形中永久地删除一个或多个外部参照。
- **重载**：重新读取选中的外部参照图形并显示最新保存的图形版本。

- **卸载**：卸载一个或多个外部参照。被卸载的外部参照可以很方便地重新加载。与拆离不同，它仅仅是不显示外部参照图形。
- **绑定**：显示"绑定外部参照"对话框。"绑定"选项使得所选的外部参照和它包含的内容（如块、文字样式、标注样式、图层和线型）成为当前图形的一部分。
- **打开**：在新建窗口中打开选定的外部参照进行编辑。"外部参照管理器"关闭后，显示新窗口。
- **发现外部参照于**：显示当前选定外部参照的完整路径。这个路径是实际能够找到外部参照的路径，它不必和保存路径相同。

注意：将含有外部参照的图形文件复制到别的机器上时，有可能因外部参照的路径变化，而发生无法显示参照图形的情况。要解决这一问题，可在外部参照管理器中重新指定外部参照的新路径。

在进行项目设计时，为了使外部参照图形坐标系与当前图形的坐标系重合（以便对齐图形），可将参照插入点坐标设为坐标原点。

【研讨与思考】

1. 图块与一般图形对象有何区别？
2. 在定义块时，新输入的块名与原有的块名相同则会发生什么现象？块的重定义有何作用？
3. 由"0"图层上对象定义的块与其他图层上对象定义的块有何区别？
4. 向一个图形文件添加图块或文件用什么命令？
5. WBLOCK 与 SAVEAS、BLOCK 命令有何区别？
6. 块属性有何作用？
7. 属性标记、属性提示、属性值分别是指什么？
8. 如何修改块属性的值？
9. 向一个现有的图块添加属性定义应如何做？
10. 块的在位编辑与块分解后编辑其结果有何不同？

【上机实训题】

实训题 7-1：打开 Tutorial \ 7 \ S7-1.dwg，完成如图 7-32 所示的种植设计图。

实训题 7-2：打开 Tutorial \ 7 \ S7-2.dwg，将图 7-33 的"设计单位"做成属性定义（其中：标记为"设计单位"，提示为"请输入设计单位名称"）。然后将此标题栏与属性定义共同组成名为"标题栏"图块，再用 WBLOCK 命令输出到"D：\ DWG \ 图块 \ 常用符号 \"目录下，文件名为"标题栏"。

实训题 7-3：打开 Tutorial \ 7 \ S7-3 中高层植物总平面，统计出图纸中各种树木的数量。

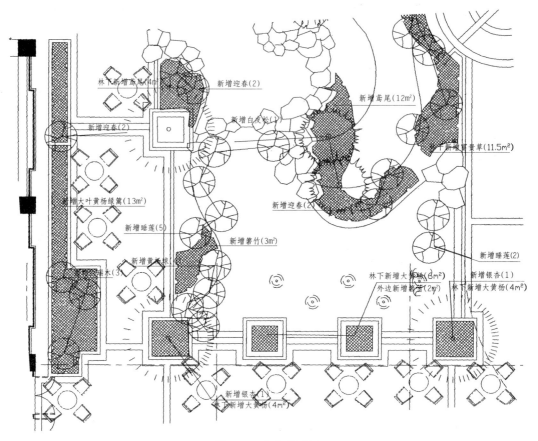

图 7-32 种植设计图

设计资质等级		证书编号						设计单位	
工程等级				修改号	修改说明	修改人	修改日期		
设计师	姓名		编号						
执业专用章				审 定		设计专业		工程或子项名称	
				粗 审		设计阶段	施工图		
				核 审		比例		图 名	
				设 计		完成日期		图 号	

图 7-33 标题栏图块制作示例

第8章
尺寸标注

在园林设计图中，尺寸标注是不可缺少的组成部分，没有尺寸，就不可能清楚表达设计意图，更不可能为施工提供依据。因此，在图形绘制完成后，就需要对图形进行尺寸标注。

本章主要内容：
- 尺寸标注的组成要素及标注规则
- 尺寸标注命令
- 尺寸标注样式设定
- 编辑尺寸

8.1 边练边学

实例演练十六——建筑平面图标注

打开 Tutorial \ 8 \ ex16.dwg，给图 8-1 的建筑平面图绘制尺寸标注。

实例演练十六

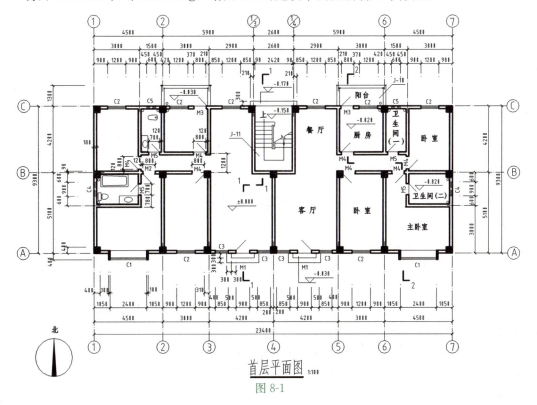

图 8-1

A. 演练目的

①掌握建筑标注的规则；②掌握建筑标注样式设定方法；③掌握建筑标注操作。

B. 工具 下面是需要用到的主要工具（表 8-1）。

表 8-1

工具名称	操作和含义	工具所在章节
文字样式设置	制作标注用的文字样式	5.2
标注样式设置	制作建筑的国标标注样式	8.4
标注工具栏	标注尺寸	8.3

8.2　尺寸标注的组成及标注规则

要了解尺寸的标注方法，首先应该了解尺寸的组成要素，尤其在设置标注样式时，必须了解尺寸的各部分定义。

8.2.1　尺寸标注的组成

一个完整的尺寸标注应该包含四个组成要素：尺寸线、尺寸界线、尺寸起止符号（或称尺寸箭头）、尺寸数字（图 8-2）。

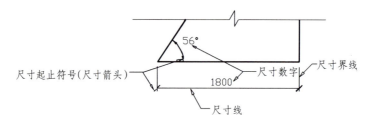

图 8-2　尺寸组成的要素

在某些场合，尺寸界线可以用图中的轮廓线替代，但尺寸线不可替代。

8.2.2　尺寸标注规则和标注步骤

不同专业图纸的尺寸标注必须满足相应的技术标准，以使尺寸标注清晰易识。园林图中尺寸标注应符合建筑制图标准。

A. 尺寸标注的基本规则

（1）图形对象的大小以尺寸数值所表示的大小为准。图上的尺寸单位，除标高及总平面图以米为单位外，均必须以毫米为单位。

（2）尺寸标注所用文字应符合第五章中介绍的文字注写要求，通常数字高不小于 2.5mm，中文字高应不小于 3.5mm。

（3）尺寸线和尺寸界线采用细实线，起止符号采用中实线，但半径、直径、角度与弧长的尺寸起止符，宜用箭头表示。尺寸界线一端应离开图形轮廓线 2~3mm，另一端应超出尺寸界线 2~3mm。

（4）尺寸数字和图线重合时，必须将图线断开。如果图线不便于断开时，应该调整尺寸标注的位置。

（5）尺寸标注应集中排列整齐，方便查找。放置时，小尺寸应离图样轮廓线较近，大尺寸应离图样轮廓线较远（图8-3）。

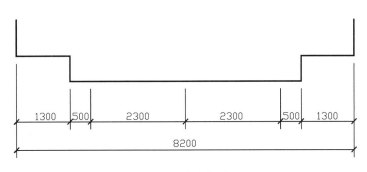

图 8-3　尺寸排列

B. 尺寸标注的步骤　为使尺寸标注统一，在AutoCAD中标注尺寸时应按以下步骤进行：

（1）为尺寸标注建立专用的图层，可以控制尺寸的显示和隐藏，与其他的图线分开，便于修改、预览。

（2）为尺寸文本建立专门的文字样式，对照国家标准，应该设定好字符的高度、宽度系数、倾斜角度等。

（3）打开"标注样式管理器"，按照制图标准创建尺寸标注样式，内容包括直线、符号和箭头、文字、调整、主单位等。

（4）由于尺寸标注样式设定较为烦琐，应将设定好的标注样式保存到常用的样板文件中。

（5）AutoCAD绘图时通常采用1∶1的比例绘图，尺寸标注无需换算，可以自动测量尺寸大小。如果最后统一修改了绘图比例，应相应修改尺寸标注的测量单位比例因子。

（6）在标注尺寸时，为了减少其他图线的干扰，应将不必要的层关闭，如剖面线层等。

（7）选择需要的标注尺寸命令。

（8）打开对象捕捉，选取要标注的对象或点。

（9）指定尺寸标注的位置，完成尺寸标注。

8.3　尺寸标注命令

一般说来，在进行尺寸标注之前，先要设定标注样式，在这里，先介绍使用默认标注样式，即"ISO-25"标注样式，如何对各种类型尺寸进行标注。

按照标注对象的不同，可以将尺寸标注分为长度尺寸标注、半径尺寸标注、直径尺寸标注、坐标尺寸标注、引线标注、圆心标记等。不同的标注命令对应"标注工具栏"的不同图标，如图8-4所示。

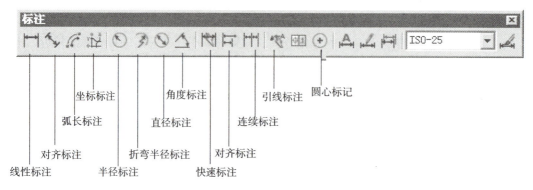

图 8-4　标注工具栏

请扫码观看第 8 章实训题 8-1 操作演示，熟悉尺寸标注的操作过程。

8.3.1　长度尺寸标注

实训题 8-1 演示

按照尺寸形式的不同，长度尺寸标注又可分为水平尺寸标注、垂直尺寸标注、对齐尺寸标注、连续尺寸标注、基线尺寸标注等。

A. 线性尺寸标注　线性尺寸指两点之间的水平、垂直或倾斜线性尺寸。

命令：DIMLINEAR

菜单：标注→线性

按钮：

命令及提示：

命令：DIMLINEAR

指定第一条尺寸界线原点或<选择对象>：

指定第二条尺寸界线原点：

指定尺寸线位置或[多行文字(M)/文字(T)/角度(A)/水平(H)/垂直(V)/旋转(R)]：

参数：

- 指定第一条尺寸界线原点或<选择对象>：定义第一条尺寸界线的位置。
- 指定第二条尺寸界线原点：定义第二条尺寸界线的位置。
- 选择对象：选择对象来定义线性尺寸的第一条和第二条尺寸界线的位置。
- 指定尺寸线位置：定义尺寸线的位置。
- 多行文字（M）：打开多行文字编辑器，用户可以通过多行文字编辑器来编辑注写文字。自动测量的数值用"< >"来表示，用户可以将其删除，也可以在其前后增加其他文字。
- 文字（T）：单行文字输入。测量值同样在"< >"中。
- 角度（A）：设定文字的倾斜角度。
- 水平（H）：创建水平尺寸标注。否则，AutoCAD 根据尺寸线的位置来决定标注水平尺寸或垂直尺寸。
- 垂直（V）：创建垂直尺寸标注。否则，AutoCAD 根据尺寸线的位置来决定标注水平尺寸或垂直尺寸。

● 旋转（R）：设定一个旋转角度来标注该方向的尺寸。

【例 8-1】打开 Tutorial \ 8 \ 8-1.dwg，对第 1 个图形进行线性标注（图 8-5）。

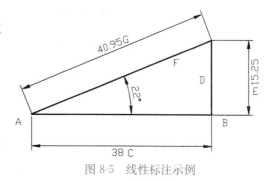

图 8-5 线性标注示例

单击线性标注图标
命令：_DIMLINEAR
指定第一条尺寸界线原点或<选择对象>：**捕捉 A 点**
指定第二条尺寸界线原点：**捕捉 B 点**
指定尺寸线位置或[多行文字(M)/文字(T)/角度(A)/水平(H)/垂直(V)/旋转(R)]：**点取 C 点**
标注文字＝38
命令：↙
命令：DIMLINEAR
指定第一条尺寸界线原点或<选择对象>：↙
选择标注对象：**点取直线 D**
指定第二条尺寸界线原点：
指定尺寸线位置或[多行文字(M)/文字(T)/角度(A)/水平(H)/垂直(V)/旋转(R)]：**点取 E 点**
标注文字＝15.25
命令：↙
命令：DIMLINEAR
指定第一条尺寸界线原点或<选择对象>：↙
选择标注对象：**点取直线 F**
指定尺寸线位置或[多行文字(M)/文字(T)/角度(A)/水平(H)/垂直(V)/旋转(R)]：R↙
指定尺寸线的角度<0>：22↙
指定尺寸线位置或[多行文字(M)/文字(T)/角度(A)/水平(H)/垂直(V)/旋转(R)]：**点取 G 点**
标注文字＝40.95
结果如图 8-5 所示。

B. 对齐尺寸标注 对于倾斜的线性尺寸，可以通过对齐尺寸标注自动获取其大小进行平行标注。

命令：DIMALIGNED
菜单：标注→对齐
按钮：
命令及提示：
命令：DIMALIGNED
指定第一条尺寸界线原点或<选择对象>：
指定第二条尺寸界线原点：
指定尺寸线位置或[多行文字(M)/文字(T)/角度(A)]：
参数：
● 指定第一条尺寸界线原点：定义第一条尺寸界线的起点。如果以"选择对象"方式进行标注，可直接回车，则出现"选择标注对象"的提示。

● 指定第二条尺寸界线原点：指定了第一条尺寸界线的起点后，要求指定第二条尺寸界线的起点。
● 选择标注对象：选择标注的对象，以此来确定两条尺寸界线起点。
● 多行文字（M）：通过多行文字编辑器修改尺寸标注文字。
● 文字（T）：手工输入尺寸标注的单行文字。
● 角度（A）：定义标注文字的旋转角度。

【例 8-2】 在 Tutorial \ 8 \ 8-1. dwg 中，对第 2 个图形进行对齐尺寸标注（图 8-6）。

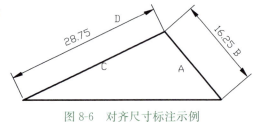

单击对齐标注图标
命令：_DIMALIGNED
指定第一条尺寸界线原点或<选择对象>：↙
选择标注对象：**选取直线 A**
指定尺寸线位置或[多行文字(M)/文字(T)/角度(A)]：**点取 B 点**

图 8-6 对齐尺寸标注示例

标注文字＝16.25
命令：↙
命令：DIMALIGNED
指定第一条尺寸界线原点或<选择对象>：↙
选择标注对象：**点取直线 C**
指定尺寸线位置或[多行文字(M)/文字(T)/角度(A)]：**点取 D 点**
标注文字＝28.75
结果如图 8-6 所示。

C. 基线尺寸标注 基线尺寸标注用于绘制基于同一条尺寸界线的一系列相关的平行标注，标注过程无需手动设置两条尺寸线之间的间隔。本命令适用于线性、对齐、坐标及角度标注类型的基线标注。

命令：DIMBASELINE
菜单：标注→基线
按钮：

命令及提示：
命令：DIMBASELINE
选择基准标注：
指定第二条尺寸界线原点或[放弃(U)/选择(S)]<选择>：
参数：
● 选择基准标注：选择基线标注的基准标注，后面的尺寸以此为基准进行标注。如果上一个命令进行了线性尺寸标注，则不出现该提示，除非在随后的参数中输入了"选择"项。
● 指定第二条尺寸界线原点：定义第二条尺寸界线的位置。如果选择了基准标注，基准尺寸界线是距所选择的点最近的那一条。
● 放弃（U）：放弃上一个基线尺寸标注。
● 选择（S）：重新选择基线标注基准。

【例 8-3】 在 Tutorial \ 8 \ 8-1. dwg 中，对第 3 个图形进行基线标注（图 8-7）。
单击线性标注图标
命令:_DIMLINEAR   进行线性尺寸标注，作为基线标注的基准
指定第一条尺寸界线原点或<选择对象>:*捕捉 A 点*
指定第二条尺寸界线原点:*捕捉圆 B 圆心*
指定尺寸线位置或[多行文字(M)/文字(T)/角度(A)/水平(H)/垂直(V)/旋转(R)]:*将标注放在适当位置*
标注文字=13.25
单击基线标注图标
命令:_DIMBASELINE
指定第二条尺寸界线原点或[放弃(U)/选择(S)]<选择>:*捕捉圆 C 圆心*
标注文字=32
指定第二条尺寸界线原点或[放弃(U)/选择(S)]<选择>:*捕捉圆 D 圆心*
标注文字=50.5
指定第二条尺寸界线原点或[放弃(U)/选择(S)]<选择>:*捕捉圆 E 圆心*
标注文字=70.75
指定第二条尺寸界线原点或[放弃(U)/选择(S)]<选择>:*捕捉 F 点*
标注文字=80
指定第二条尺寸界线原点或[放弃(U)/选择(S)]<选择>:↙
选择基准标注:↙   退出基线标注
结果如图 8-7 所示。

D. 连续尺寸标注　对于首尾相连，排成一排的连续尺寸，可以进行连续标注。本命令适用于线性、对齐、坐标及角度标注类型的连续标注。

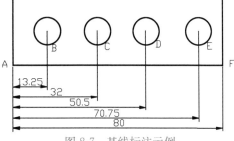

图 8-7　基线标注示例

命令：DIMCONTINUE

菜单：标注→连续

按钮：

命令及提示：

命令:DIMCONTINUE
选择连续标注：
指定第二条尺寸界线原点或[放弃(U)/选择(S)]<选择>：

参数：
- 选择连续标注：选择连续标注的基准标注。如上一个标注为线性、角度或坐标标注，则不出现该提示，自动以上一个标注为基准标注。
- 指定第二条尺寸界线原点：定义连续标注中第二条尺寸界线，第一条尺寸界线由基准标注确定。
- 放弃（U）：放弃上一个连续标注。
- 选择（S）：重新选择一个尺寸标注作为连续标注的基准。

【例 8-4】 在 Tutorial \ 8 \ 8-1. dwg 中，对第 4 个图形进行连续标注（图 8-8）。
单击线性标注图标

命令:_DIMLINEAR　　　　　　　　　　　标注线性尺寸,作为连续标注的基准
指定第一条尺寸界线原点或<选择对象>:**捕捉 A 点**
指定第二条尺寸界线原点:**捕捉圆 B 圆心**
指定尺寸线位置或[多行文字(M)/文字(T)/
角度(A)/水平(H)/垂直(V)/旋转(R)]:**指定尺寸线到适当位置,如图 8-6 所示**
标注文字=13.25
单击连续标注图标
命令:_DIMCONTINUE
指定第二条尺寸界线原点或[放弃(U)/选择(S)]<选择>:**捕捉圆 C 圆心**
标注文字=18.75
指定第二条尺寸界线原点或[放弃(U)/选择(S)]<选择>:**捕捉圆 D 圆心**
标注文字=18.5
指定第二条尺寸界线原点或[放弃(U)/选择(S)]<选择>:**捕捉圆 E 圆心**
标注文字=20.25
指定第二条尺寸界线原点或[放弃(U)/选择(S)]<选择>:**捕捉 F 点**
标注文字=9.25
指定第二条尺寸界线原点或[放弃(U)/选择(S)]<选择>:✓
选择连续标注:✓　　　　　　　　　　结束连续标注
结果如图 8-8 所示。

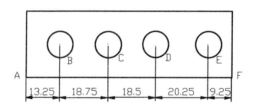

图 8-8　连续尺寸标注示例

8.3.2　径向尺寸标注和圆心标注

径向尺寸标注包括半径标注、直径标注和折弯标注。需要标记圆心位置,可使用"圆心标记"命令将圆或圆弧的圆心标注出来。

A. 直径尺寸标注　对于直径尺寸,可以通过直径尺寸标注命令直接进行标注,AutoCAD 自动增加直径符号"ϕ"。

命令: DIMDIAMETER
菜单: 标注→直径
按钮:
命令及提示:
命令:DIMDIAMETER
选择圆弧或圆:
标注文字=X
指定尺寸线位置或[多行文字(M)/文字(T)/角度(A)]:
参数:

- 选择圆或圆弧：选择标注直径的对象。
- 指定尺寸线位置：定义尺寸线的位置，尺寸线通过圆心。确定尺寸线位置的拾取点对文字的位置有影响。
- 多行文字（M）：通过多行文字编辑器输入标注文字。
- 文字（T）：输入单行文字。
- 角度（A）：定义文字旋转角度。

【例 8-5】 在 Tutorial \ 8 \ 8-1. dwg 中，对第 5 个图形进行直径标注（图 8-9）。

单击直径标注图标
命令：_DIMDIAMETER
选择圆弧或圆：**选取圆**
标注文字＝31.5
指定尺寸线位置或[多行文字(M)/文字(T)/角度(A)]：**点取圆外 A 点**
命令：↙
命令：DIMDIAMETER
选择圆弧或圆：**点取圆弧**
标注文字＝27.25
指定尺寸线位置或[多行文字(M)/文字(T)/角度(A)]：**点取圆弧内 B 点**
结果如图 8-9 所示。

图 8-9 直径标注示例

B. 半径尺寸标注　对于半径尺寸，AutoCAD 可以自动获取其半径大小进行标注，并且在数值前自动增加半径符号 "R"。

命令：DIMRADIUS
菜单：标注→半径
按钮：
命令及提示：
命令：DIMRADIUS
选择圆弧或圆：
标注文字＝X
指定尺寸线位置或[多行文字(M)/文字(T)/角度(A)]：
参数：
- 选择圆或圆弧：选择标注半径的对象。
- 指定尺寸线位置：定义尺寸线的位置，尺寸线通过圆心。确定尺寸线位置的拾取点对文字的位置有影响。
- 多行文字（M）：通过多行文字编辑器输入标注文字。
- 文字（T）：输入单行文字。
- 角度（A）：定义文字旋转角度。

【例 8-6】 在 Tutorial \ 8 \ 8-1. dwg 中，对第 6 个图形进行半径标注（图 8-10）。

单击直径标注图标

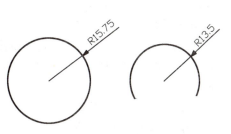

图 8-10 半径标注示例

命令:_DIMRADIUS
选择圆弧或圆:*选取右边的圆弧*
标注文字=13.5
指定尺寸线位置或[多行文字(M)/文字(T)/角度(A)]:*点取圆弧外一点,以确定尺寸线位置*
命令:↙
命令:DIMRADIUS
选择圆弧或圆:*选取左边的圆*
标注文字=15.75
指定尺寸线位置或[多行文字(M)/文字(T)/角度(A)]:*点取圆外一点*
结果如图 8-10 所示。

C. 折弯半径标注　当圆弧或圆的中心位于布局外并且无法在其实际位置显示时,可使用"折弯半径标注"创建折弯半径标注。也称为"缩放的半径标注"。

命令：DIMJOGGED

菜单：标注→折弯半径标注

按钮：

命令及提示：

命令:DIMJOGGED
选择圆弧或圆:
指定中心位置替代:
指定尺寸线位置或[多行文字(M)/文字(T)/角度(A)]:
指定折弯位置:

参数：

● 选择圆或圆弧：选择标注折弯半径的对象,选择一个圆弧、圆或多段线弧线段。选择标注半径的对象。

● 指定中心位置替代：用户可在任意合适位置指定折弯半径标注的新中心点,用于替代圆弧或圆的实际中心点。

● 指定尺寸线位置：确定尺寸线的角度和标注文字的位置。

● 指定折弯位置：确定折弯点的位置。

【例 8-7】在 Tutorial \ 8 \ 8-1.dwg 中,对第 7 个图形进行半径标注(图 8-11)。

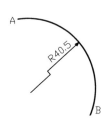

图 8-11　折弯半径标注

单击折弯半径标注图标
命令:_DIMJOGGED
选择圆弧或圆:*指定弧 AB*
指定中心位置替代:*指定点 O*
结果如图 8-11 所示。

D. 圆心标记　一般情况下是先定圆或圆弧的圆心位置再绘制圆或圆弧,但有时却是先有圆或圆弧再标记其圆心。AutoCAD 可以在选择了圆或圆弧后,自动找到圆心并进行指定的标记。

命令：DIMCENTER

菜单：标注→圆心标记

按钮：

命令及提示：

命令：DIMCENTER

选择圆弧或圆：

参数：

● 选择圆弧或圆：选择欲加标记的圆弧或圆。

【例8-8】 在 Tutorial\8\8-1.dwg 中，对第8个图形进行圆心标记（图8-12）。

单击圆心标注图标

命令：_DIMCENTER

选择圆弧或圆：**选取圆**

命令：↙

命令：DIMCENTER

选择圆弧或圆：**选取圆弧**

结果如图8-12所示。

图8-12 圆心标记示例

8.3.3 角度标注

对于不平行的两条直线、圆弧或圆以及指定的三个点，AutoCAD 可以自动测量它们的角度并进行角度标注。

命令： DIMANGULAR

菜单： 标注→角度

按钮：

命令及提示：

命令：DIMANGULAR

选择圆弧、圆、直线或＜指定顶点＞：

选择第二条直线：

指定标注弧线位置或[多行文字(M)/文字(T)/角度(A)]：

参数：

● 选择圆弧、圆、直线：选择角度标注的对象。如果直接回车，则为指定顶点确定标注角度。

● 指定顶点：指定角度的顶点和两个端点来确定角度。

● 指定标注弧线位置：定义弧形尺寸线摆放位置。

● 多行文字(M)：打开多行文字编辑器，用户可以通过多行文字编辑器来编辑注写的文字。测量的数值用"＜ ＞"来表示，用户可以将其删除，也可以在其前后增加其他文字。

● 文字（T）：进行单行文字输入。测量值同样在"＜ ＞"中。

● 角度（A）：设定文字的倾斜角度。

【例8-9】 在 Tutorial\8\8-1.dwg 中，对第9个图形进行角度标注（图8-13）。

单击角度标注图标

命令：_DIMANGULAR

选择圆弧、圆、直线或＜指定顶点＞：

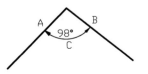

图8-13 角度标注示例

拾取直线 A
　　选择第二条直线:*拾取直线 B*
　　指定标注弧线位置或[多行文字(M)/文字(T)/角度(A)]:*点取 C 点*
　　命令:↙
　　命令:DIMANGULAR
　　选择圆弧、圆、直线或＜指定顶点＞:*拾取圆弧 D*
　　指定标注弧线位置或[多行文字(M)/文字(T)/角度(A)]:*点取 E 点*
　　结果如图 8-13 所示。

8.3.4 弧长标注

命令: DIMARC

菜单: 标注→弧长

按钮:

命令及提示:

命令:DIMARC
选择弧线段或多段线弧线段:
指定弧长标注位置或[多行文字(M)/文字(T)/角度(A)/部分(P)/引线(L)]:

参数:

- 选择弧线段或多段线弧线段：使用对象选择方法。
- 弧长标注位置：指定尺寸线的位置并确定尺寸界线的方向。
- 多行文字（M）：用户可以通过它来编辑注写的标注文字。
- 文字（T）：在命令行自定义标注文字。
- 角度（A）：指定标注文字的角度。
- 部分（P）：指定弧长标注的起点和终点，部分标注弧长的长度。
- 引线（L）：添加引线对象。仅当圆弧（或弧线段）大于 90°时才会显示此选项。引线是按径向绘制的，指向所标注圆弧的圆心。

【**例 8-10**】 在 Tutorial \ 8 \ 8-1.dwg 中，对第 10 个图形进行角度标注（图 8-14）。

单击角度标注图标
命令:_DIMARC
选择弧线段或多段线弧线段:*选定已知弧*
指定弧长标注位置或[多行文字(M)/文字(T)/角度(A)/部分(P)/引线(L)]:
结果如图 8-14 所示。

8.3.5 快速引线标注

在图形中经常需要对一些部分进行注释，这就需要绘制引线标注。引线标注一般由箭头、引线和文字组成。引线标注不测量尺寸。

命令: QLEADER

菜单: 标注→引线

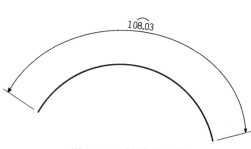

图 8-14　弧长标注示例

第 8 章 尺寸标注

按钮：

命令及提示：

命令：QLEADER

指定第一条引线点或[设置(S)]<设置>：

指定下一点：

指定文字宽度<0>：

输入注释文字的第一行<多行文字(M)>：

参数：

- 指定第一条引线点：定义引线起始点，即箭头端。按回车键可弹出"引线设置"对话框。
- 设置（S）：设置引线。弹出"引线设置"对话框，可对注释文字、引线和箭头的一些参数进行设置。

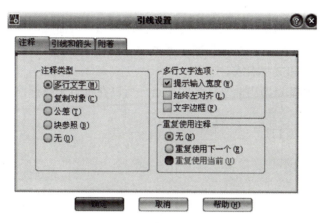

图 8-15 快速引线标注

- 指定下一点：定义引线下一点，下一点的数目由"引线设置"对话框中的"引线和箭头"选项卡中的点数来设定。
- 指定文字宽度< >：定义多行文字的总宽度。
- 输入注释文字的第一行：输入注释文字并按"↙"后，接着提示输入文字的下一行，或按"↙"结束多行文字输入。
- 多行文字（M）：利用多行文本编辑器输入文字。欲选此项，应以"↙"回应，不能输入"M↙"。

【例 8-11】 在 Tutorial \ 8 \ 8-1. dwg 中，对第 11 个图形进行引线标注（图 8-16）。

单击角度标注图标

命令：_QLEADER

指定第一条引线点或[设置(S)]<设置>：**点取 A 点**

指定下一点：**点取 B 点**

指定下一点：**点取 C 点**

指定文字宽度<0>：↙

输入注释文字的第一行<多行文字(M)>：18×%%C4.32

输入注释文字的下一行：↙   结束引线标注

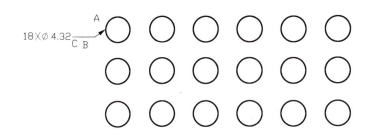

图 8-16 引线标注示例

结果如图 8-16 所示。

8.3.6 坐标标注

在园林施工图中常用施工坐标网格进行坐标标注，如自由曲线的标注等。

坐标标注可以标注指定点相对于当前坐标系原点的 X 轴或 Y 轴坐标。坐标标注不带尺寸线，有一条尺寸界线和文字引线。

进行坐标标注时其基点即当前坐标系的原点。所以在进行坐标标注之前，应该设定基点为坐标原点。

命令：DIMORDINATE

菜单：标注→坐标

按钮：

命令及提示：

命令:DIMORDINATE

指定点坐标：

指定引线端点或[X坐标(X)/Y坐标(Y)/多行文字(M)/文字(T)/角度(A)]：

标注文字＝X

参数：

- 指定点坐标：指定需要标注坐标的点。
- 指定引线端点：指定坐标标注中引线的端点。
- X 坐标（X）：强制标注 X 坐标。
- Y 坐标（Y）：强制标注 Y 坐标。
- 多行文字（M）：通过多行文字编辑器输入文字。
- 文字（T）：输入单行文字。
- 角度（A）：指定文字旋转角度。

【例 8-12】 在 Tutorial \ 8 \ 8-1.dwg 中，对第 12 个图形进行坐标标注，结果如图 8-17 所示，左下角为自定义坐标系原点。

通过如下步骤建立一个自定义坐标系，其中坐标原点为 A 点，AF 方向为 X 轴正方向，AE′方向为 Y 轴正方向。

命令:UCS↙

当前 UCS 名称：* 没有名称 *

输入选项[新建(N)/移动(M)/正交(G)/上一个(P)/恢复(R)/保存(S)/删除(D)/应用(A)/?/世界(W)]<世界>:N✓

指定新 UCS 的原点或[Z 轴(ZA)/三点(3)/对象(OB)/面(F)/视图(V)/X/Y/Z]<0,0,0>:3✓

指定新原点<0,0,0>:**捕捉交点 A**

在正 X 轴范围上指定点<1.000 0,−94.148 6,0.000 0>:**捕捉交点 F**

在 UCS XY 平面的正 Y 轴范围上指定点<0.000 0,−93.148 6,0.000 0>:**捕捉交点 E′**

单击坐标标注图标

命令:_DIMORDINATE

指定点坐标:**捕捉新坐标系原点 A**

指定引线端点或[X 基准(X)/Y 基准(Y)/多行文字(M)/文字(T)/角度(A)]:**打开正交移动光标到 A 点下方点下左键**

标注文字=0

命令:✓

命令:DIMCONTINUE

指定引线端点或[X 基准(X)/Y 基准(Y)/多行文字(M)/文字(T)/角度(A)]:**依次捕捉交点 B、C、D、E、F**

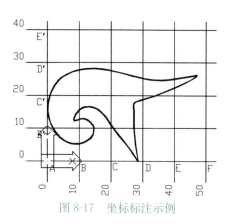

图 8-17 坐标标注示例

用同样的方法标注 A、B′、C′、D′、E′点的垂直方向坐标。

结果如图 8-17 所示。

8.3.7 快速尺寸标注

快速尺寸标注是 AutoCAD 2006 最新提供的标注方法。快速尺寸标注可以一次对多个对象进行同种类型标注。

命令：QDIM

菜单：标注→快速

按钮：

命令及提示：

命令:QDIM

选择要标注的几何图形：

指定尺寸线位置或[连续(C)/并列(S)/基线(B)/坐标(O)/半径(R)/直径(D)/基准点(P)/编辑(E)/设置(T)]<连续>：

参数：

● 选择要标注的几何图形：选择对象用于快速标注尺寸。如果选择的对象不单一，在标注某种尺寸时，将忽略不可标注的对象。例如同时选择了直线和圆，标注直径时，将忽略直线对象。

● 指定尺寸线位置：定义尺寸线的位置。

● 连续（C）：采用连续方式标注所选图形。

● 并列（S）：采用并列方式标注所选图形。

- 基线（B）：采用基线方式标注所选图形。
- 坐标（O）：采用坐标方式标注所选图形。
- 半径（R）：对所选圆或圆弧标注半径。
- 直径（D）：对所选圆或圆弧标注直径。
- 基准点（P）：设定坐标标注或基线标注的基准点。
- 编辑（E）：对标注点进行编辑，出现以下提示：
> 指定要删除的标注点：删除标注点，否则由 AutoCAD 自动设定标注点。
> 添加（A）：添加标注点，否则由 AutoCAD 自动设定标注点。
> 退出（X）：退出编辑提示，返回上一级提示。
- 设置（T）：为指定尺寸界线原点设置默认对象捕捉。

【例 8-13】在 Tutorial \ 8 \ 8-1.dwg 中，对第 13 个图形进行快速尺寸标注（图 8-18）。

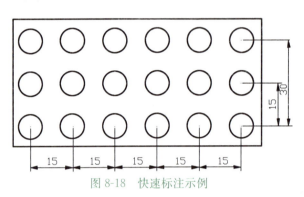

图 8-18　快速标注示例

单击快速尺寸标注图标
命令：_QDIM
选择要标注的几何图形：**窗选下边水平方向上的一排圆**
找到 6 个
选择要标注的几何图形：
指定尺寸线位置或[连续(C)/并列(S)/基线(B)/坐标(O)/半径(R)/直径(D)/基准点(P)/编辑(E)/设置(T)]<连续>：**点取下部适当位置**　　进行连续标注
命令：↙
选择要标注的几何图形：**窗选右边垂直方向上的一列圆**
找到 3 个
选择要标注的几何图形：↙　　　　　　　　　　结束图形对象选择
指定尺寸线位置或[连续(C)/并列(S)/基线(B)/坐标(O)/半径(R)/直径(D)/基准点(P)/编辑(E)/设置(T)]<连续>：B↙　　进行基线标注命令
指定尺寸线位置或[连续(C)/并列(S)/基线(B)/坐标(O)/半径(R)/直径(D)/基准点(P)/编辑(E)/设置(T)]<连续>：**点取右部适当位置**
结果如图 8-18 所示。

8.4　尺寸标注样式设定

前面我们学习了各种标注命令，体会到了 AutoCAD 尺寸标注的强大功能，但尺寸标注样式仍有许多标注外观不能符合园林制图规范的要求，要改变其外观就需进一步学习标注样式。

标注样式用于控制一个尺寸的格式和外观。AutoCAD 图形中的每一标注都有其关联的标注样式，如果修改了标注样式，与其关联的标注就会自动发生变化。

标注样式可以控制：

(1) 尺寸线、尺寸界限、箭头和圆心标记的形式。
(2) 标注文字的形式。
(3) 管理 AutoCAD 放置文字和尺寸线的规则。
(4) 全局尺寸比例。
(5) 尺寸单位的格式、精度和换算规则。
(6) 公差的格式和精度。

8.4.1 创建尺寸标注样式

默认情况下，在 AutoCAD 中创建尺寸标注时使用的尺寸标注样式是"ISO-25"，用户可根据需要创建一种新的尺寸标注样式。

命令：DIMSTYLE
菜单：格式→标注样式
　　　　标注→样式
按钮："标注"工具栏的

以上方法可调出"标注样式管理器"对话框，如图 8-19 所示。对话框中各项含义如下：

- 样式：列表显示了目前图形中已设定的标注样式。
- 预览：图形显示被选择样式的预览。
- 列出：可以选择在样式列表框中列出"所有样式"或只列出"正在使用的样式"。
- *置为当前：将所选样式置为当前样式，在随后的标注中，将采用该样式标注尺寸。（注：有 * 号的为常用项）另外，将已有的标注样式置为当前也可以通过"标注"工具栏的 ISO-25 下拉列表进行指定。

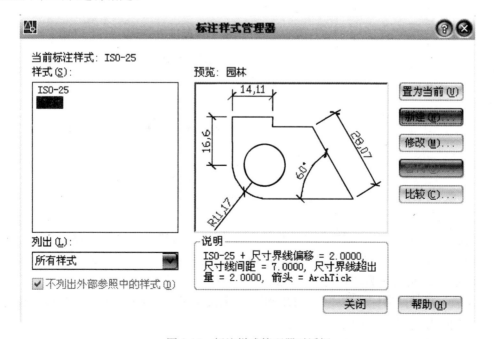

图 8-19　标注样式管理器对话框

- *新建一种标注样式：点取该按钮，将弹出图 8-20 所示的"创建新标注样式"对话框。

创建新标注样式各项参数含义如下：
- *新样式名：新创建标注样式的名称。
- *基础样式：在列表框中可以选择一种已有的样式作为该新样式的基础样式。

图 8-20 创建新标注样式对话框

- *用于：该新样式适用于的标注类型。设定总样式，应选择"所有标注"；设置子样式，应选择其他需要的类型。尺寸标注的子样式可使一些特殊类型的标注（如角度标注）与总样式不同。
- *继续：单击按钮后，弹出图 8-21 所示的"新建标注样式"对话框。此对话框是标注样式参数设定的主要窗口，在随后的内容中详细介绍。

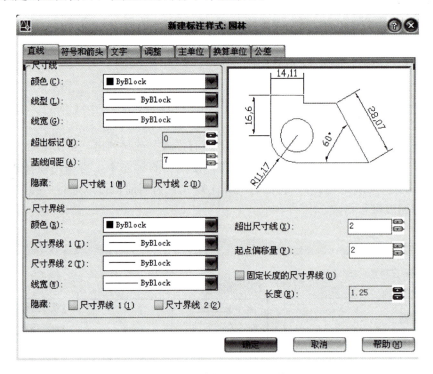

图 8-21 新建标注样式对话框

- *修改：修改选择的标注样式。点取该按钮后，将弹出类似图 8-21 但标题为"修改标注样式"的对话框。
- 替代：为当前标注样式定义"替代标注样式"。在特殊的场合需要对某个细小的地方进行修改，而又不想创建一种新的样式，可以为该标注定义一个替代样式。点取该按钮，将弹出类似图 8-19 但标题为"替代当前样式"对话框。
- 比较：比较两种标注样式设定的区别。如果没有区别，则显示尺寸变量值，否则显示两样式之间变量的区别，如图 8-22 所示。

虽然有新建、替代、修改等不同的设定形式，但对话框形式基本相同，操作方式也相同，所以下面以"新建标注样式"对话框为例，介绍如何设定标注样式的各参数。

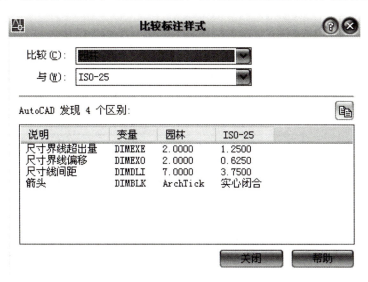

图 8-22　比较标注样式对话框

8.4.2　尺寸线和尺寸界线设定

尺寸线、尺寸界线是尺寸中的重要组成部分，对它们的设定可以在"新建标注样式"的"直线"选项卡中进行。"直线"选项卡如图 8-23 所示。

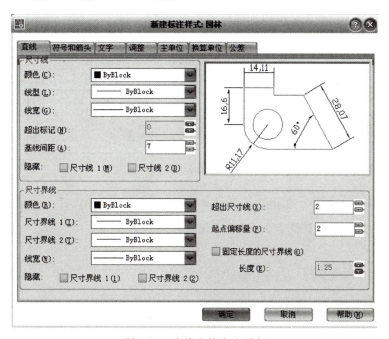

图 8-23　直线和箭头选项卡

该选项卡有两个区，分别为"尺寸线""尺寸界线"。各项含义如下：

A. 尺寸线区

- 颜色：通过下拉列表框指定尺寸线的颜色。

- 线型：通过下拉列表框指定尺寸线的线型。
- 线宽：通过下拉列表框指定尺寸线的线宽。
- 超出标记：设置当用斜线作为尺寸箭头时，尺寸线超出尺寸界线的长度，建筑图形中此项应设置为"0"。
- *基线间距：设定在基线标注方式下尺寸线之间距离，国标规定此值应取 7～10mm，如图 8-24 所示。

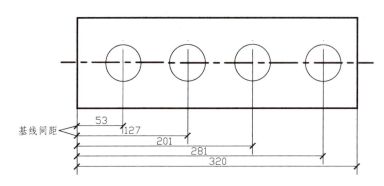

图 8-24　基线间距含义

- 隐藏：是否隐藏尺寸线左半边或右半边，建筑图形中若无特殊要求，不可随便隐藏尺寸线。

B. 尺寸界线区

- 颜色：通过下拉列表框可以选择尺寸界线的颜色。
- 线型尺寸界线 1：设置第一条尺寸界线的线型。
- 线型尺寸界线 2：设置第二条尺寸界线的线型。
- 线宽：通过下拉列表框可以选择尺寸界线的线宽。
- 不显示尺寸界线。
- *超出尺寸线：设定尺寸界线超出尺寸线部分的长度，如图 8-25 所示，此项宜设为 2～3mm。
- *起点偏移量：设定尺寸界线和标注尺寸时的拾取点之间的偏移量，如图 8-25 所示，此项宜设为 2～3。

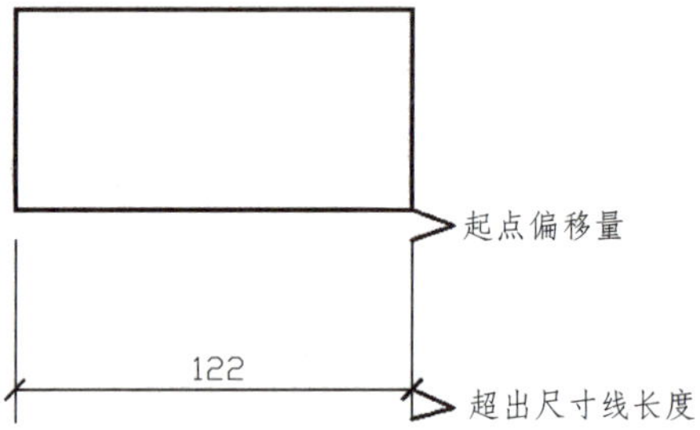

图 8-25　尺寸界线区的设定示意

- 隐藏：设定隐藏左边或右边尺寸界线。

8.4.3 符号和箭头设定

使用"符号和箭头"选项卡可以决定箭头的外观形式，可在"符号和箭头"选项卡中进行设置。"符号和箭头"选项卡如图 8-26 所示。

符号和箭头选项卡包括"箭头""圆心标记""弧长符号"和"半径标注折弯"四个区域。各项含义如下：

A. 箭头　箭头选项区域可以设置标注箭头的外观,通常情况下,尺寸线的两个箭头应一致。

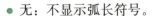

图 8-26　符号和箭头选项卡

- *第一项：设定第一个箭头的形式,此项宜设为建筑标记。
- 第二项：设定第二个箭头的形式。
- 引线：设定指引线标注的箭头形式。
- *箭头大小：设定箭头符号的大小。大小指其长度,此项宜设为 2。

B. 圆心标记

- *圆心标记：设定圆心标记的类型,此项宜设为"标记"。
- 大小：设定圆心标记的大小。如果类型为标记,则指标记的长度大小；如果类型为直线,则指中间的标记长度以及直线超出圆或圆弧轮廓线的长度,此项宜设为 2.5。圆心标记的两种不同类型如图 8-27 所示。

C. 弧长符号　弧长符号设定弧长标注中圆弧符号的显示。

- 注文字的前面：将弧长符号放在标注文字的前面。
- *标注文字的上方标：将弧长符号放在标注文字的上方,此项建筑图形选用。
- 无：不显示弧长符号。

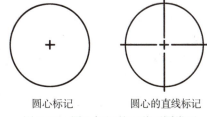

圆心标记　　　圆心的直线标记

图 8-27　圆心标记的两种不同类型

D. 半径标注折弯　半径标注折弯用于设定（Z 字形）半径标注的显示,通常用于半径太大时使用折弯半径标注。

- 折弯角度：确定用于连接半径标注的尺寸界线和尺寸线的横向直线的角度,一般为 45°。

8.4.4 文字设定

文字设定决定了尺寸标注中尺寸数值的外观形式,可以在"文字"选项卡中进行设置。"文字"选项卡如图 8-28 所示。

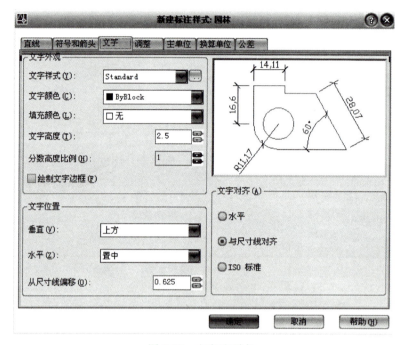

图 8-28 文字选项卡

该选项卡中包含了"文字外观""文字位置""文字对齐"三个区。各项含义如下:

A. 文字外观区

- 文字样式:设定注写尺寸时使用的文字样式。一般情况下,由于尺寸标注的特殊性,往往需要专门为尺寸标注设定专用的文字样式。如果未预先设定好文字样式,可以点取随后的按钮,弹出"文字样式"对话框进行设定。
- 文字颜色:设定文字的颜色。
- 文字高度:设定文字的高度。该高度值仅在选用的文字样式字高设定为 0 时,才起作用。如果所选文字样式的高度不为 0,则尺寸标注中的文字高度即是文字样式中设定的固定高度,此项宜设为 2.5。
- 绘制文字边框:是否在绘制文字时增加边框。

B. 文字位置区

- 垂直:设置文字处在尺寸线的上方或下方,此项宜设为"上方"。
- 水平:设置文字对齐尺寸线的水平位置,此项宜设为"置中"。
- 从尺寸线偏移:设置文字和尺寸线之间的间隔。

C. 文字对齐区

- 水平:文字一律水平放置,角度标注数字宜按水平注写。
- 与尺寸线对齐:文字方向与尺寸线平行。
- ISO 标准:当文字在尺寸界线内时,文字与尺寸线对齐;当文字在尺寸界线外时,文字成水平放置。

8.4.5 调整设定

使用"调整"选项卡，可以确定在尺寸线间距较小时，对文字、尺寸数字、箭头、尺寸线的注写方式；当文字不在缺省位置时，注写在什么位置，是否要指引线；可以设定标注的特征比例；控制是否强制绘制尺寸线；是否可以手动放置文字等。"调整"选项卡如图 8-29 所示。

该选项卡包含"调整选项""文字位置""标注特征比例"和"调整"四个区。该选项卡的各项含义如下：

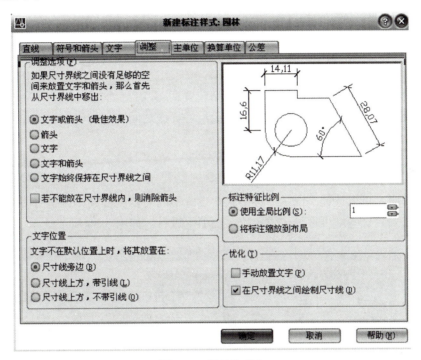

图 8-29 调整选项卡

A. 调整选项区 当尺寸界线之间没有足够空间同时放置文字和箭头时，首先从尺寸界线之间移出哪部分。

- 文字和箭头：取得最佳效果，当尺寸界线之间空间不够放置文字和箭头时，AutoCAD 自动选择最佳放置效果，该项为缺省设置。当尺寸界线之间空间不够放置文字和箭头时，首先将文字从尺寸线间移出。
- 箭头：先将箭头移动到尺寸界线外部，然后移动文字。
- 文字：先将文字移动到尺寸界线外部，然后移动箭头。
- 文字和箭头：当尺寸界线间距离不足以放下文字和箭头时，文字和箭头都将移动到尺寸界线外。
- 文字始终保持在尺寸界线之间：始终将文字放在尺寸界线之间。
- 若不能放在尺寸界线内，则隐藏箭头：如果尺寸界线内没有足够的空间，则隐藏箭头。

B. 文字位置区

- 尺寸线旁：当文字不在缺省位置时，将文字放置在尺寸线旁。
- 尺寸线上方，带引线：当文字不在缺省位置时，将文字放置在尺寸线上方，并加上指引线。
- 尺寸线上方，不带引线：当文字不在缺省位置时，将文字放置在尺寸线上方，不加指引线。

C. 标注特征比例区

- 使用全局比例：设置尺寸元素外观大小的比例因子，可使尺寸外观与当前图形的大小相符，其值应设为出图比例的倒数。例如，某图形的出图比例为 1∶100，在设定标注样式时，应将全局比例因子设置成 100。
- 按布局（图纸空间）缩放标注：让 AutoCAD 按照当前视口模型空间或图纸空间的比例设置比例因子。

D. 优化

- 标注时手动放置文字：根据需要，手动放置文字。
- 始终在尺寸界线之间绘制尺寸线：不论尺寸界线之间空间如何，强制在尺寸界线之间绘制尺寸线。

8.4.6 主单位设定

标注尺寸时，可以选择不同的单位格式，设置不同的精度位数，控制前缀、后缀，设置角度单位格式等，这些均可通过"主单位"选项卡进行，如图 8-30 所示。

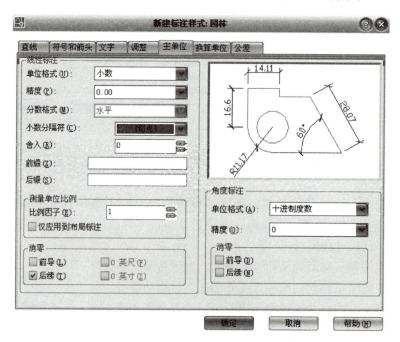

图 8-30 主单位选项卡

"主单位"选项卡包括两种标注的设置："线性标注"和"角度标注"。各项含义如下：

A. 线性标注区

- 单位格式：设置除角度外标注类型的单位格式，常用选项为"小数"。
- 精度：设置精度位数。图样以毫米为单位时，此项常设为"0"，即精确到个位。
- 分数格式：在单位格式为分数时有效，设置分数的堆叠格式，有水平、对角和非堆叠等供选择。
- 小数分隔符：设置小数点的符号，此项宜设为"句点"。
- 舍入：设置除了角度之外的所有标注类型的标注测量值的舍入规则，如精确到个位时，应设为 1.0。
- 前缀：用于设置增加在数字前的字符。如设定前缀为"4×"，则可以表示该结构有 4 个。一般在多处使用时设置，否则，可以在标注时手工键入。
- 后缀：用于设置增加在数字后的字符。如设定后缀为"m"，则在标注的单位为"米"而非"毫米"时，直接增加单位符号。一般多处使用时设置，否则，可以在标注时手工键入。
- *测量单位比例：设置单位比例并可以控制该比例是否仅应用到布局标注中。"比例因子"设定了除角度外的所有标注测量值的比例因子。例如，图样以毫米为单位绘制，但需要以米为单位标注时，设定比例因子为 0.001，则 AutoCAD 在标注尺寸时，自动将测量值乘以 0.001 后再标注。
- 仅应用到布局标注：设定了该比例因子仅在布局中创建的标注有效。
- 消零：控制前导和后续零以及英尺和英寸中的零是否显示。设定了"前导"，则使得输出数值没有前导零，如 0.30，结果为 .30。设定了"后续"，则使得输出数值中没有后续零，如 2.500 0，结果为 2.5。

B. 角度标注区

- 单位格式：设置角度的单位格式。可供选择项有十进制度数、度/分/秒、百分度和弧度。
- 精度：设置角度精度位数。
- 清零：设置是否显示前导和后续零。

8.4.7 换算单位设定

在一些涉外工程项目中，常需要对测量值进行换算。手工换算比较麻烦，AutoCAD 提供了同时使用两种不同单位的标注方式，可以减少换算的工作和可能出现的换算错误。"换算单位"选项卡如图 8-31 所示。

"换算单位"选项卡：指定标注测量值中换算单位的显示并设置其格式和精度。

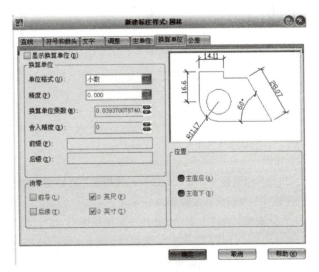

图 8-31 换算单位选项卡

8.5 编辑尺寸

对已经标注的尺寸可以进行编辑修改。下面给大家介绍几种常用的编辑尺寸操作：
(1) 修改标注样式（标注外观）。
(2) 使用对象特性工具修改尺寸标注。
(3) 使用夹点编辑拉伸尺寸标注。
(4) 编辑标注命令。
(5) 修改标注文本。

8.5.1 修改标注样式

通过修改标注样式，可以使与此样式关联的所有尺寸发生修改。

命令：DDIM

按钮：

修改标注样式

执行该命令后将弹出"标注样式管理器"对话框。选择相应标注样式后点取"修改"按钮，修改后点取"关闭"按钮退出该对话框，则图样上所有采用该样式标注的尺寸自动更改。对替代样式的修改不会自动进行。

【例 8-14】打开 Tutorial \ 8 \ 8-2.dwg，将"园林"标注样式的全局比例由"1"改成"5"，如图 8-32 所示。

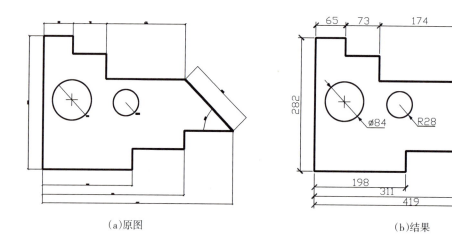

(a)原图　　　　　　　　　　(b)结果

图 8-32　修改尺寸外观大小

操作说明：

(1) 执行 DDIM 命令，在"标注样式管理器"对话框中选择"园林"标注样式，点取修改按钮，弹出"修改标注样式"对话框，如图 8-33 所示。

(2) 在"调整"选项卡中，将使用全局比例设为"5"，按"确定"按钮，回到"标注样式管理器"对话框。

(3) 点取关闭按钮后结果如图 8-32（b）所示，尺寸外观变成了原来的 5 倍大小。

另外，如果想将某些标注的关联样式更换为当前的标注样式，则可以用标注更新工具

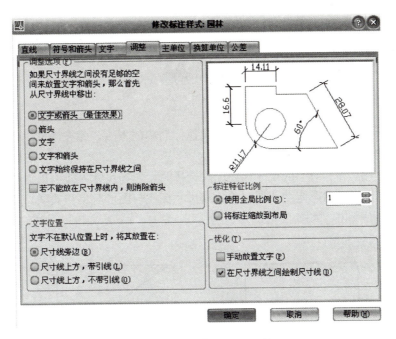

图 8-33 修改标注样式对话框

进行修改。使用特性匹配工具 ，将某一标注的特性复制到其他标注上，也是常用的标注样式修改方法。

8.5.2 使用对象特性工具修改尺寸标注

如果只想对某个尺寸进行单独的调整，可以使用对象特性工具，在"对象特性管理器"对话框中进行修改。

命令：PROPERTIES

菜单：工具→对象特性管理器

按钮：

若选择的实体为尺寸标注，则 AutoCAD 弹出"对象特性"窗口，其特有的属性组为基本、其他、直线和箭头、文字、调整、主单位、换算单位和公差。属性组右侧有 图标，表示该属性组没有打开，单击 图标，则变为 图标，表示打开该属性组。

【**例 8-15**】打开 Tutorial \ 8 \ 8-3.dwg，用对象特性工具将图 8-34 中尺寸文字"114"的高度由 2.5 改为 5。

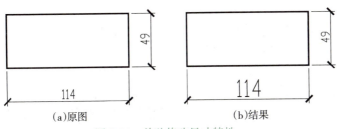

图 8-34 单独修改尺寸特性

操作说明：
(1) 点击，弹出"对象特性管理器"对话框。
(2) 选择需修改的尺寸，在"对象特性管理器"对话框中将文字高度一项改为"5"，并敲"回车"。
(3) 结果如图 8-34（b）所示，尺寸文本高度自动变成5。

8.5.3 使用夹点编辑拉伸尺寸标注

用夹点编辑拉伸尺寸是修改标注常用的快速、简单的方法，此方法可以修改尺寸的引出点位置、文字位置和尺寸线位置。

特别当图形对象和其对应的尺寸标注同时选择时，选择尺寸界线引出点与图形对象特征点重合的夹点时，可以动态拖动图形对象，其尺寸标注与图形对象相关联，即尺寸标注随着图形对象的变化而变化，如图 8-35 所示。

夹点编辑联动修改标注

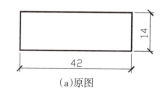
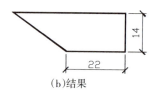

(a)原图　　　　　　　　　(b)结果

图 8-35　关联修改尺寸

【例 8-16】打开 Tutorial \ 8 \ 8-4.dwg，使用夹点编辑的拉伸功能，将图 8-35（a）修改为图 8-35（b）。

操作说明：窗选左图，再点取图形左下角的夹点，进入夹点编辑的拉伸状态；输入@20,0 后回车，结果如图 8-35(b)所示，尺寸 42 变成 22。

8.5.4 编辑标注命令

编辑标注命令 DIMEDIT 可以为尺寸指定新文本，恢复文本的缺省位置、旋转文本和倾斜尺寸界线（图 8-36），另外还可以同时对多个标注对象进行操作。

命令：DIMEDIT

按钮："标注"工具栏的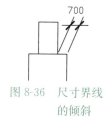

图 8-36　尺寸界线的倾斜

命令及提示：

命令：DIMEDIT
输入标注编辑类型［默认(H)/新建(N)/旋转(R)/倾斜(O)］＜默认＞：
选择对象：

参数：
- 默认（H）：把标注文字移回到缺省位置。
- 新建（N）：使用多行文字编辑器修改标注文字。
- 旋转（R）：旋转标注文字。
- 倾斜（O）：调整线性标注尺寸界线的倾斜角度。AutoCAD 通常创建尺寸界线与尺寸线垂直的线性标注，当尺寸界线与图形中的其他图线重叠时本选项是有用的。
- 选择对象：选择欲编辑的标注对象。

8.5.5 修改标注文字

在尺寸标注中，如果仅仅想对尺寸文字进行编辑，可使用以下几种方法：

A. 标注文本内容的修改

命令：DDEDIT

菜单："修改"/"对象"/"文字"/"编辑"命令

标注文本内容的修改，其过程与修改多行文本完全一样。运行 DDEDIT 命令并选择尺寸标注后，弹出"文字格式"对话框，如图 8-37 所示。

图 8-37　修改尺寸标注文本

用户可以在文字输入窗口中对文字进行编辑。

B. 标注文本位置修改　编辑标注命令可以修改尺寸的文字位置。

命令：DIMTEDIT

菜单：标注→对齐文字

按钮："标注"工具栏的

命令与提示：

命令：DIMTEDIT

选择标注：

指定标注文字的新位置或[左(L)/右(R)/中心(C)/缺省(H)/角度(A)]：

参数：

- 选择标注：选择欲修改的标注。
- 指定标注文字的新位置：在绘图区指定标注文字的新位置。
- 左：沿尺寸线左移标注文字。本选项只适用于线性、直径和半径标注。
- 右：沿尺寸线右移标注文字。本选项只适用于线性、直径和半径标注。
- 中心：将标注文字放在尺寸线的中心。
- 缺省：将标注文字移回缺省位置。
- 角度：修改标注文字的旋转角度。输入零度角将使标注文字以缺省方向放置。

【研讨与思考】

1. 尺寸标注有哪些组成要素？
2. 园林制图的标注规则主要有哪些？
3. 为什么尺寸标注图层要与其他图层分开？
4. 尺寸标注有哪些类型？它们各有何特点？
5. 连续标注适用于哪些种类的标注？

6. 快速引线标注的文字高度可否通过更改标注样式而更改？
7. 快速引线标注时，如何使两个箭头指向同一文字？
8. 什么是快速标注尺寸？使用步骤有哪些？
9. 如何设置尺寸标注样式？试述园林制图的标注样式应如何设置？
10. 标注样式、标注子样式和标注样式替代有何不同？
11. 在一个输出比例为 1∶200 的图形中，应如何设定标注样式的全局比例？
12. 尺寸标注的常用编辑方法有哪些？应如何根据具体情况使用？
13. 线性标注的旋转与倾斜有何不同？线性标注的旋转与对齐标注相同吗？
14. 在编辑标注时，标注样式更新 与特性匹配工具 有何作用？
15. 尺寸标注的文字与文字样式是否有关？
16. 如何设置一种尺寸标注样式，角度数值始终水平，其他尺寸数值和尺寸线方向相同？
17. 给第 4 章实训题 4-3 的六角亭标注尺寸。

【上机实训题】

实训题 8-1：打开 Tutorial \ 8 \ S8-1. dwg，对其中图形进行尺寸标注，结果如图 8-38 所示。

操作提示：
(1) 创建用于标注的图层。
(2) 运用各标注命令，进行标注。

实训题 8-2：打开 Tutorial \ 8 \ S8-2. dwg，建立一个符合园林制图规范的尺寸标注样式，然后对图形进行标注，结果如图 8-39 所示。图形的输出比例为 1∶100。

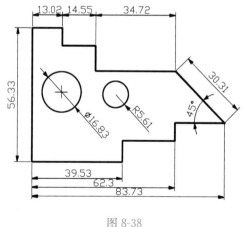

图 8-38

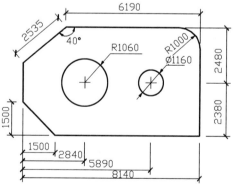

图 8-39　尺寸标注示例

实训题 8-2 演示

操作提示：
(1) 创建用于标注的图层。
(2) 创建用于标注的文字样式。
(3) 创建符合园林制图的线性标注规则的标注样式，并在此基础上分别建立角度、半径、直径的标注子样式。

(4) 运用各标注命令,进行标注。

实训题 8-3:打开 Tutorial \ 8 \ S8-3,建立一个符合园林制图规范的标注样式,并对建筑图形进行尺寸标注,结果如图 8-40 至图 8-42 所示。

操作提示:

(1) 创建用于标注的图层。

(2) 创建用于标注的文字样式。

(3) 创建符合园林制图的线性标注规则的标注样式,并在此基础上分别建立角度、半径、直径的标注子样式。

(4) 运用各标注命令,进行标注。

实训题 8-3 演示

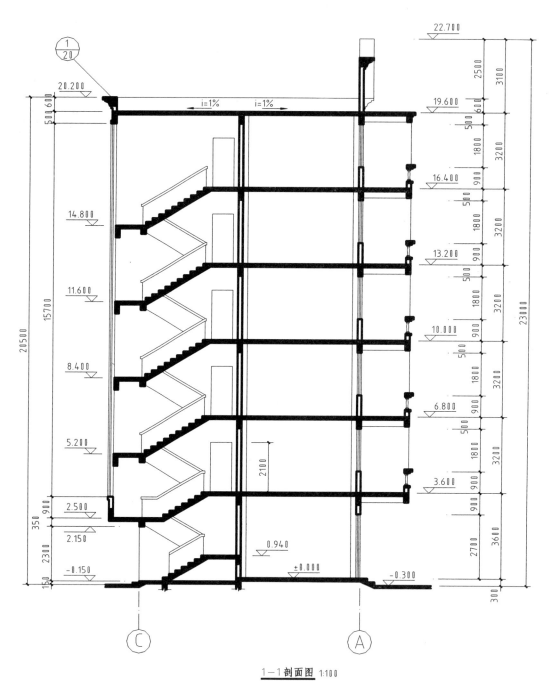

1—1 剖面图 1:100

图 8-40

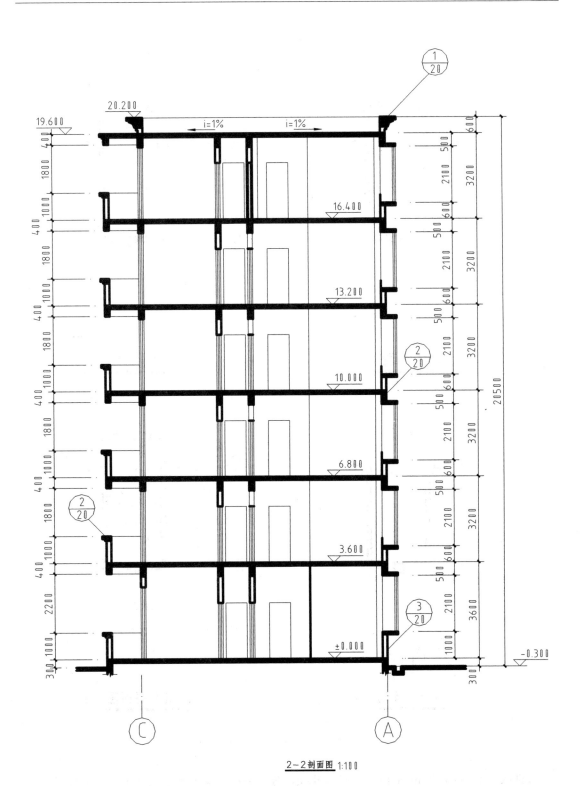

2-2 剖面图 1:100

图 8-41

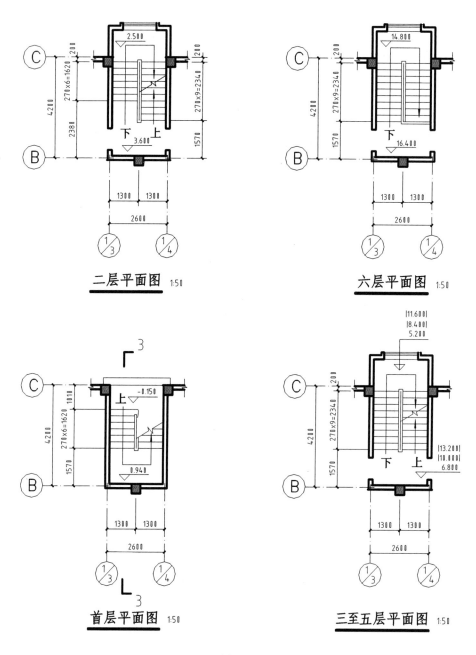

图 8-42

实训题 8-4：打开 Tutorial \ 8 \ S8-4.dwg，建立一个符合园林制图规范的标注样式，并对图形进行尺寸标注，结果如图 8-43 所示。

第 8 章 尺寸标注

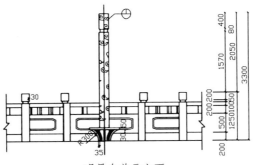

观景台单元立面 1:30

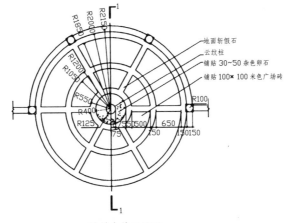

观景台单元平面 1:30

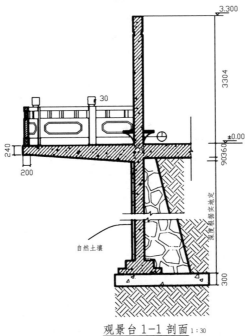

观景台 1-1 剖面 1:30

图 8-43 标注练习

实训题 8-5：绘制图 8-44、图 8-45，并对图形进行尺寸标注。

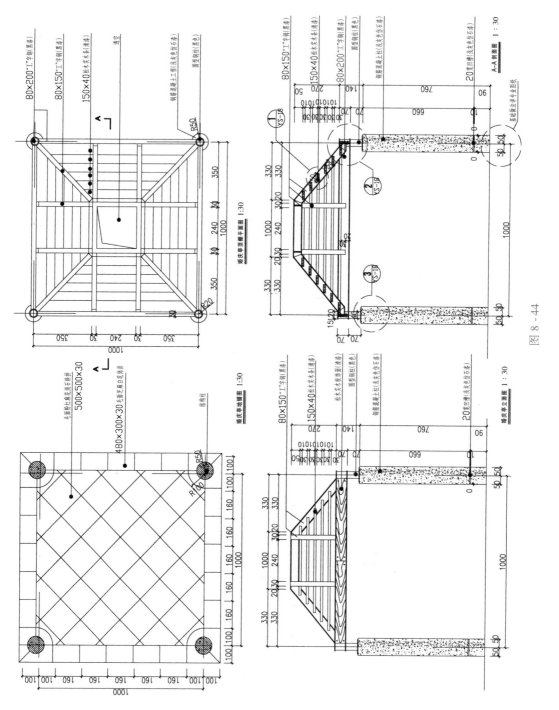

图 8-44

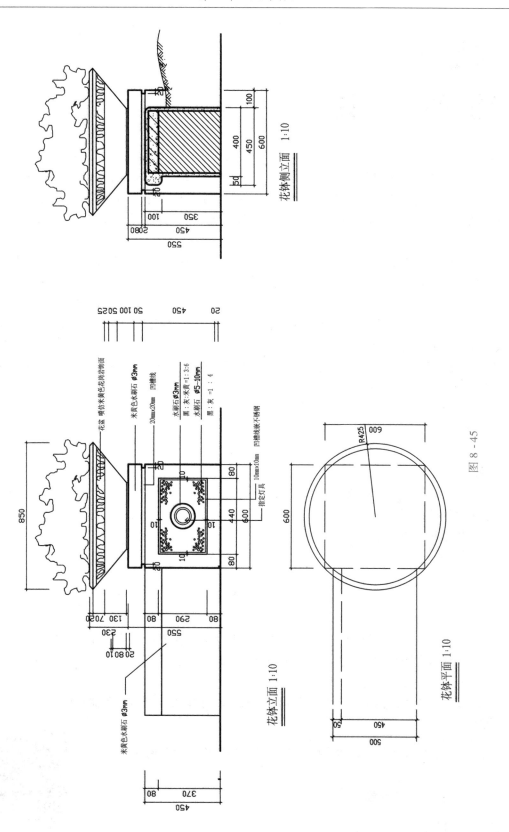

图 8 - 45

第 9 章
辅 助 工 具

设计中心是一个调用各种设计资源的工具。只需用鼠标拖放，就能将一张设计图中的块、层、线型、文字样式、布局和尺寸样式等复制到另一张图中，省时省力。尤其是对于一个设计项目，通过设计中心不仅可以重复应用和共享图形，提高设计效率，而且还可以保证图形间的一致性，规范设计标准。

在绘制图形过程中，还经常用到一些辅助工具，例如测量两点间距、查询某区域面积等。这些辅助工具帮助我们更准确、更快捷地进行绘图。

在 AutoCAD 2006 中，可以创建 CAD 标准。CAD 标准其实就是为命名对象（如图层和文本样式）定义了一个公共特性集。所有用户在绘制图形时都应严格按照这个约定来创建、修改、应用 AutoCAD 图形。

在 AutoCAD 2006 中，可以创建图纸集。图纸集是由多个图形文件的图纸组成的图纸集合，便于对成套的图纸进行管理和归档。

本章内容：
❑ 设计中心
❑ 查询工具
❑ 使用计算器
❑ CAD 标准与图层转换器
❑ 清除无用图形
❑ 图形选项设置
❑ 图纸集

9.1 设计中心

对于一个比较复杂的设计工程来说，图形数量大，类型复杂，而且往往由多个设计人员共同完成，那么对图形的管理就显得十分重要，这时就可使用 AutoCAD 设计中心来管理图形设计资源。

利用设计中心可以浏览、查找、预览以及插入位于本机、网络服务器甚至 Internet 上的设计资源。

请扫码观看第 9 章实训题 9-1 的演示，熟悉设计中心的界面和使用。

实训题 9-1 演示

9.1.1 设计中心界面

A. 启动设计中心

菜单：工具→AutoCAD 设计中心

按钮：

快捷键：<Ctrl+2>

执行该命令后，弹出如图 9-1 所示的"设计中心"窗口。

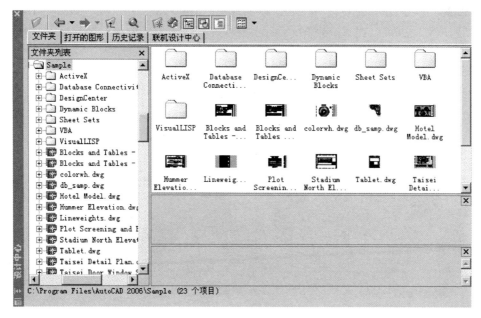

图 9-1 设计中心窗口

B. 设计中心界面 该窗口各选项的含义如下：

- "文件夹"选项卡：用于显示设计中心的资源。
- "打开的图形"选项卡：用于显示在当前 AutoCAD 中打开的所有图形文件。
- "历史记录"选项卡：用于显示用户最近访问过的文件，包括这些文件的完整路径。
- "联机设计中心"选项卡：用于提供设计中心 Web 页中的内容，通过联机设计中心可以访问 Internet 中预先绘制好的符号、制造商信息等，此功能的实现需要链接到 Internet。
- 设计中心窗口：用于显示在树状图中选中的图形文件内容。
- 设计中心预览框：用于预览在设计中心窗口选定的项目。
- 设计中心工具栏含义如下：

：加载图形文件。

：返回到历史记录列表中最近一次的位置。

：近回到上一级目录。

：快速搜索图形对象。

：收藏夹。

：直接加载默认文件夹。

：文件夹列表树状图切换按钮。

：预览栏切换按钮。

▣：说明栏切换按钮。
▤▾：视图选择按钮。

9.1.2 设计中心功能

A. 搜索 单击 AutoCAD 设计中心窗口工具栏中的🔍按钮，弹出如图 9-2 所示的搜索对话框，利用该对话框可以在 AutoCAD 设计中心快速查找图形、图块、图层及尺寸样式等所需的图形内容。

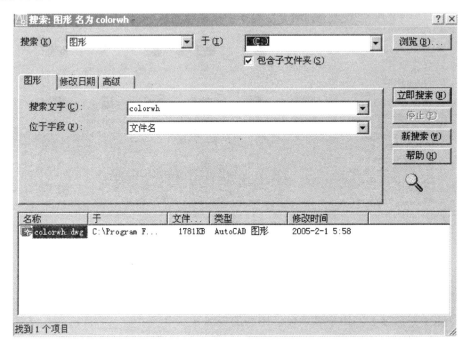

图 9-2 搜索对话框

有时为了准确地查找到要的图形，也可以使用对话框中的"修改日期"和"高级"选项卡进一步设置查找条件。

B. 插入 在当前图形文档中插入对象是 AutoCAD 设计中心的另一个重要功能，利用这个功能可以方便地将已有的文件、图块、标注样式、布局、图片以及外部参照等内容插入到当前文档中，这样可以提高绘图效率，使绘图标准化。

a. 插入块 利用 AutoCAD 设计中心可以将图块（包含图块和图形）插入图形中，插入图块有以下两种方式：

（1）在设计中心窗口中选中图块双击后，弹出插入对话框，输入插入点的坐标、缩放比例和旋转角度后，即可完成图块的插入。如图 9-3 所示。

（2）从设计中心选择要插入的图块，然后按住右键将图块拖放到绘图窗口，释放鼠标，此时弹出一个快捷菜单，从中选择插入为块，弹出插入对话框，如图 9-4 所示，利用该对话框确定插入比例和旋转角度，点击确定关闭插入对话框，然后在绘图窗口中点击鼠标确定插入点。

b. 插入图片 利用 AutoCAD 设计中心可以将图片插入图形中，插入图片有以下两种

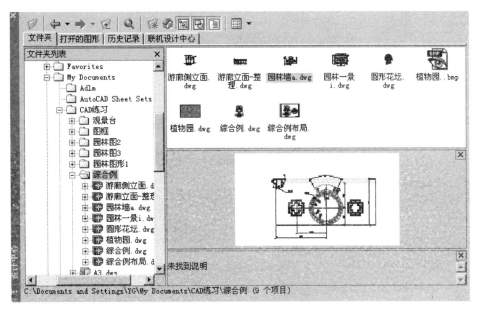

图 9-3 用双击方法插入块

方式：

（1）在设计中心窗口中选中图片，将其拖到绘图窗口中，根据提示输入插入点的坐标、缩放比例和旋转角度后，即可完成图片的插入。如图 9-5 所示。

（2）选中图片后单击鼠标右键，在弹出的快捷菜单中选择 附着图像(A)...，系统弹出图像对话框，如图 9-6 所示，利用图像对话框设置图片的插入点、插入比例和

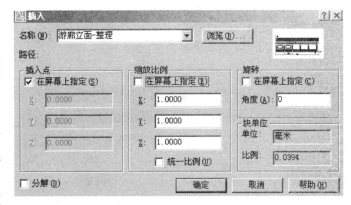

图 9-4 插入块对话框

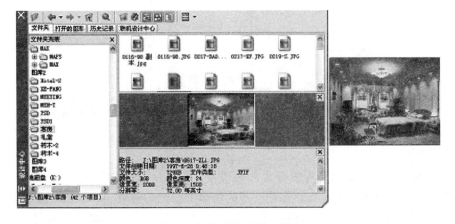

图 9-5 用拖动方法插入图片

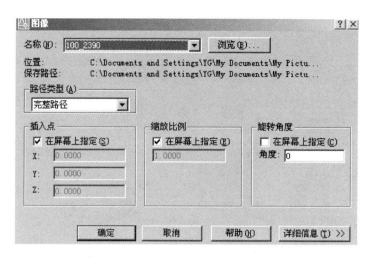

图 9-6 图像对话框

旋转角度后将图片插入。

c. 插入外部参照　利用 AutoCAD 设计中心也可以插入外部参照，从设计中心窗口中选择要引用的外部参照，然后按住鼠标右键将其拖到绘图窗口中，释放鼠标，系统会弹出一个快捷菜单，选择 附着为外部参照(A)... ，弹出外部参照对话框，如图 9-7 所示，在该对话框中可以确定插入点、插入比例及旋转角度。

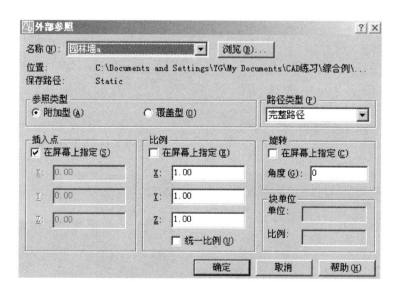

图 9-7 外部参照对话框

d. 向新的图形文件复制已有图形文件的图层、标注样式　如果某工程项目的图形文件 A 中包含了所有标准图层的定义，在建立新的图形文件时，可在 AutoCAD 设计中心双击图形文件 A 的图层图标，使全部图层展现，选择一个或多个图层并将其拖到打开的图形中，然后释放鼠标即可完成图层的复制。同样可以完成文字与尺寸标注样式的复制。

9.2 查询与清理工具

9.2.1 测量距离

通过 DIST 命令可以测量屏幕上两点之间的直线距离。

命令：DIST（简写：DI）

菜单：工具→查询→距离

按钮：

命令及提示：

命令:DIST
指定第一点：
指定第二点：
距离＝379.516 0,XY 平面中倾角＝39,与 XY 平面的夹角＝0
X 增量＝296.184 9,Y 增量＝237.290 7,Z 增量＝0.000 0

参数：
- 指定第一点：指定距离测定的起始点。
- 指定第二点：指定距离测定的结束点。

输入两点后命令行将提示测量的结果。

9.2.2 测量面积

在园林设计中经常要对某一区域面积进行测量，通过 AREA 命令可以求出封闭区域的面积和周长，并且可以进行多个封闭区域的面积、周长的加减运算。

命令：AREA（简写：AA）

菜单：工具→查询→面积

按钮：

命令及提示：

命令：AREA
指定第一个角点或[对象(O)/加(A)/减(S)]:
指定下一个角点或按<ENTER>键全选：

测量面积操作

参数：
- 第一个角点：指定欲计算面积的多边形区域第一个角点，随后指定其他角点，回车后结束角点输入，自动封闭指定的角点并计算面积和周长。
- 对象（O）：选择一对象来计算其面积和周长。如果对象不是封闭的，系统则会自动封闭该对象后再测量其面积。
- 加（A）：进入相加模式，在测量结果中加上对象或围出的区域面积和周长。
- 减（S）：进入相减模式，在测量结果中减去对象或围出的区域面积和周长。

【例 9-1】打开 Tutorial \ 9 \ 9-1.dwg，测量图 9-8 中填充图形的面积。

命令:AREA↙
指定第一个角点或[对象(O)/加(A)/减(S)]:a↙   进入加模式
指定第一个角点或[对象(O)/减(S)]:**捕捉1点**

指定下一个角点或按<Enter>键全选("加"模式):*捕捉 2 点*

指定下一个角点或按<Enter>键全选("加"模式):*捕捉 3 点*

指定下一个角点或按<Enter>键全选("加"模式):*捕捉 4 点*

指定下一个角点或按<Enter>键全选("加"模式):*捕捉 5 点*

指定下一个角点或按<Enter>键全选("加"模式):*捕捉 6 点*

指定下一个角点或按<Enter>键全选("加"模式):*捕捉 1 点*

指定下一个角点或按<Enter>键全选("加"模式):✓

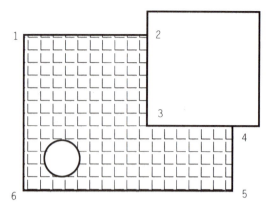

图 9-8　测量图形面积示例

面积= 76 557 624.333 4,周长= 40 649.732 4

总面积= 76 557 624.333 4

指定第一个角点或[对象(O)/减(S)]:S✓

指定第一个角点或[对象(O)/加(A)]:O✓

("减"模式)选择对象:*选择圆*

面积= 2 997 918.690 0,圆周长= 6 137.830 0

总面积= 73 559 705.643 4

("减"模式)选择对象:✓

指定第一个角点或[对象(O)/加(A)]:✓

多边形角点指定完毕

显示多边形面积测量结果

进入减模式

选择对象方式测量面积

显示圆的测量结果

显示减去圆面积后的测量结果

结束命令

上例是对规则图形进行测量,但在设计中常常会出现许多不规则图形,那么这些图形应如何测量其面积呢?

通常先使用 BOUNDARY 命令(简写为"BO"),从封闭区域创建多段线或面域,然后再测量多段线或面域的面积,请看下例:

【例 9-2】打开 Tutorial \ 9 \ 9-2.dwg,测量图 9-9 填充图形的面积。

命令:BO✓

在弹出的边界创建对话框中用拾取点的方式选择封闭区域

BOUNDARY

选择内部点:*点取封闭区域内一点*

正在选择所有对象...

正在选择所有可见对象...

正在分析所选数据...

正在分析内部孤岛...

选择内部点:✓

已提取 1 个环

已创建 1 个面域

BOUNDARY 已创建 1 个面域

命令:AA✓

测量不规则闭合区域面积操作

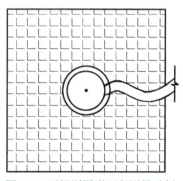

图 9-9　不规则图形面积测量示例

AREA
指定第一个角点或[对象(O)/加(A)/减(S)]:O↙
选择对象:选择新创建的面域
面积=90 682 463.800 8,周长=55 624.866 7
得到面域的测量结果

9.2.3 查询点坐标

通过 ID 命令可查询点的坐标。
命令：ID
菜单：工具→查询→坐标
按钮：

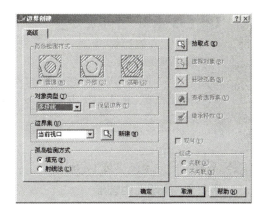

图 9-10　边界创建对话框

命令及提示：
命令：ID
指定点：
参数：
- 指定点：点取要查其坐标的点，可以使用对象捕捉准确定位。

9.2.4 列表显示图形信息

列表显示可以将所选图形对象的类型、所在空间、图层、大小、位置等特性在文本窗口中显示。
命令：LIST
菜单：工具→查询→列表显示
按钮："查询"工具栏
命令及提示：
命令：LIST
选择对象：
参数：
- 选择对象：选择欲查询的对象。

9.2.5 使用计算器

为了方便绘图时的计算需要，AutoCAD 提供了计算器命令，可进行数学表达式的运算，并且此命令还可透明使用。
命令：CAL
命令及提示：
命令：CAL
〉〉表达式：
参数：
- 表达式：算术表达式可以是实数和下列运算符所组成的函数。
算术运算符包括：＋（加），－（减），＊（乘），/（除），( )（插号），^（乘方）。
除了可以进行算术计算，计算器还能完成矢量计算，在表达式中更可使用多种函数。

【例 9-3】 绘制一个半径为 97÷3×2 的圆。

命令：C↙
CIRCLE 指定圆的圆心或
[三点（3P）/两点（2P）/相切、相切、半径（T）]：**点取圆心**
指定圆的半径或 [直径（D）]：'cal↙　　　　　　透明使用计算器功能
〉〉表达式：97/3*2↙
64.666 7

圆绘制完毕。

9.2.6 清理无用图形

对图形中不用的块、层、线型、文字样式、标注样式、形、多线样式等对象，可以通过 PURGE 命令进行清理，以减少图形占用空间。

命令：PURGE
菜单：文件→绘图实用程序→清理
命令及提示：

命令：PURGE
输入要清理的未使用对象类型
[块(B)/标注样式(D)/图层(LA)/线型(LT)/打印样式(P)/形(SH)/文字样式(ST)/多线样式(M)/全部(A)]：
输入要清理的名称<*>：
是否确认每个要清理的名称？[是(Y)/否(N)]<Y>：

清理无用图形

参数：
- 块（B）：清除未使用的块。
- 标注样式（D）：清除未使用的标注样式。
- 图层（L）：清除未使用的图层。
- 线型（LT）：清除未使用的线型。
- 打印样式（P）：清除未使用的打印样式。
- 形（SH）：清除未使用的形。
- 文字样式（ST）：清除未使用的文字样式。
- 多线样式（M）：清除未使用的多线样式。
- 全部（A）：将以上未使用的对象全部清除。
- 输入要清理的名称<*>：输入要清理的对象名称，如果不输入名称，直接回车则依次提示可以清理的对象。
- 是否确认每个要清理的名称？[是（Y）/否（N）]<Y>：是否在清理该对象前提示以便确认。如果回答"Y"将要求确认，回答"N"则不要求确认而直接清理。

9.3　CAD 标准与图层转换器

在绘制复杂图形时，如果绘制图形的所有人员都遵循一个共同的标准，那么在绘制图形中的协调工作将变得十分容易。例如，创建图层的名称、标注的样式和其他要素标准后,所有绘图员就可以按这些标准来检查图形,并改变与这些标准不一致的属性。

9.3.1 CAD 标准的概念

CAD 标准其实就是为命名对象(如图层和文本样式)定义了一个公共特性集。所有用户在绘制图形时都应严格按照这个约定来创建、修改、应用 AutoCAD 图形。可以依据图形中使用的命名对象来创建 CAD 标准,如图层、文本样式、线型和标注样式等。

在定义一个标准之后,可以样板文件的形式存储这个标准,并能够将一个标准文件与多个图形文件相关联,从而检查 CAD 图形文件是否与标准文件一致。

当以 CAD 标准文件来检查图形文件是否符合标准时,图形文件中所有上述提到的命名对象都会被检查到。如果在确定一个对象时使用了非标准文件中的名称,那么这个非标准的对象将会被清除出当前图形。任何一个非标准对象都将会被转换成标准对象。

9.3.2 创建 CAD 标准文件

如果要创建 CAD 标准,先创建一个定义有图层、标注样式、线型和文本样式的文件,然后以样板的形式存储起来。CAD 标准文件的扩展名为 .dws。创建了一个具有上述条件的图形文件后,如果要以该文件作为标准文件,可选择"文件"/"另存为"命令,打开"图形另存为"对话框,如图9-11 所示。在"文件类型"下拉列表框中选择"AutoCAD 图形标准(*.dws)",然后单击"保存"按钮,这时就会生成一个和当前图形文件同名、扩展名

图 9-11 图形另存为对话框

为 .dws 的标准文件。

9.3.3 关联标准文件

在使用 CAD 标准文件检查图形文件前,应该将该图形文件与标准文件关联起来。此时,将要检查的图形文件作为当前图形,然后选择"工具"/"CAD 标准"/"配置"命令,打开"配置标准"对话框,如图 9-12 所示。

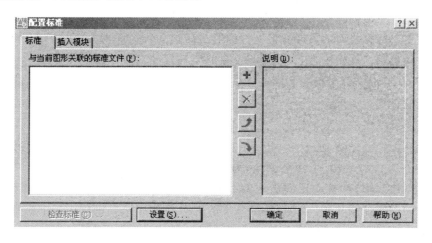

图 9-12 配置标准对话框

在"配置标准"对话框中包括"标准"和"插入模块"两个选项卡。如果当前还没有建立关联,那么"标准"选项卡的"与当前图形关联的标准文件"列表将是空白的。要选择和当前图形建立关联的标准文件,可单击 按钮打开"选择标准文件"对话框,然后选择一个 CAD 标准文件,单击"打开"按钮即可将其添加到"配置标准"对话框中,如图 9-13 所示。重复该操作,用户还可以加载更多的 CAD 标准文件。

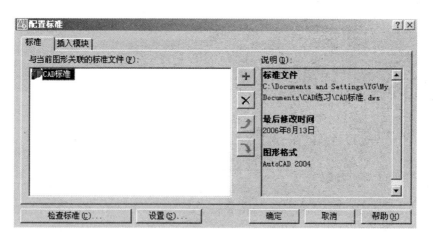

图 9-13 配置标准对话框

在"配置标准"对话框的"插入模块"选项卡中,显示了 CAD 标准文件中所有命名的对象,如图 9-14 所示。

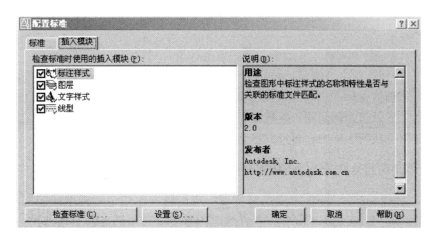

图 9-14 配置标准对话框

9.3.4 使用 CAD 标准检查图形

在"配置标准"对话框中，可以单击"检查标准"按钮，或选择"工具"/"CAD 标准"/"检查"命令，使用 CAD 标准检查图形，此时系统将打开"检查标准"对话框，如图 9-15 所示。其各部分的功能说明如下：

● "问题"列表：显示检查的结果，实际上是当前图形中非标准的对象。单击"下一个"按钮后，该列表将显示下一个非标准的对象。

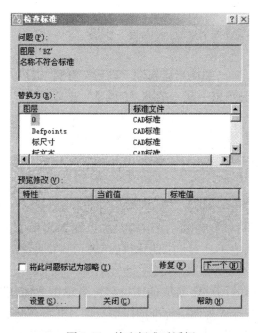

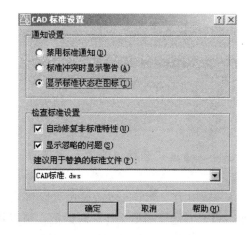

图 9-15 检查标准对话框　　　　图 9-16 CAD 标准设置对话框

● "替换为"列表：显示 CAD 标准文件中所有的对象，可从中选择取代在"问题"列表中出现的有问题的非标准对象，单击"修复"按钮即可进行修复。

- "预览修改"列表:显示将要被改变的非标准对象的特性。单击"修复"按钮后,该列表将会变化。
- "将此问题标记为忽略"复选框:选中该复选框,可以忽略出现的问题。
- "设置"按钮:单击该按钮,可打开"CAD 标准设置"对话框,如图 9-16 所示。可以设置通知方式和检查标准。选中"自动修复非标准特性"复选框,系统将自动修正非标准的特性;选中"显示忽略的问题"复选框,可以决定是否显示已忽略问题;在"建议用于替换的标准文件"下拉列表框中,可以设定默认的 CAD 标准文件。

9.3.5 使用图层转换器转换不标准文件的图层

在 AutoCAD 2006 中,使用"图层转换器"可以转换图层,实现图形的标准化和规范化。"图层转换器"能够转换当前图形中的图层,使之与其他图形的图层结构或 CAD 标准文件相匹配。例如,在打开一个与本公司图层结构不一致的图形时,可以使用"图层转换器"转换图层名称和属性,以符合本公司的图形标准。

选择"工具"/"CAD 标准"/"图层转换器"命令,或在"CAD 标准"工具栏中单击"图层转换"按钮,打开"图层转换器"对话框,如图 9-17 所示,其选项功能如下。

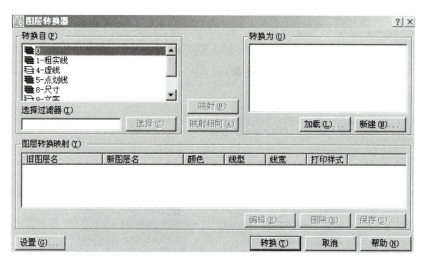

图 9-17 图层转换器对话框

- "转换自"选项区域:显示当前图形中即将被转换的图层结构,可以在列表框中选择,也可以通过"选择过滤器"来选择(列表框中不亮显的图层图标,表示该图层没有使用)。
- "转换为"选项区域:显示可以将当前图形的图层转换成的图层名称。单击"加载"按钮,打开"选择图形文件"对话框,可以从中选择作为图层标准的图形文件,并将该图层结构显示在"转换为"列表框中。单击"新建"按钮,打开"新图层"对话框,如图 9-18 所示,可以从中创建新的图层作为转换匹配图层,新建的图层也会显示在"转换为"列表框中。
- "映射"按钮:单击该按钮,可以将在"转换自"列表框中选中的图层映射到"转换为"列表框中,并且当图层被映射后,将从"转换自"列表框中删除。

💡 **注意**:只有在"转换自"选项区域和"转换为"选项区域中都选择了对应的转换图层后,"映射"按钮才可以使用。

● "映射相同"按钮:将"转换自"列表框中和"转换为"列表框中名称相同的图层进行转换映射。

● "图层转换映射"选项区域:显示已经映射的图层名称和相关的特性值。当选中一个图层后,单击"编辑"按钮,将打开"编辑图层"对话框,可以从中修改转换后的图层特性。单击"删除"按钮,可以取消该图层的转换映射,该图层将重新显示在"转换自"选项区域中。单击"保存"按钮,将打开"保存图层映射"对话框,可以将图层转换关系保存到一个标准配置文件 *.dws 中。

● "设置"按钮:单击该按钮,打开"设置"对话框,可以设置图层的转换规则,如图 9-19 所示。

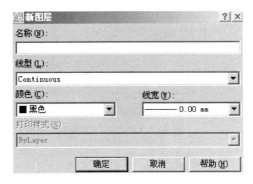

图 9-18 新图层对话框

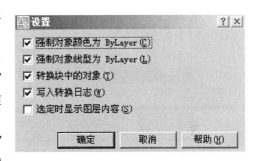

图 9-19 设置对话框

● "转换"按钮:单击该按钮将开始转换图层,并关闭"图层转换"对话框。

9.4 图形选项设置

在绘图过程中,除了以前介绍的绘图工具设置,还有一些设置与绘图紧密相关,这类设置放置在"选项"对话框的 9 个选项卡中,如图 9-20 所示。

我们可以选取下拉菜单中"工具→选项",弹出"选项"对话框。下面我们将一些常用的选项设置给大家做扼要的介绍。

A. 文件选项卡 在该对话框中可以指定文件夹,供 AutoCAD 搜索不在缺省文件夹中的文件,如字体、线型、填充图案、菜单等。如图 9-20 所示。

B. 显示选项卡 该选项卡用来自定义 AutoCAD 显示,如图 9-21 所示。常用的选项含义如下:

● 图形窗口中显示滚动条:在绘图区的右侧和下方显示滚动条。
● 命令行窗口中显示的文字行数:设置命令行显示的文字行数。
● 颜色:设置屏幕上各区域的颜色。
● 十字光标大小:设置十字光标的大小。该数值代表十字光标与屏幕面积的百分比。
● 显示布局和模型选项卡:在绘图区下方显示布局和模型选项卡。

C. 打开和保存选项卡 该选项卡用来控制图形文件的保存方式及存放位置,如图9-22 所示。常用的选项含义如下:

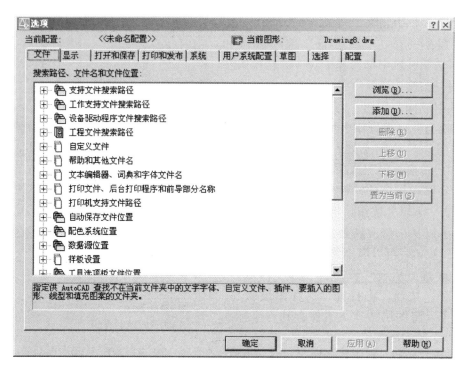

图 9-20　文件选项卡

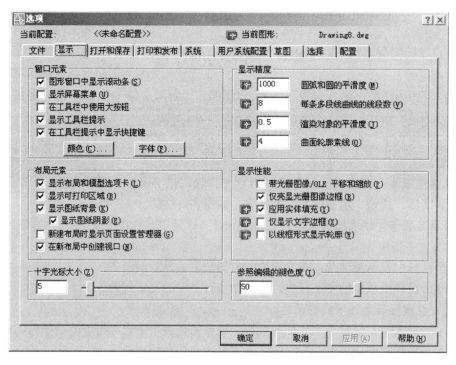

图 9-21　显示选项卡

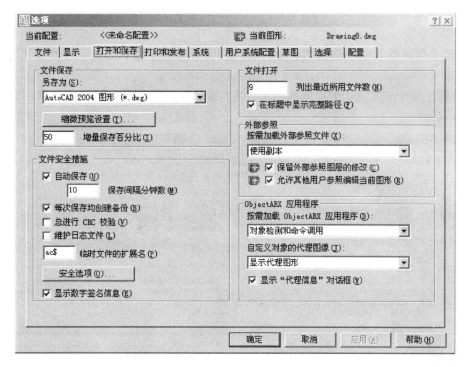

图 9-22　打开和保存选项卡

● 保存微缩预览图像：保存时同时保存微缩预览图像。

● 自动保存：设置是否允许自动保存。自动保存是保护图形文件安全最重要的手段之一，通常在一定时间间隔后自动保存当前文件到一个临时文件夹中（缺省为"C：\TEMP"目录），文件后缀为"SV＄"，如需要使用此文件时，直接将文件后缀改为"dwg"即可。

● 保存间隔分钟数：设置自动保存的时间间隔。

● 每次保存均创建备份：保存时同时创建后缀为.bak 的备份文件。

D. 打印选项卡　该选项卡用来控制打印的相关选项。常用的选项含义如下：

● 新图形的缺省打印设置：控制新图形的缺省打印设置。这同样也用于在以前版本的 AutoCAD 中创建的、没有保存为 AutoCAD 2006 格式的图形。

● 新图形的缺省打印样式：控制所有图形中的打印样式的相关选项。

E. 系统选项卡　常用的选项含义如下：

● 单图形兼容模式：指定在 AutoCAD 中启用单图形界面（SDI）还是多图形界面（MDI）。如果选择此选项，AutoCAD 一次只能打开一个图形。如果清除此选项，AutoCAD 一次能打开多个图形。

● 显示"启动"对话框：控制在启动 AutoCAD 时是否显示"启动"对话框。可以用"启动"对话框打开现有图形，或者使用样板、向导指定新图形的设置或重新开始绘制新图形。

● 允许长文件名：决定是否允许使用长符号名。命名对象最多可以包含 255 个字符。

F. 用户系统配置选项卡 该选项卡可以控制在 AutoCAD 中优化性能的选项。常用的选项含义如下：

- 自定义右键单击：一些用户习惯于用单击鼠标右键来代替回车键，可通过此按钮进行设置。

G. 草图选项卡 该选项卡可以指定许多基本编辑选项，如图 9-23 所示。常用的选项含义如下：

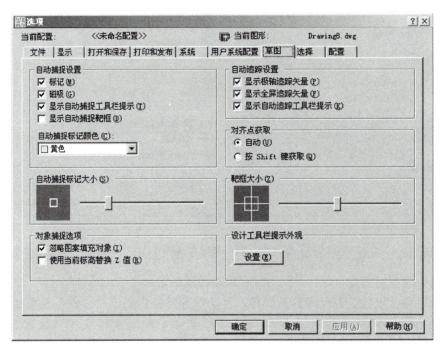

图 9-23 草图选项卡

- 标记：控制对象捕捉标记的显示。开启对象捕捉后，在十字光标移过对象上的捕捉点时显示对象捕捉位置。
- 磁吸：打开或关闭自动捕捉磁吸。磁吸将十字光标的移动自动锁定到最近的捕捉点上。
- 自动捕捉标记大小：设置自动捕捉标记的显示尺寸。捕捉框越大越醒目，但对复杂图形来说，捕捉框太大可能带来选点不准的问题。

H. 选择选项卡 该选项卡可以控制与对象选择方法相关的设置，如图 9-24 所示。常用的选项含义如下：

- 先选择后执行：是否可以在调用一个命令前先选择对象。
- 用<Shift>键添加到选择集：在用户按<Shift>键并选择对象时，向选择集中添加或从选择集中剔除对象。
- 拾取框大小：控制 AutoCAD 拾取框的显示尺寸。
- 启用夹点：控制在选中对象后是否显示夹点。
- 未选中（选中）夹点颜色：设置未被选中（被选中）的夹点的颜色。
- 夹点大小：控制 AutoCAD 夹点的显示尺寸。

第 9 章 辅助工具

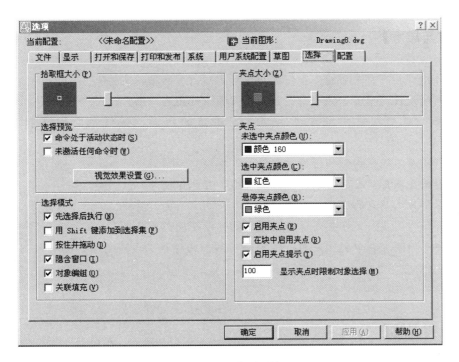

图 9-24 选择选项卡

1. 配置选项卡 该选项卡可以将当前设置命名保存，并可删除、输入、输出、重命名配置，可以将选择的配置设定为当前配置，也可以重置为缺省设置。

9.5 图 纸 集

图纸集是由多个图形文件的图纸组成的图纸集合，每一个图纸引用到一个图形文件的布局。可以从任意图形中将一种布局导入到一个图纸集中，作为一个编号的图纸。

"图纸集管理器"用来打开、组织、管理和归档图纸集。它分为上、下两个部分，上面的树形窗口显示当前的图纸集或图纸，下面详细信息窗口根据用户的选择显示所选图纸的预览或者该图纸的详细信息。包括"图纸列表""图纸视图"和"模型视图"3 个选项卡，在"图纸列表"中，图纸集、图纸和子集显示不同的图标，如图 9-25 所示。

在 AutoCAD 2006 中，既可以基于现有图形创建图纸集，也可以使用现有图纸集作为样板进行创建。图纸集的关联信息存储在图纸集数据（DST）文件中。

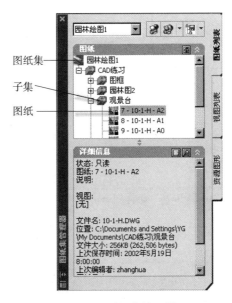

图 9-25 图纸集管理器

【研讨与思考】

1. 设计中心具有哪些功能？如何利用设计中心打开和插入文件？
2. 如何利用设计中心查找一个 3 月初建立的设计图形文件？
3. 在一个图形文件中包含五个有利用价值的图层，如何把它们复制到一个新图中？
4. 如何测量不规则的封闭区域面积？
5. 要查询某图形对象的图层、位置、大小，应如何操作？
6. 欲知屏幕上某点的坐标，应如何操作？
7. 是否任何图层、文字样式、标注样式都可以清理？为什么？
8. 在图形绘制过程中突然死机，这时恰巧图形文件很久没有存盘，如何做可以使损失降到最低？
9. 如何将绘图区的底色设为白色？

【上机实训题】

实训题 9-1：新建一图形，利用设计中心将"Tutorial \ 9 \ 设计资料 .dwg"的图块、标注样式、文字样式插入到当前文件中，完成图 9-26。

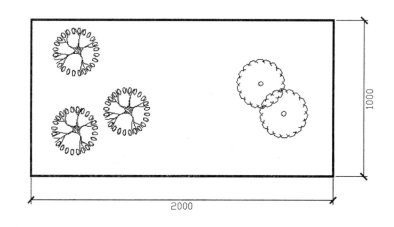

图 9-26

实训题 9-2：绘制图 9-27、图 9-28、图 9-29，并按要求测量面积和周长。

第9章 辅助工具

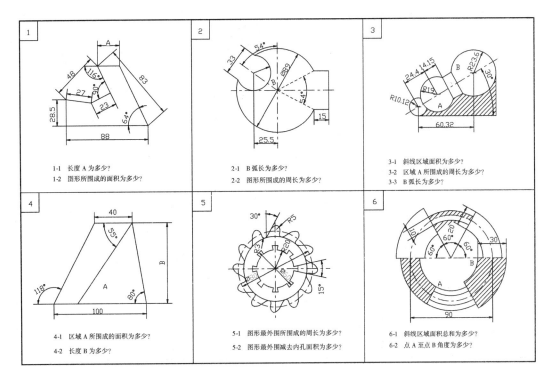

图 9-27

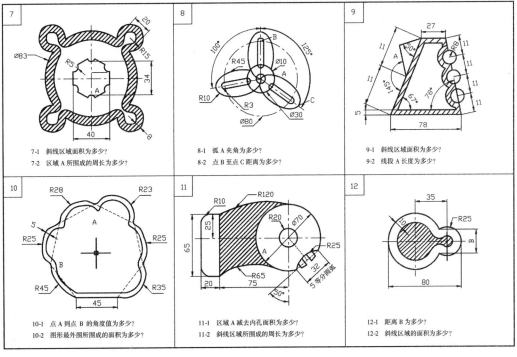

图 9-28

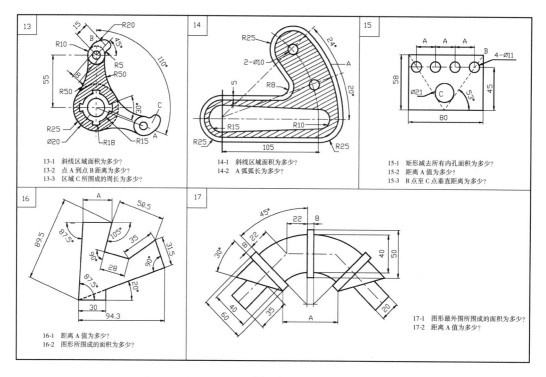

图 9-29

第10章
图形输出

使用 AutoCAD 创建图形之后,通常要打印到图纸上,或者生成一份电子图纸。打印的图形可以包含图形的单一视图,或者更为复杂的视图排列。根据不同的需要,可以打印一个或多个视口,或设置选项以决定打印的内容和图像在图纸上的布置。下面我们通过实例,讲解图形布局打印操作过程。

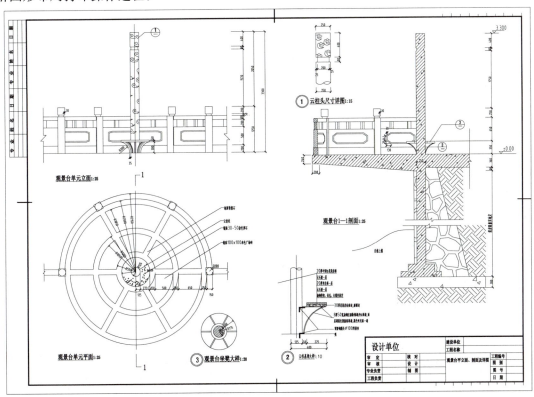

图 10-1 观景台平、立、剖面及大样

本章以图 10-1 所示的例子为线索讨论如何进行图纸布局和打印输出。

详细操作过程请扫码观看第 10 章【例 10-1】至【例 10-6】的演示。

本章主要内容:
❏ 模型空间、图纸空间与布局的概念
❏ 新建布局
❏ 为布局创建浮动视口

实例演练

❏ 布局编辑
❏ 打印图形
❏ 用打印样式表控制打印效果

10.1 模型空间、图纸空间与布局的概念

10.1.1 理解模型空间与图纸空间

AutoCAD 出图比普通文档的打印要复杂一些，因为在 AutoCAD 中打印的是精确尺寸和比例尺的图形。制图的过程就是在 AutoCAD 环境下生成实际工程的模型。因此在 AutoCAD 中，绘图的过程实际上是建模的过程。模型空间是创建和编辑图形的三维空间，用户的大部分绘图和设计工作都是在模型空间中完成的。

图纸空间主要是为了出图而设置的。图纸空间是二维纸张的模拟。二者坐标系图标是不同的，如图 10-2、图 10-3 所示。

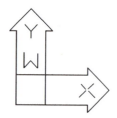
图 10-2　模型空间的 UCS 图标

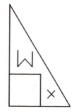
图 10-3　图纸空间的 UCS 图标

如何能在图纸中看到模型空间的图形呢？答案是视口。我们可以在图纸空间创建浮动视口，用来显示模型空间的图形。

我们可以这样理解模型空间、图纸空间和浮动视口的关系：

如图 10-4 所示，图纸空间是一张图纸，浮动视口是在图纸上剪开的一个孔洞，通过它我们可以看见模型空间的图形。

a. 图纸比例　在模型空间里绘图，通常以 1∶1 的比例绘图。在打印成图纸时就需要按 1∶n 比例缩小。也就是说，模型空间中 100 单位长的一条线打印到图纸上，其长度 1mm，这就是 1∶100 出图。

b. 视口比例　如图 10-4 所示，视口是指在图纸空间上开的洞口，透过视口可显示模型空间的图形。视口内图形的显示大小可以控制，通常用 ZOOM 命令进行设置。

c. 打印比例　在图纸空间中，视口具有控制显示比例的功能，因此打印比例应设成 1∶1。这样，视口比例与打印比例就毫无关系，而是与图纸比例有关，所以不同比例的图形就要开不同的视口，分别设置视口比

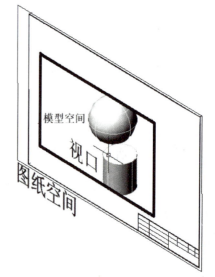
图 10-4　模型空间、图纸空间和浮动视口的关系

例。

10.1.2 布局的概念

布局就是一个已经指定了页面大小及打印设置的图纸空间。在布局中，可以创建和定位浮动视口，添加标题栏等，通过布局可以模拟图形打印在图纸上的效果。

通过绘图区左下角的"模型"选项卡与"布局"选项卡方便地进行绘图空间的转换，如图 10-5 所示。

在布局中，我们还可以在激活浮动视口的模型空间中工作。在图纸空间状态下，双击浮动视口，即可激活视口，进入模型空间工作，在非视口区双击左键，即可回到图纸空间。通过单击状态栏中 模型/图纸 切换按钮也可以方便地转换绘图空间。

图 10-5 模型选项卡与布局选项卡

进行布局时要注意的是：

（1）创建布局时，必须在"页面设置"对话框中选择打印设备以便打印布局。在"页面设置"对话框中选择的打印机或绘图仪决定了布局的可打印区域，可打印区域通过布局中的虚线表示。

（2）通常同样大小的图框和页面，打印后图框都不会打出来，这是因为同样大小的图框和页面，图框总是大于该页面的可打印区域。当然可打印区域也可以自定义调整。

（3）图形从模型空间到图纸空间需要通过一定的比例尺实现转化。这一步主要是通过视口比例设定来完成的，所以视口的位置大小不是一次到位的，可以随机调整。

（4）视口线如果在布局后不隐藏就会被打印出来，所以一定要在布局结束时将视口线隐藏起来。

10.2 新建布局

在 AutoCAD 中，有 4 种方法新建布局：①使用"布局向导（LAYOUTWIZARD）"命令循序渐进地创建一个新布局；②使用"来自样板的布局（LAYOUT）"插入基于现有布局样板的新布局；③单击布局标签，利用"页面设置"对话框创建一个新布局；④通过设计中心，从图形文件或样板文件中将建好的布局拖入当前图形中。

为加深对布局的理解，下面我们分别用第一种和第三种方法创建新布局。

【例 10-1】使用布局向导，为图形 Tutorial \ 10 \ 10-1.dwg 创建一个 A2图纸的新布局。

（1）打开图形 Tutorial \ 10 \ 10-1.dwg，将"视口"图层设为当前图层，从菜单栏中选择"插入→布局→布局向导"选项，弹出"创建布局-开始"对话框，如图 10-6 所示。在对话框左边列出了创建布局的步骤。

（2）在"输入新布局名称"栏中键入"观景台平立剖"，然后单击 下一步 按钮，屏幕出现"创建布局-打印机"对话框，如图 10-7 所示。

（3）为新布局选择一种配置好的打印设备，例如 DWF ePlot.pc3，然后单击 下一步 按钮。屏幕出现"创建布局-图纸尺寸"对话框，如图 10-8 所示。

（4）选择图形单位为"毫米"，图纸尺寸为"ISO A2（594.00×420.00 毫米）"。单击 下一步 按钮，屏幕出现"创建布局-方向"对话框，如图 10-9 所示。

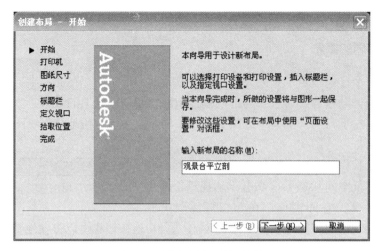

图 10-6 创建布局-开始对话框

用向导创建布局

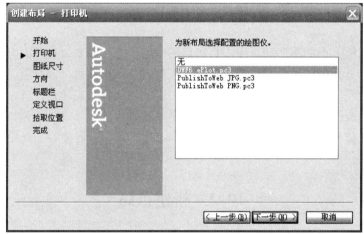

图 10-7 创建布局-打印机对话框

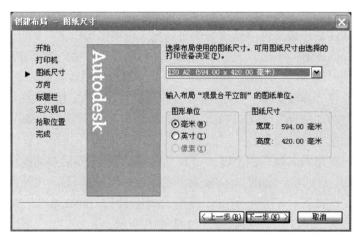

图 10-8 创建布局-图纸尺寸对话框

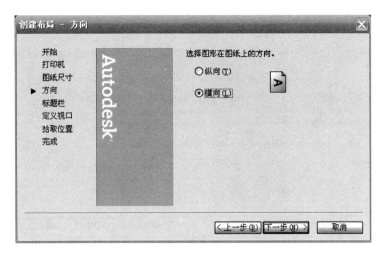

图 10-9 创建布局-方向对话框

（5）确定图形在图纸上的方向为"横向"，单击下一步按钮，屏幕出现"创建布局-标题栏"对话框，如图 10-10 所示。

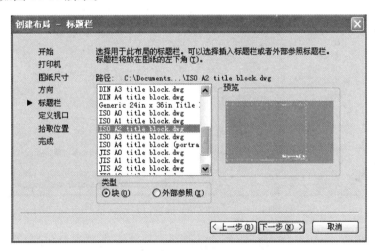

图 10-10 创建布局-标题栏对话框

（6）选择文件"ISOA2 title block.dwg"，将其中绘制好的边框、标题栏输入到当前布局中来，可以指定所选的文件是作为块插入，还是作为外部参照引用。单击下一步按钮，屏幕出现"创建布局-定义视口"对话框，如图 10-11 所示。

（7）设置新建布局中视口数目为"单个"，视口比例为 1∶30，即将模型空间的图形缩小 30 倍显示在视口中。单击下一步按钮，出现"创建布局-拾取位置"对话框，如图 10-12 所示。

（8）单击选择位置按钮，AutoCAD 切换到绘图窗口，指定打印页面的两个对角点来确定视口的大小和位置，然后返回对话框。单击下一步按钮，出现"创建布局-完成"对话框，如图 10-13 所示。

（9）单击完成按钮，结束新布局的创建，一个包含图纸页面大小、视口、图框和标题栏

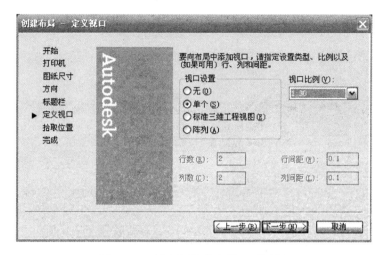

图 10-11　创建布局-定义视口对话框

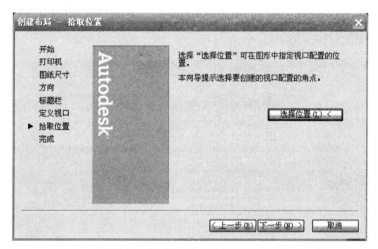

图 10-12　创建布局-拾取位置对话框

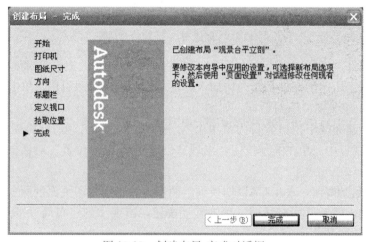

图 10-13　创建布局-完成对话框

的布局出现在屏幕上，如图 10-14 所示。

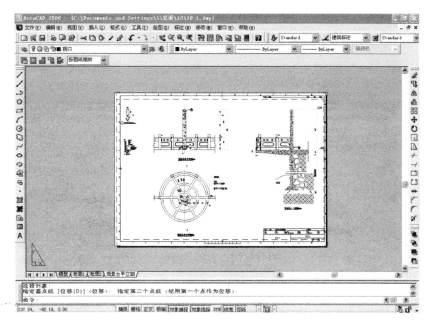

图 10-14　创建的新布局

（10）用移动命令将错位的图框移入图纸，并将其放到"图框"图层中。

（11）为了在布局输出时只打印视图而不打印视口边框，可以将视口边框所在图层冻结或设置为不可打印。

【例 10-2】利用"页面设置"对话框为图形"Tutorial \ 10 \ 10-1.dwg"创建一个新布局。

（1）设置"视口"图层为当前层。

（2）单击"布局 1"标签。第一次创建时，需用右键选择"页面设置管理器"，如图 10-15 所示。

（3）单击 修改 进入"页面设置-布局"对话框，该对话框是完成布局和打印的主要场所，如图 10-16 所示。

（4）在"打印机/绘图仪"选项卡区域的打印机名称下拉列表中，选择"DWF ePlot.pc3"为当前打印设备。

（5）在"图纸尺寸"选项卡下拉列表中，选择图纸尺寸为"ISO A2（594.00×420.00 毫米）"，然后将打印比例为自定义改为"1∶1"，确认图形方向为"横向"，如图 10-16 所示。

（6）单击 确定 按钮，再次单击 关闭 进入"布局 1"，完成创建（在关闭"页面设置管

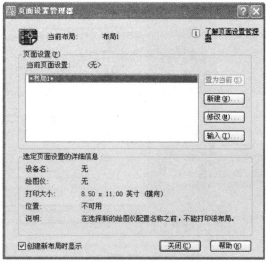

图 10-15　页面设置管理器

用选项卡创建布局

图 10-16 页面设置-布局

理器"时,将"创建新布局时显示"前的方框内打钩,以后每次单击"布局"选项卡时,将直接弹出"页面设置管理器"页面)。如图 10-17 所示,其中的虚线矩形框是可打印区域,如果需要调整可打印区域,可在图 10-16 的打印机特性按钮中进行设定。

(7)与上例相比,布局中少了图框和标题栏,我们可用设计中心插入。视口的显示比例也没有经过指定,但可用下一节介绍的方法控制其显示比例。

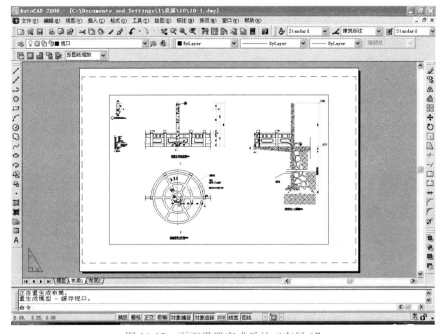

图 10-17 页面设置完成后的"布局 1"

10.3 为布局创建浮动视口

用布局向导创建的布局往往是单一视口或相同大小的视口阵列,在实际工作中常根据需要增加新视口,以反映模型空间中不同的视图。

10.3.1 创建浮动视口命令

命令:VPORTS
菜单:视图→视口→一个视口
按钮:"视口"工具栏中的 ▢
命令及提示:

命令:VPORTS
指定视口的角点或
[开(ON)/关(OFF)/布满(F)/消隐出图(H)/锁定(L)/对象(O)/多边形(P)/恢复(R)/2/3/4]<布满>:
指定对角点:
正在重生成模型

创建浮动视口

常用参数:

- 指定视口的角点:指定创建视口的角点。
- 指定对角点:指定创建视口的对角点。
- 开:打开一个视口,将其激活并使它的对象可见。
- 关:关闭一个视口。如果视口被关闭,则其中的对象不被显示,用户也不能将此视口置为当前。
- 布满:创建充满可用显示区域的视口。视口的实际大小由图纸空间视图的尺寸决定。
- 锁定:锁定当前视口显示,使缩放(ZOOM)和平移(PAN)不能作用于当前视口。
- 对象:将指定的多段线、椭圆、样条曲线、面域和圆转换成视口。选定的多段线必须是闭合的且至少具有三个顶点。
- 多边形:用指定的点来创建不规则形状的视口。

另外,在"视口"工具栏中以下几个按钮均为视口创建工具:

▢:创建一个多边形视口。
▢:将闭合的对象转化为视口。
▢:将现有的视口边界重新定义。

10.3.2 创建浮动视口过程

下面我们在刚才新建的布局中,用新建视口命令增加两个视口,用来显示柱头和云柱基部大样。

【例 10-3】在图形 Tutorial\10\10-1.dwg 新建的布局"观景台平立剖"中增加两个视口,并调整其显示。

(1)设置"视口"图层为当前层。

（2）单击▣工具，在图纸区域中绘制下方的视口，如图10-18所示。

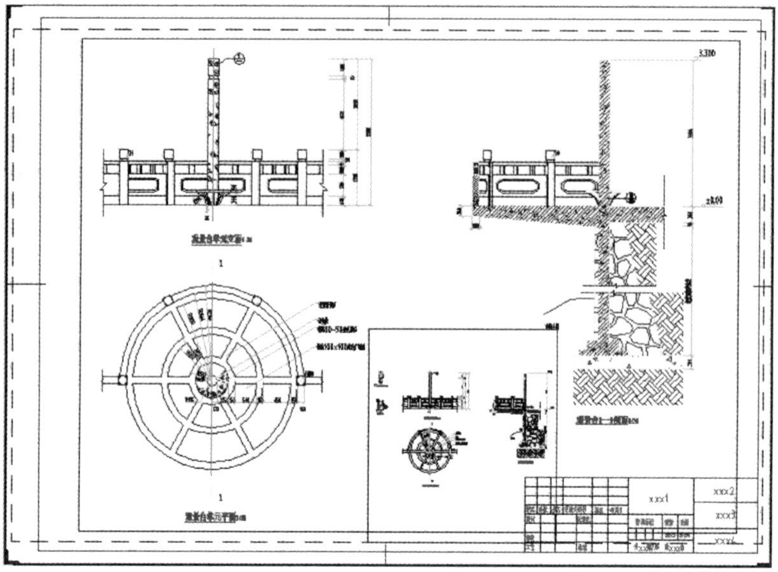

图10-18 新建的两个视口

（3）双击新建的浮动视口区域，进入浮动视口的模型空间，被激活的视口边框会加粗显示，将"云柱基部大样"图平移至视口中央。

（4）从"视口"工具栏的下拉列表中选择视口显示比例为1：10，再将"云柱基部大样"图平移至视口中央。注意此时不要缩放视图，否则视口内图形的显示比例将会改变，这会导致输出图形的比例不正确。

（5）如果对视口的大小和位置不满意，可点击状态栏的模型按钮切换到图纸空间，用夹点编辑和移动命令对视口进行修改。

（6）重复步骤（2）～（4），新建上方的视口，并调整其显示，结果如图10-19所示。

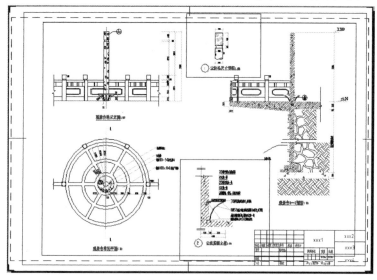

图10-19 调整完成后的页面

10.3.3 文字高度与尺寸标注在视口中的比例适配

A. 文字高度适配　在模型空间输入文字时需要考虑打印的比例因子，以便在图纸上获得符合规范的文本字高。例如，绘制打印比例因子为 1∶100 的图形时，在图中写入 500 个单位高的文字才能在最终图纸上得到 5mm 高的字。在图纸中如果有不同比例的图样，则每一比例图样都将有特定的文字高度规格。

例 10-3 中图样标题要求输出字高为 5mm，观景台平、立、剖面标题字高应为 150，柱头大样的标题字高为 100，云柱基部大样的标题字高为 50。

B. 尺寸标注外观大小适配　在尺寸标注上也同样存在上述比例问题，但值得庆幸的是，我们不必像修改文字高度一样逐个修改，只需打开标注样式中"调整"选项卡内的"将标注缩放布局"选项。然后，在调整好显示比例的视口中对标注进行样式更新即可。

【例 10-4】对上例中各视口内的尺寸标注进行外观大小适配。

(1) 单击"标注"工具栏的标注样式工具，弹出"标注样式管理器"对话框，如图 10-20 所示。在"样式"列表中单击"建筑标注"，再单击 置为当前 按钮，然后单击 修改 按钮。

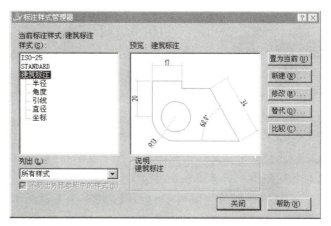

图 10-20　标注样式管理器

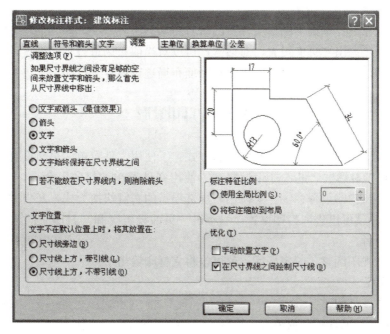

图 10-21　标注样式的"调整"选项卡

（2）在"修改标注样式：建筑标注"对话框中，单击"调整"选项卡，如图10-21所示，将"按布局（图纸空间）缩放标注"选项打开。单击 确定 按钮回到"标注样式管理器"对话框，再单击 关闭 按钮，结束标注样式修改。

（3）单击状态栏的 图纸 按钮，转换到视口模型空间，单击"云柱基部大样"视口区域，激活该视口。

（4）单击"标注"工具栏的标注更新工具 ，在视口中框选所有标注后按回车，即可见到标注的外观大小重新进行了调整。

（5）同法，依次对其他视口内的标注进行更新。

10.4 布局编辑

布局编辑

布局在创建后如需修改，可用右键点击布局选项卡，调出"布局编辑快捷菜单"进行相应的修改，如图10-22所示。

参数：

- 新建布局：创建一个新的布局选项卡，布局名会自动生成。
- 来自样板：从样板或图形文件中复制布局。样板或图形文件中的布局（包括此布局中所有几何图形）将被插入到当前图形。
- 删除：删除当前选中的布局，"模型"选项卡不能删除。
- 重命名：给当前布局重新命名，布局名必须唯一，最多可以包含255个字符。
- 移动或复制：改变当前布局的排列位置。如果选择创建副本复选框，则复制当前布局。

图10-22 布局编辑快捷菜单

- 选择所有布局：选中本图形文件中的所有布局。
- 页面设置：调出"页面设置"对话框，可以对当前布局进行页面设置。
- 打印：调出"打印"对话框，可以对当前布局进行设置及打印。

10.5 打印图形

在AutoCAD 2006中，有4种打印开启方式：①使用文件菜单"页面设置"命令，开启"页面设置-布局"对话框，进入打印设置；②使用文件菜单"打印"命令，开启"打印-布局"对话框，进入打印设置；③、④使用布局选项卡的右键快捷方式，开启"页面设置"和"打印"对话框，就可以进入打印设置，只不过"页面设置"和"打印"两项相比较，前者功能基本多于后者。

将布局中的视图调整、编辑好后，就可以将它打印输出了。

命令：PLOT

菜单：文件→打印

按钮："标准"工具栏中的

命令执行后弹出如图10-23所示的"打印"对话框。

图 10-23 打印对话框

常用参数：

- 预览：以完全的打印效果预览图形。要退出打印预览，单击右键并选择"退出"。
- 比例：设定打印输出的比例，与"布局向导"中的比例含义不同。通常设置为 1∶1，即按布局的实际尺寸打印输出。
- 自定义：可设定一个自定义比例。
- 纵向：图纸的短边作为图形页面的顶部。
- 横向：图纸的长边作为图形页面的顶部。
- 布局：打印指定图纸尺寸页边距内的所有对象。
- 打印机/绘图仪：显示当前打印机，可以从列表中选择一种可用打印机。
- 打印样式表：可以从列表中选择一种打印样式或自定义一种新样式。
- 文件名：指定打印输出的文件名。
- 位置：显示打印输出文件存储的目录位置，缺省的位置为图形文件所在的目录。

【例 10-5】将上例中做好的"观景台平立剖"布局打印输出到文件"Tutorial \ 10 \ 10-1-观景台平立剖.dwf"。

（1）单击标准工具栏中的打印工具，弹出"打印"对话框，如图 10-23 所示，将打印设置做如下调整：将打印区域框内的"布局"选项打开；图纸尺寸设为"ISO A2（594.00×420.00 毫米）"；打印比例框内的比例设为 1∶1。

（2）在打印机/绘图仪下拉列表中选择打印机名称设为"DWF ePlot.pc3"，关闭单击确定后，保存文件名为"10-1-观景台平立剖.dwf"，如图 10-23 所示。

（3）单击预览按钮，预览打印结果，如图 10-24 所示。我们看到图框并未完全打印出来。

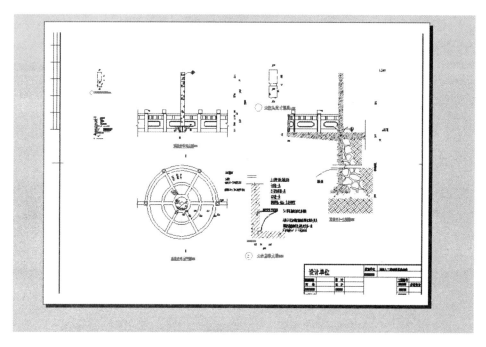

图 10-24　打印预览

前面讲过：通常同样大小的图框和页面，打印后图框都有部分打印不出来，这是因为同样大小的图框和页面，图框总是超出该页面的可打印区域。下面我们可以通过调整打印特性，改变标准打印纸张可打印区域来解决此问题。

（4）回到"打印-布局"对话框，单击打印机/绘图仪右边的特性，弹出"绘图仪配置编辑器"对话框，如图 10-25 所示。

在"设备和文档设置"选项卡中选择"修改标准图纸尺寸（可打印区域）"。然后在修改标准图纸尺寸栏的下拉列表中选择"ISO A2（594.00×420.00）…"，如图 10-25 所示。

（5）接着单击右边的修改按钮，弹出"自定义图纸尺寸-可打印区域"对话框，如图 10-26 所示，修改所有参数为"0"。

单击下一步按钮，为 PMP 文件命名"观景台"，如图 10-27 所示。

再单击下一步按钮，弹出"修改打印机配置文件"对话框，选择"仅对当前打印应用修改"，如图 10-28 所示。

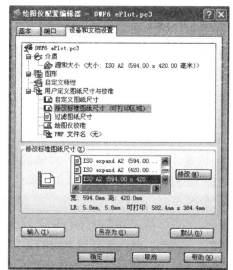

图 10-25　绘图仪配置编辑器

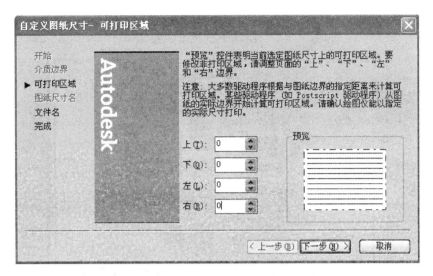

图 10-26 自定义图纸尺寸-可打印区域

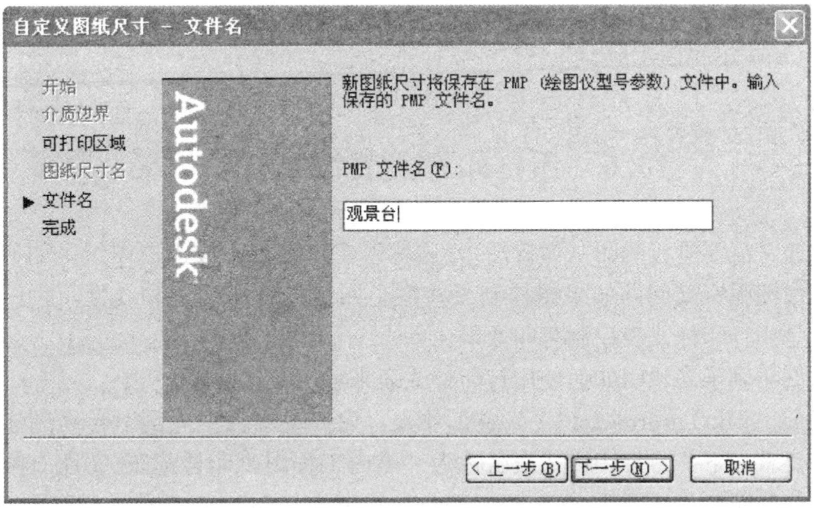

图 10-27 自定义图纸尺寸-文件名

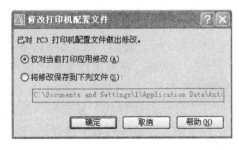

图 10-28 自定义图纸尺寸-文件名

打印图形布局

(6) 单击确定按钮之后,重新进行打印预览,预览结果如图 10-29 所示。

(7) 打印完成后,保存当前图形文件为"Tutorial \ 10 \ 10-1-1. dwg"。

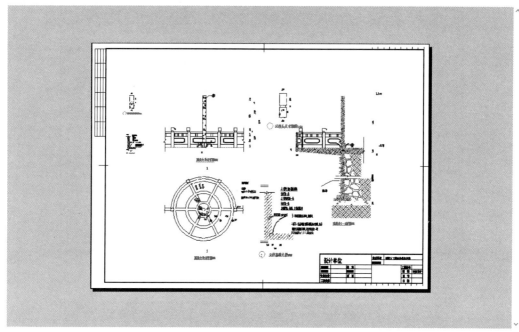

图 10-29　预览打印结果

10.6　用打印样式表控制打印效果

工程图通常需要进行晒印（做蓝图），这就需要将它打印成黑白图纸。如何将上面的图形打印成黑白图呢？又问：如果想控制某些颜色图线的打印线宽和线型，我们又该怎样做呢？答案就是用打印样式表控制打印效果。

下面我们用例子来说明如何使用打印样式表来解决上述问题。

【例 10-6】打开 Tutorial \ 10 \ 10-1-1. dwg，为"观景台平立剖"布局创建一个打印样式表，具体要求如下：①打印样式表名称为"黑白工程图打印样式"；②所有颜色对象输出均设为黑色；③颜色 1 线宽为 1.2mm，颜色 2 线宽为 0.5mm，颜色 3 线宽为 0.15mm，颜色 4、颜色 5 线宽为 0.1mm，其余颜色线宽为 0.25mm；④30 号颜色线型设为"长画 短画"，31 号颜色线型设为"画"（虚线）。

具体操作如下：

（1）打开 Tutorial \ 10 \ 10-1-1. dwg，激活"观景台平立剖"布局。

（2）右键单击"观景台平立剖"布局，在弹出的菜单中选取"页面设置管理器"选项，接着单击 修改 按钮，弹出"页面设置-布局 1"对话框，如图 10-30 所示。

（3）在打印样式表区中打开"显示打印样式"复选框，然后单击 新建 按钮（如果需要使用已有的打印样式表，可以从打印样式表名称列表中选择），弹出"添加颜色相关打印样式表-开始"对话框，如图 10-31 所示。

（4）选择"创建新打印样式表"选项，单击 下一步 按钮，弹出"添加颜色相关打印样式表-文件名"对话框，如图 10-32 所示。

（5）输入文件名为"黑白工程图打印样式"，单击 下一步 按钮，弹出"添加颜色相关打印

第 10 章 图形输出

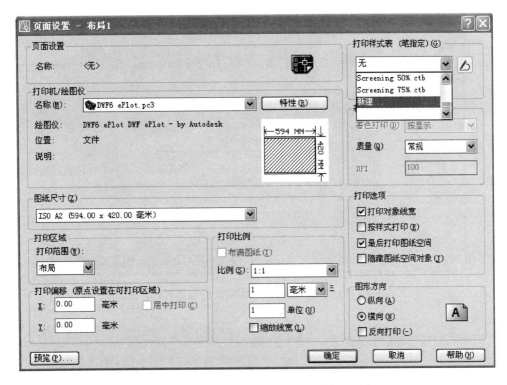

图 10-30 页面设置对话框的打印设备选项卡

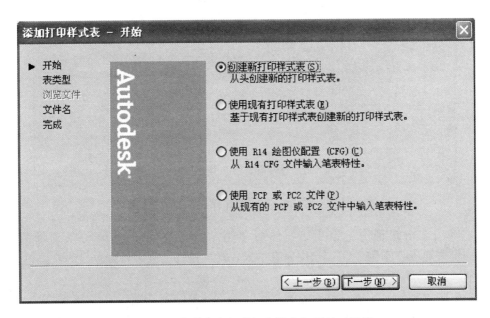

图 10-31 添加颜色相关打印样式表-开始对话框

样式表-完成"对话框，如图 10-33 所示。

（6）选择"对当前图形使用此打印样式表"选项，单击 打印样式表编辑器 按钮，弹出"打印样式表编辑器-黑白工程图打印样式.ctb"对话框，如图 10-34 所示。

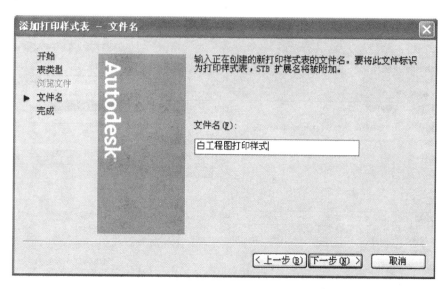

图 10-32 添加颜色相关打印样式表-文件名对话框

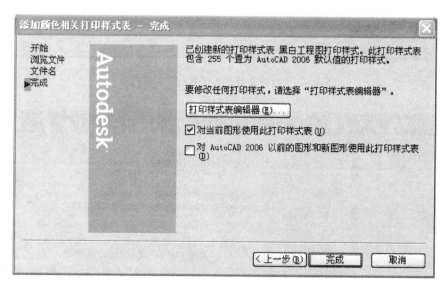

图 10-33 添加颜色相关打印样式表-完成对话框

（7）单击"格式视图"选项卡，然后单击"颜色1"，拉动滚动条到最后，按住<Shift>键并单击"颜色255"，选中所有样式，在"特性"区中将颜色设为"黑色"，将线宽设为"0.25mm"。

（8）单击"颜色1"，将其线宽设为"1.2mm"。

（9）依次将"颜色2"的线宽设为"0.5mm"，"颜色3"的线宽设为"0.15mm"，"颜色4""颜色5"的线宽设为"0.1mm"。

（10）单击"颜色30"，将线型设为"长画　短画"，单击"颜色31"，将线型设为"画"。

（11）单击 保存并关闭 按钮完成设定，回到图10-33所示的对话框，单击 完成 按钮，回到如图

10-30 所示的"页面设置"对话框。

（12）单击 确定 按钮，此时在布局中显示的是应用了打印样式表后的外观效果，如图10-35所示，我们可以观察到图线的线宽和颜色均被修改了。

（13）点击 打印 按钮即可将图纸按打印样式表的要求打印输出。

在打印样式表的创建过程中，掌握打印样式表编辑器的使用是关键，在这里我们对它做一个简要说明。

打印样式表编辑器是一个创建和修改打印样式表的工具，如图 10-36 所示，此编辑器的两种编辑界面均可以完成打印样式表的编辑。

图 10-34　打印样式表编辑器对话框

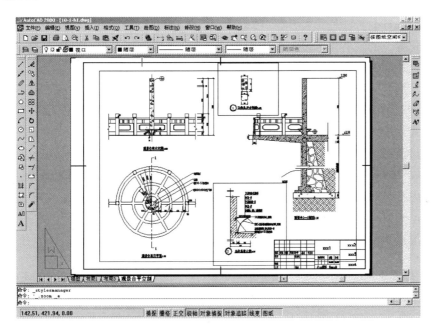

图 10-35　应用了打印样式表后的外观效果

用打印样式表控制打印效果

主要参数：

基本选项卡

● 说明：显示当前打印样式表文件的说明。

● 向非 ISO 线型应用全局比例因子：在打印样式中可以对非 ISO 线型和填充图案应用全局比例因子。

格式视图选项卡

● 打印样式列表：显示与 1～255 号颜色相关的打印样式名称，右边的特性区内显示当前选择的打印样式特性。

 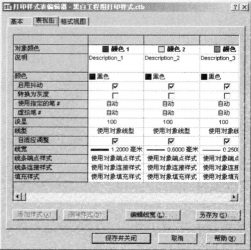

图 10-36　打印样式表编辑器的两种编辑界面

特性区：显示当前选择的打印样式特性。

- 颜色：打印样式颜色的缺省设置是"使用对象颜色"。如果为打印样式分配颜色，则打印时使用分配的颜色，而不考虑对象的颜色。
- 淡显：可以选择颜色密度设置，决定 AutoCAD 打印时图纸上墨水的量，有效范围是 0～100。选择 0 表示将颜色削弱为白色，选择 100 将使颜色以最浓的方式显示。
- 线型：打印样式线型的缺省设置是"使用对象线型"。如果指定了打印样式线型，在打印时该线型将替代对象线型。
- 线宽：打印样式中线宽的缺省设置是"使用对象线宽"。如果为打印样式分配线宽，打印样式的线宽不考虑打印时对象的线宽。
- 填充样式：AutoCAD 提供填充样式的选项有实心、棋盘形、交叉线、菱形、水平线、左斜线、右斜线、方形点和垂直线。填充样式用于实体、多段线、圆环和 3D 面。

【研讨与思考】

1. 请解释模型空间、图纸空间、布局和视口的概念与相互关系。
2. 布局中视口显示比例的含义是什么？
3. 如何在当前文件中调用某个图形文件的布局？
4. 同一图形能否在布局中的多个视口出现？
5. 布局中的虚线框是指什么区域？
6. 为在图纸上获得统一的文字与尺寸标注，应如何在布局中进行高度适配？
7. 打印比例不同的图样如何排版在同一张图纸上？
8. 打印样式表的作用是什么？能否让红色的对象打印成绿色？
9. 如何使布局显示应用了打印样式表后的效果？
10. 在打印图纸时，发现一些在屏幕上可见的线条不能打印出来，可能是由哪些原因引起的?

【上机实训题】

实训题 10-1: 打开图形 Tutorial \ 10 \ S10-1.dwg,创建一个 A4 的布局,如图 10-37 所示,其中游廊平面比例为 1∶150,游廊断面比例为 1∶50。打印输出按如下要求:①所有颜色对象输出均设为黑色;②粗线线宽为 0.7mm,中粗线线宽为 0.4mm,细线线宽为 0.25mm,标注细线线宽为 0.15mm;③轴线和对称线线型设为"长画 短画"。

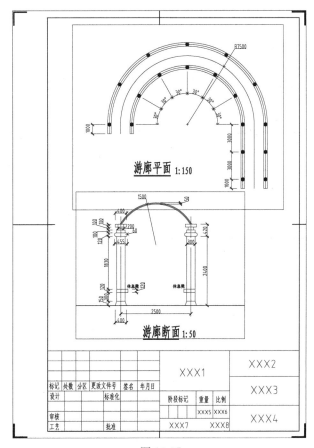

图 10-37

操作提示:
(1) 用布局向导新建一个 A4 布局,并插入 A4 图框。
(2) 新建另一视口,调整两视口大小、位置和显示比例。
(3) 修改标注样式的标注特征比例为"按布局(图纸空间)缩放标注",并分别更新两个视口内的标注。
(4) 在图纸空间中标注图名文字及比例。
(5) 设置打印样式表后再打印。

实训题 10-1 演示

实训题 10-2: 打开图形 Tutorial \ 10 \ S10-2.dwg,创建一个 A2 的布局,并插入 A3 图框,按比例排好各图,如图 10-38 所示。

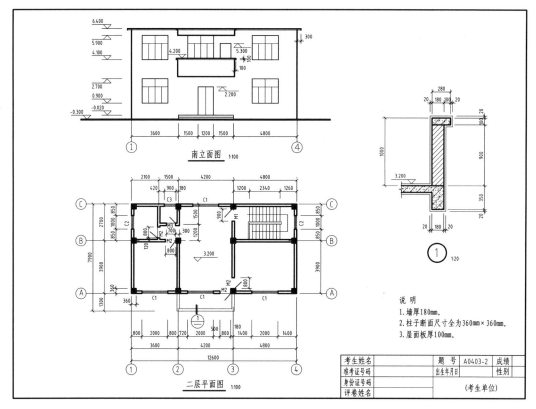

图 10-38

第11章 绘制园林施工图综合实训

11.1 园林施工图概述

园林工程设计周期通常分为方案设计、初步设计、施工图设计三个阶段。施工图设计是根据已批准的初步设计或设计方案而编制的可供进行施工和安装的设计文件。

A. 园林施工图组成 施工图设计内容以图纸为主,包括封面、图纸目录、设计说明、图纸等。设计文件要求齐全、完整,内容、深度应符合规定,文字说明、图纸要准确清晰,整个设计文件应经过严格的校审,经各级设计人员签字后,方能提出。

B. 施工图的图纸编排 施工图纸通常依据内容,按先总后分的规则进行编排。较小的项目通常按"总图→详图"的顺序编排。有一些较大型的项目常分成多个片区,编排上则按"总图→分区,分区总图→分区详图"的规则来排序。

在园林施工图中通常包含建筑、水、电等专业图纸,这也需要按不同的专业分类。一般按工序先后编排:土方→园建→结构→水→电→种植。如果建筑、水电等专业图纸量大时,应按专业分册编排。

C. 施工图的设计深度 应满足以下要求:①能够根据施工图编制施工图预算;②能够根据施工图安排材料、设备订货及非标准材料的加工;③能够根据施工图进行施工和安装;④能够根据施工图进行工程验收。

11.2 园林施工图绘制的技术要点

要做好园林施工图设计,通常需要充分理解设计方案,熟悉施工的各环节,并能协调各专业人员的工作。此外,设计师还需要了解:①本设计所使用的材料、尺寸、规格、工艺技术、特殊要求等;②建筑施工结构、给排水、电气设计等;③当地施工的具体要求,主要材料等;④本单位施工图纸绘制要求。

要达到这些要求当然不能一蹴而就,这就需要我们从基础做起。本章就是通过一个小庭园的园林施工图抄绘实训,让同学们初步了解施工图设计的过程,并为以后的施工图设计打下基础。

园林施工图各部分应包含的内容如下:
a. 文字部分　封面,目录,总说明,材料表等。
b. 施工放线　施工总平面图,各分区施工放线图,局部放线详图等。
c. 土方工程　竖向施工图,土方调配图。
d. 建筑工程　建筑设计说明,建筑构造作法一览表,建筑平面图、立面图、剖面图,建筑施工详图等。

e. 结构工程　结构设计说明，基础图、基础详图，梁、柱详图，结构构件详图等。

f. 电气工程　电气设计说明，主要设备材料表，电气施工平面图、施工详图、系统图、控制线路图等。大型工程应按强电、弱电、火灾报警及其智能系统分别设置目录。

g. 给排水工程　给排水设计说明，给排水系统总平面图、详图，给水、消防、排水、雨水系统图，喷灌系统施工图。

h. 园林绿化工程　植物种植设计说明，植物材料表，种植施工图，局部施工放线图，剖面图等。如果采用乔、灌、草多层组合，分层种植设计较为复杂，应该绘制分层种植施工图。

11.2.1　封面

封面应包括以下内容：工程名称、建设单位、施工单位、时间、工程项目编号。

11.2.2　目录

说明或图纸的名称、图别、图号、图幅、基本内容、张数。

图纸编号以专业为单位，各专业分别编排图号，如园施 01 或 YS01、水施 01 或 SS01 等。

对于大、中型项目，应按照以下专业进行图纸编号：园林、建筑、结构、给排水、电气、材料附图等。对于小型项目，可以按照以下专业进行图纸编号：园林、建筑及结构、给排水、电气等。

每一专业图纸应该对图号加以统一标示，以方便查找，如建筑结构施工可以缩写为"建施（JS）"，给排水施工可以缩写为"水施（SS）"，种植施工图可以缩写为"绿施（LS）"。

11.2.3　说明

针对整个工程需要说明的问题，具体内容包括：

(1) 设计依据及设计要求。应注明采用的标准图集及依据的法律规范。

(2) 设计范围。

(3) 标高及标注单位。应说明图纸文件中采用的标注单位，采用的是相对坐标还是绝对坐标，如为相对坐标，需说明采用的依据以及与绝对坐标的关系。

(4) 材料选择及要求。对各部分材料的材质要求及建议，一般应说明的材料包括饰面材料、木材、钢材、防水疏水材料、种植土及铺装材料等。

(5) 施工要求。强调需注意工种配合及对气候有要求的施工部分。

(6) 经济技术指标。施工区域总的占地面积，绿地、水体、道路、铺地等的面积及占地百分比、绿化率及工程总造价等。

除了总的说明之外，在各个专业图纸之前还应配备专门的说明，有时施工图纸中还应配有适当的文字说明。

11.2.4　施工总平面图

施工总平面图是概括性表达总体设计的图纸。

A. 施工总平面图包括的内容

(1) 指北针（或风玫瑰图），绘图比例（比例尺），文字说明，景点、建筑物或者构筑物的名称标注，图例表。

(2) 道路、铺装的位置、尺度、主要点的坐标、标高以及定位尺寸。

(3) 小品主要控制点坐标及小品的定位、定形尺寸。

(4) 地形、水体的主要控制点坐标、标高及控制尺寸。

(5) 植物种植区域轮廓。

B. 施工总平面图绘制的要求

a. **布局与比例** 图纸应按上北下南方向绘制，根据场地形状或布局，可向左或右偏转，但不宜超过45°。施工总平面图一般采用1∶500、1∶1000、1∶2000的比例绘制。

b. **图例** 《总图制图标准》中列出了建筑物、构筑物、道路、铁路以及植物等的图例，具体内容参见相应的制图标准。如果由于某些原因必须另行设定图例时，应在总图上绘制专门的图例表进行说明。

c. **图线** 在绘制总图时应根据具体内容采用不同的图线，具体内容参照相关建筑制图规范。

d. **单位** 施工总平面图中的坐标、标高、距离宜以米为单位，并应至少取至小数点后两位，不足时以"0"补齐。详图宜以毫米为单位，如不以毫米为单位，应另加说明。

建筑物、构筑物、道路转向角的度数，宜注写到秒。

道路纵坡度、场地平整坡度、排水沟沟底纵坡度宜以百分比计，并应取至小数点后一位，不足时以"0"补齐。

e. **坐标标注** 主要的坐标宜直接标注在图上，如图面无足够位置，也可列表标注，如坐标数字的位数太多时，可将前面相同的位数省略，其省略位数应在附注中加以说明。

建筑物、构筑物、铁路、道路等应标注下列部位的坐标：建筑物、构筑物的定位轴线（或外墙线）或其交点；圆形建筑物、构筑物的中心；挡土墙墙顶外边缘线或转折点。表示建筑物、构筑物位置的坐标，宜注其三个角的坐标，如果建筑物、构筑物与坐标轴线平行，可注对角坐标。

平面图上有测量和施工两种坐标系统时，应在附注中注明两种坐标系统的换算公式。

f. **标高标注** 施工图中标注的标高应为绝对标高，如标注相对标高，则应注明相对标高与绝对标高的关系。

建筑物、构筑物、铁路、道路等应按以下规定标注标高：建筑物室内地坪，标注图中±0.00处的标高，对不同高度的地坪，分别标注其标高；建筑物室外散水，标注建筑物四周转角或两对角的散水坡脚处的标高；构筑物标注其有代表性的标高，并用文字注明标高所指的位置；道路标注路面中心交点及变坡点的标高；挡土墙标注墙顶和墙脚标高，路堤、边坡标注坡顶和坡脚标高，排水沟标注沟顶和沟底标高；场地平整标注其控制位置标高；铺砌场地标注其铺砌面标高。

C. 施工总平面图绘制方法

(1) 绘制设计平面图。

(2) 根据需要确定坐标原点及坐标网格的精度，绘制测量和施工坐标网。

(3) 标注尺寸、标高。

(4) 绘制图框、比例尺、指北针，填写标题、标题栏、会签栏，编写说明及图例表。

11.2.5 总平面索引图

总平面图通常比例较小，无法清楚地表达景点或小品的细节。在施工图册中详图往往编排在总图后面。为了能快速查找到相应的细部详图，在总图部分需要有一张总平面索引图。通过类似目录性质的索引图，就可以知道相应细部的详图在哪一页上。

在较复杂的项目中，总平面索引往往单独成一张图。在小型项目中可与总平面图合二为一。

总平面索引图是比较容易出错的，不仅因为有众多的索引符号，还因为后边的详图在设计过程中常有增减，编排上很容易与索引图对不上，所以在最后审查时应重点检查。

11.2.6 施工总平面放线（定位）图

施工放线图的内容包括：道路、广场、园林建筑小品的尺寸及放线基准点坐标。不规则形状需要用放线网格（间距 1m 或 5m 或 10m 不等）进行定位，并标注坐标原点、坐标轴、主要点的相对坐标。测量坐标网应画成交叉十字线，坐标代号宜用"X、Y"表示。施工坐标为相对坐标，相对零点通常选用已有建筑物的交叉点或道路的交叉点，为区别于绝对坐标，施工坐标用大写英文字母 A、B 表示。

除了平面的坐标、尺寸外，放线图还应标注主要点或面的标高（等高线、铺装等）。

施工放线图主要用于施工现场放线，确定施工标高，测算工程量，施工图预算等。

注意事项：

(1) 坐标原点的选择。固定的建筑物、构筑物角点，或者道路交点，或者水准点等。

(2) 放线网格的间距。根据实际面积的大小及其图形的复杂程度确定。

(3) 不仅要对平面尺寸进行标注，同时还要对立面高程进行标注（高程、标高）。

11.2.7 竖向设计施工图

竖向设计是指在一块场地中进行垂直于水平方向的布置和处理，也就是地形高程设计。

A. 竖向施工图的内容

(1) 指北针，图例，比例，文字说明，图名。文字说明中应包括标注单位、绘图比例、高程系统的名称、补充图例等。

(2) 现状与原地形标高，地形等高线、设计等高线的等高距一般取 0.25～0.5m，当地形较为复杂时，需要绘制地形等高线放样网格。

(3) 最高点或者某些特殊点的坐标及该点的标高。如道路的起点、变坡点、转折点和终点等的设计标高（道路在路面中、阴沟在沟顶和沟底）、纵坡度、纵坡距、纵坡向、平曲线要素、竖曲线半径、关键点坐标；建筑物、构筑物室内外设计标高；挡土墙、护坡或土坡等构筑物的坡顶和坡脚的设计标高；水体驳岸、岸顶、岸底标高，池底标高，水面最低、最高及常水位。

(4) 地形的汇水线和分水线，或用坡向箭头标明设计地面坡向，指明地表排水的方向、排水的坡度等。

(5) 绘制重点地区、坡度变化复杂的地段的地形断面图，并标注标高、比例尺等。

当工程比较简单时，竖向设计施工平面图可与施工放线图合并。

B. 具体绘制要求

(1) 计量单位。通常标高的标注单位为米，如有特殊要求应在设计说明中注明。

(2) 线型。竖向设计图中设计等高线用细实线绘制，原有地形等高线用细虚线绘制，汇水线和分水线用细单点长画线绘制。

(3) 坐标网格及其标注。坐标网格采用细实线绘制，网格间距取决于施工的需要以及图形的复杂程度，一般采用与施工放线图相同的坐标网体系。对于局部的不规则等高线，或者单独作出施工放线图，或者在竖向设计图纸中局部缩小网格间距，提高放线精度。竖向设计图的标注方法同施工放线图，针对地形中最高点、建筑物角点或者特殊点进行标注。

(4) 地表排水方向和排水坡度。利用箭头表示排水方向，并在箭头上标注排水坡度。对于道路或铺装等区域，除了要标注排水方向和排水坡度之外，还要标注坡长，一般排水坡度标注在坡度线的上方，坡长标注在坡度线的下方，如 $\dfrac{i=3\%}{L=45.23} \longrightarrow$ 表示坡长 45.23m，坡度为 0.3%。

其他方面的绘制要求与施工总平面图相同。

11.2.8 植物配置图

A. 内容与作用 植物配置图应包括植物种类、苗木规格、种植位置和种植形式等内容。植物配置图主要用于苗木采购、苗木栽植、工程量计算等方面。

B. 具体要求 现状植物的表示，通常用虚线或淡线标识出来。图例及尺寸标注要求如下：

a. 行列式栽植 行列式种植形式（如行道树、树阵等）可用尺寸标注出株行距、始末树种植点与参照物的距离。

b. 自然式栽植 自然式种植形式（如孤植树）可用坐标标注种植点位置或采用三角形标注法。孤植树往往对造型、规格的要求较严格，应在施工图中表达清楚，除利用立面图、剖面图表示以外，可与苗木表相结合，用文字加以标注。

c. 片植、丛植 施工图应绘出清晰的种植范围边界线，标明植物名称、规格、密度等。对于边缘线呈规则的几何形状的片状种植，可用尺寸标注方法标注，为施工放线提供依据；而对边缘线呈不规则的自由线的片状种植，应绘坐标网格，并结合文字标注。

d. 草皮种植 草皮用打点的方法表示，标注应标明其草种名、规格及种植面积。

C. 注意的问题

(1) 苗木表应标明植物的种类、规格、数量。植物的规格应准确清晰，便于核查验收。乔木宜用胸径（或地径）、二级枝数量、分枝高度等指标，棕榈类宜用净干高、叶片数等指标；灌木宜用地径、分枝数量、冠幅等指标；草本宜用苗高、分枝数等指标。对于特殊造型苗木还应说明具体要求或注明现场选苗要求。

(2) 对不同规格的同种苗木应在苗木表中分别列出。

(3) 成片种植的苗木，其数量单位宜为平方米，并标出株间距；绿篱等线状种植苗木宜用米为单位，并标出每米用苗数量。

（4）对种植点位置要求较高的苗木应在图中标出放线依据。

（5）对于景观要求细致的种植局部，施工图应有表达植物高低关系、植物造型形式的立面图、剖面图、参考图或通过文字与标注说明。

（6）对于种植层次较为复杂的区域应绘制分层种植图，即分别绘制上层乔木的种植施工图和中、下层灌木、地被等的种植施工图。

11.2.9　园林施工详图

园林施工详图的内容包括：

（1）地面铺装。包括铺装图案、尺寸、材料、规格、拼接方式和铺装剖切断面构造，以及铺装材料特殊说明。

（2）建筑小型构件平、立、剖（材料、尺寸）、结构、构造做法等。

（3）园林小型构件材料规格等。

园林施工详图主要用于材料采购、确定施工工艺、工期安排、工程施工进度控制、计算工程量和进行工程预算。

11.2.10　给排水施工图

给排水施工图通常由园林专业人员提出设计条件图，由给排水专业人员进行施工设计，内容包括：

（1）给水、排水管的布设、管径、材料等。

（2）水景和喷灌喷头的位置、种类、喷淋范围等。

（3）检查井、阀门井、排水井、泵房等设施。

（4）给排水设备与供电设施相结合的设计。

11.2.11　照明电气施工图

照明电气施工图通常由园林专业人员提出设计条件图，由电气专业人员进行施工设计，内容包括：

（1）灯具形式、类型、规格、布置位置。

（2）配电图（电缆电线型号规格、联结方式，配电箱数量、形式、规格等）。

照明电气施工图主要用于配电、选取、材料采购、取电、计算工程量（电缆沟）等。

注意事项：①严格按照电力设计规范进行；②照明用电和动力电分别设施配电。

11.3　绘制园林施工图实训

11.3.1　实训目的

本实训通过一个小庭园的园林施工图抄绘实训，让同学们初步了解施工图设计的过程，掌握使用 AutoCAD 进行园林施工图绘制的方法，为以后的施工图设计打下基础。

11.3.2　实训内容

本套小庭园施工图共有 22 张图纸（表 11-1）。图纸见教材插页 YS-01 至 YS-22。

表 11-1 图纸目录

项目：×××景观设计

编号	图纸名称	图号	图幅	编号	图纸名称	图号	图幅
1	图纸目录	YS-01	A3	12	大堂入口总平面放线图	YS-12	A1
2	设计说明	YS-02	A3	13	弧形座墙做法详图	YS-13	A3
3	后庭院入口处总平面及索引图	YS-03	A3	14	石灯做法详图	YS-14	A3
4	后庭院入口处竖向设计图	YS-04	A1	15	铺装做法详图	YS-15	A3
5	后庭院入口处总平面放线图	YS-05	A1	16	花池详图	YS-16	A3
6	后庭院入口处铺装总平面	YS-06	A1	17	水池做法详图1	YS-17	A3
7	后庭院入口处铺装索引图	YS-07	A1	18	水池做法详图2	YS-18	A3
8	水池索引图	YS-08	A3	19	台阶详图	YS-19	A3
9	苗木表	YS-09	A3	20	排水沟及道牙做法详图	YS-20	A3
10	种植设计图	YS-10	A1	21	灯位布置图	YS-21	A3
11	大堂入口总平面图索引及种植设计图	YS-11	A1	22	给排水及喷灌配合图	YS-22	A1

设计范围包括后庭院入口及大堂入口室外部分，涉及园林硬质景观、植物配置、照明设计和排水喷灌设计。

前面我们讲到，施工图设计是在方案设计和初步设计完成后进行的。初步设计的成果主要包括方案总平面图、竖向设计、重点区域的设计以及主要的材料，这些成果相对较粗，细部考虑较少。施工图设计初期的重点在于细化总平面尺寸。由于条件所限，我们不能到项目现场，亲历设计过程，因此我们的抄绘实训将以完成了的施工总平面为基础（即教材所附电子资料"施工图绘制实训"文件夹下的"后庭院入口处总平面图.dwg"和"大堂入口总平面图.dwg"），绘制其他的施工图纸。

由于全套图纸工作量较大，建议由一个4人小组协同完成，各成员的任务分配如下表所示：

表 11-2 实训任务分配建议

	组　长				组员 2		
1	图纸目录	YS-01	A3	11	大堂入口总平面图及索引图	YS-11	A1
3	后庭院入口处总平面及索引图	YS-03	A3	12	大堂入口总平面放线图	YS-12	A1
4	后庭院入口处竖向设计图	YS-04	A1	14	石灯做法详图	YS-14	A3
8	水池索引图	YS-08	A1	19	台阶详图	YS-19	A3
17	水池做法详图1	YS-17	A3	20	道牙及排水沟详图	YS-20	A3
18	水池做法详图2	YS-18	A3				
	组员 1				组员 3		
2	设计说明	YS-02	A3	9	苗木表	YS-09	A3
5	后庭院入口处总平面放线图	YS-05	A1	10	种植设计图	YS-10	A1
6	后庭院入口处铺装总平面	YS-06	A1	16	花池详图	YS-16	A3
7	后庭院入口处铺索引图	YS-07	A1	13	弧形座墙做法详图	YS-13	A3
15	铺装做法详图	YS-15	A3	22	排水及喷灌配合图	YS-22	A3
21	灯位布置图	YS-21	A3				

11.3.3 施工图制图要求

园林施工图作为施工的依据，要求一定要严谨、清楚。施工图绘制应遵循一定规范，除了便于查阅，更要便于绘制施工图的各专业人员进行交叉绘图作业。因此，一般的设计单位都有各自相应的 AutoCAD 绘图规范。下面以某设计院的 AutoCAD 绘图规范为基础，编制本实训绘图要求。

A. 制图规范　工程制图严格遵照国家有关建筑制图规范，要求所有图面的表达方式均保持一致。

B. 图纸目录　图纸目录参照下列顺序编制：园林设计说明、总平面、总平面索引、总平面放线图、竖向设计、给排水总图、电气总图、植物配置图、硬质景观施工详图、给排水详图、电气详图等。

C. 图纸深度　工程图纸除应达到国家规范规定深度外，尚需满足业主提供例图深度及特殊要求。

D. 图纸字体　施工图的字体宜采取以下字体文件，尽量不使用 TureType 字体，以加快图形的显示，缩小图形文件。同一图形文件内字型数目不要超过 4 种。以下字体形文件为标准字体，将其放置在 CAD 软件的 FONTS 目录中即可。romans.shx（西文花体）、romand.shx（西文花体）、bold.shx（西文黑体）、txt.shx（西文单线体）、simpelx.shx（西文单线体）、st64f.shx（汉字宋体）、ht64f.shx（汉字黑体）、kt64f.shx（汉字楷体）、fs64f.shx（汉字仿宋）、hztxt.shx（汉字单线）。字型文件放置在教材所附电子资料中。

汉字字型优先考虑采用 hztxt.shx、hzst.shx 和 gbcbig.shx；西文优先考虑 romans.shx、isocp.shx 或 simplex.shx。如表 11-3 所示。

表 11-3　施工图文字设置参数

用　途	字　体	字　高	宽高比
图纸名称	中文	st64f.shx	10mm	0.8
说明文字标题	中文	st64f.shx	5.0mm	0.8
标注文字	中文	hztxt.shx	3.5mm	0.8
说明文字	中文	hztxt.shx	3.5mm	0.8
总说明	中文	st64f.shx	5.0mm	0.8
标注尺寸	西文	isocp.shx	3.0mm	0.8

注：中西文比例设置为 1∶0.7，说明文字一般应位于图面右侧。字高为打印出图后的高度。

E. 图纸版本及修改标记

a. 图纸版本。图纸修改等改用版本标志，停用原先采用建修、结修、电修、水修、暖修等及其他编号标志。

（1）施工图版本号。第一次出图版本号为 0，第二次修改图版本号为 1，第三次修改图版本号为 2。

（2）方案图或报批图等非施工用图版本号。第一次图版本号为 A，第二次图版本号为 B，第三次图版本号为 C。

b. 图面修改标记。图纸修改可以版本号区分；每次修改必须在修改处做出标记，并注明版本号。简单或单一修改仍使用变更通知单。

F. 图纸幅面

（1）图纸图幅采用 A0、A1、A2、A3 4 种标准（表 11-4），以 A1 图纸为主。图框文件放在教材所附电子资料中。

表 11-4　图幅标准

图纸种类	图纸宽度（mm）	图纸高度（mm）	备　注
A0	1 189	841	
A1	841	594	
A2	594	420	
A3	420	297	
A4	297	210	主要用于目录、变更、修改等

（2）特殊需要可采用按长边 1/8 模数加长尺寸（按房屋建筑制图统一标准）。

（3）一个专业所用的图纸，不宜多于两种幅面（目录及表格所用 A4 幅面除外）。

（4）图纸比例。常用比例如表 11-5 所示。同一张图纸中，不宜出现 3 种以上的比例。

表 11-5　常用比例表

常用比例	1∶1，1∶2；1∶5，1∶10，1∶20，1∶50，1∶100，1∶200，1∶500，1∶1 000
可用比例	1∶3，1∶15，1∶25；1∶30，1∶150，1∶250，1∶300，1∶1 500

G. 图层、颜色及线宽设定

（1）采用图层的目的是用于组织、管理和交换 CAD 图形的实体数据以及控制实体的屏幕显示和打印输出。图层具有颜色、线型、状态等属性。

（2）图层组织根据不同的用途、阶段、实体属性和使用对象可采取不同的方法，但应具有一定的逻辑性，便于操作。各类实体应放置在不同的图层上，如轴线标注和细部尺寸应分层标注，标高等尺寸也应独立分层表示，填充应单独设置图层以特细线表示，上层植物与下层植物应分别设置图层表示等。

H. 补充说明

a. 常用图例　遵照《房屋建筑制图统一标准》（GBJ 1—86），《总图制图标准》（GBJ 103—87），《建筑制图标准》（GBJ 104—87）图例规定。

b. 线条宽度　所有施工图纸，均参照表 11-6 所列笔宽绘制。

表 11-6　线条宽度设定

种　类	建筑图	结构图	电气图	给排水	暖通
粗线	0.60	0.60	0.55	0.60	0.60
中粗线	0.3	0.35	0.35	0.40	0.40
细线	0.15	0.18	0.20	0.20	0.20

在采用 CAD 技术绘图时，尽量用色彩（COLOR）控制绘图笔的宽度，尽量少用多义线（PLINE）等有宽度的线，以加快图形的显示，缩小图形文件。推荐使用表 11-7 的颜色线宽对应。

表 11-7　颜色线宽对应

色号	颜色	线宽	色号	颜色	线宽
1	红	0.15	6	紫	0.30
2	黄	0.6	7	白	0.6
3	绿	0.15	8	深灰	0.05
4	青	0.15	9	浅灰	0.05
5	蓝	0.30	其他		0.15

绘图过程中如有特殊情况，应在打印范围外单独标出，以便打印时设置线宽。

c. 符号

(1) 轴线。轴线圆均应以细实线绘制，圆的直径 8mm。

(2) 剖切线应以粗实线绘制。

(3) 索引符号。索引符号的圆及直径均应以细实线绘制，圆的直径 10mm。

(4) 详图。详图符号以粗实线绘制，直径为 14mm。

d. 引出线　引出线均采用水平向 0.25 细线，文字说明均写于水平线之上。

e. 尺寸标注　尺寸界线、尺寸线应用细实线绘制，端部出头 2mm。

尺寸起止符号用中粗线绘制，其倾斜方向与尺寸线成顺时针 45°，长度为 2~3mm。

f. 标高。标高符号高度 3mm。

g. 图名。字高 10mm。

附注：

①所用图形比例均为 1∶100；②为了减少图纸的内存和确保图框文件的标准性、一致性，建议使用外部引用命令引用图框文件。

I. 绘图文件的命名规则　CAD 文件的命名应简单明了、易记，易于交换数据。设计图纸可按设计工种和图纸目录顺序命名并注明图纸内容，如园林为 Y1-总平面、Y2-总平面索引，初步设计加注 C，如 YC1-×××、YC2-×××、……建筑为 J1-×××、J2-×××、……结构为 G1-×××、G2-×××……电气为 E1-×××、E2-×××、……给排水为 S1-×××、S2-×××、等。

11.3.4　主要步骤

(1) 小组进行图纸会审，理解图纸总图与详图的逻辑关系，从所附电子资料"Tutorial \ 11 \ 基础图"文件夹取出绘制所需的基础图，清晰各自的工作内容。

(2) 商定图纸绘制的先后顺序，搞清楚哪些图是基础工作，哪些图是后续的工作，制定绘图的工作计划。

(3) 明确图纸的统一标准。如主要图层的名称、线型、颜色、线宽，统一的图框、文字字体和大小，作出统一的绘图样板文件，以保证各组员的图形文件规范统一。

(4) 分工绘制过程中注意在相关的图纸中进行参照，发现问题及时与组长或老师讨论、请教。

(5) 图纸校审：包括自校、小组内部互校，打印成册后再由教师组织学生"评委小组"审核。评定分数。校审表如表 11-8 所示，每人一张，校审时交由负责人填写。

表 11-8　施工图抄绘实训图纸校审评分记录表

班级_____姓名_____小组名称_____图纸名称_____

主要审查内容	自　校		校　对		审　核	
	评定 签名		评定 签名		评定 签名	
	自校问题	校对问题	设计人回复	审核问题	评分	
1. 设计依据　采用的设计标准、规范是否正确，是否为有效版本						
2. 一般性内容 （1）图面表达的要求：图线、图层管理是否符合要求 （2）图名标题、文字说明是否错漏 （3）有否异常文字(大小、? 号)；尺寸标注有否错漏 （4）图纸排版是否正确；出图比例是否正确 （5）图例有否错漏 （6）图案填充是否在指定特细线图层；图案是否正确 （7）签字栏有否签注						
3. 图纸目录　有无错漏						
4. 设计说明　有无错漏						
5. 总平面检查 （1）地形地物 （2）测量坐标网、坐标值、场地施工坐标网、坐标值 （3）场地四界的测量坐标和施工坐标（或标注尺寸） （4）道路和排水沟等的施工坐标或相互关系尺寸；路面宽度及平曲线要素 （5）指北针、风玫瑰 （6）说明栏的内容：施工图的设计依据、尺寸单位、比例、高程系统、施工坐标网与测量坐标网的相互关系、补充图例等						
6. 总平面索引检查　各索引与详图对应关系是否正确						
7. 竖向设计图检查 （1）场地施工坐标网、坐标值 （2）场地外围的道路、河渠或地面的关键性标高 （3）道路和排水沟的起点、变坡点、转折点和终点等的设计标高（道路标注在路面中心、排水沟在沟底）、纵坡度、纵坡距、纵坡向、平曲线要素、竖曲线半径、关键性坐标；水池底面和常水位标高，池壁标高 （4）挡土墙、护坡或土坎等构筑物的顶部和底部的设计标高 （5）用坡向箭头表明设计地面坡向，对场地平整要求严格时，应用高差 0.10～0.20m 的设计等高线表示地面起伏情况 （6）指北针 （7）说明栏的内容：尺寸单位、比例、高程系统的名称、补充图例等						

(续)

主要审查内容	自 校		校 对			审 核	
	评定 签名		评定 签名			评定 签名	
	自校问题		校对问题	设计人回复		审核问题	评分
8. 植物种植设计图检查 （1）上层、下层植物设计图、苗木表完整性 （2）植物种类与图例有无错漏 （3）苗木数量统计是否正确 （4）苗木规格参数是否正确							
9. 建筑小品设计主要检查 （1）总平面布置 （2）建筑小品的位置、坐标（或与建筑物、构筑物的距离尺寸）、设计标高 （3）建筑小品的平、立、剖面图以及详图索引 （4）指北针 （5）说明栏内应标明尺寸单位、比例、图例、施工要求等							
10. 详图部分主要检查 （1）地面铺装：是否标明铺装图案、尺寸、材料、规格、拼接方式和铺装剖切断面构造，以及铺装材料说明 （2）建筑小型构件应标明平立剖（材料、尺寸）、结构、构造做法 （3）园林小型构件材料规格							
11. 其他部分校审请参照 11.3 节相应内容进行							

【研讨与思考】

1. 园林工程设计由哪些阶段组成？
2. 园林施工图由哪些部分组成？
3. 施工图的主要作用是什么？
4. 索引图有什么作用？
5. 竖向设计主要包含哪些内容？
6. 通过本实训，请谈谈小组协同工作的重点是什么？
7. 施工图设计需要哪些专业课程的支撑？CAD 技术处于一个怎样的位置？
8. 讨论：怎样才能做好园林施工图设计？

附　录

附录1　本书约定

为了读者阅读方便，本书采用了一些符号以及不同的字体表示不同的含义。约定如下：

1. 符号"↙"指回车。

2. 在【例】中，宋体字描述部分表示系统提示信息，随后紧跟着斜体宋体字描述部分为用户动作，与之有一定间隔的宋体字描述部分为注释。如：

指定下一点或［闭合（C）/放弃（U）］：*捕捉圆心*　　　　　指定直线的第二点

其中"指定下一点或［闭合（C）/放弃（U）］："为系统提示信息，"*捕捉圆心*"为用户动作，"指定直线的第二点"为注释。

3. 鼠标动作和一般 Windows 规范相同。如"右击"指单击鼠标右键，"双击"指快速连击鼠标左键两次，"单击"和"点取"都指将鼠标移动到目标对象上按鼠标左键并松开。

4. 文字按钮一般均加上底纹和边框。如"启动"对话框中的 确定 按钮。图片按钮一般直接采用该图片，如绘制直线按钮 ╱。

5. 菜单格式采用"→"符号指向下一级子菜单。如"绘图→直线"指点取下拉菜单"绘图"，在弹出的菜单项中选择"直线"。

6. 在键盘输入命令和参数时，大小写功能相同。

7. 功能键一般由"＜＞"标识。如＜Esc＞指按键盘上的"Esc"键。

附录2　常用快捷命令

A. 字母缩写类快捷命令

a. 绘图命令

PO	POINT（点）	L	LINE（直线）
XL	XLINE（射线）	PL	PLINE（多段线）
ML	MLINE（多线）	SPL	SPLINE（样条曲线）
POL	POLYGON（正多边形）	REC	RECTANGLE（矩形）
C	CIRCLE（圆）	A	ARC（圆弧）
DO	DONUT（圆环）	EL	ELLIPSE（椭圆）
REG	REGION（面域）	MT	MTEXT（多行文本）
T	MTEXT（多行文本）	B	BLOCK（块定义）
I	INSERT（插入块）	W	WBLOCK（定义块文件）
DIV	DIVIDE（等分）	H	BHATCH（填充）

b. 修改命令

CO	COPY（复制）	O	OFFSET（偏移）
AR	ARRAY（阵列）	M	MOVE（移动）
RO	ROTATE（旋转）	X	EXPLODE（分解）
E, Del 键	ERASE（删除）	EX	EXTEND（延伸）
TR	TRIM（修剪）	LEN	LENGTHEN（直线拉长）
S	STRETCH（拉伸）	BR	BREAK（打断）
SC	SCALE（比例缩放）	F	FILLET（倒圆角）
CHA	CHAMFER（倒角）	AL	ALIGN（对齐）
PE	PEDIT（多段线编辑）	ED	DDEDIT（修改文字）
MI	MIRROR（镜像）		

c. 查询和对象特性

MA	MATCHPROP（属性匹配）	ST	STYLE（文字样式）
LT	LINETYPE（线形）	LA	LAYER（图层操作）
R	REDRAW（重新生成）	RE	Regen（重生成视图）
Z	ZOOM（视图缩放）	DI	DIST（距离）
AA	AREA（面积）	LI	LIST（显示图形数据信息）
PU	PURGE（清除垃圾）		

B. 常用 CTRL 快捷键

[Ctrl]+1	PROPERTIES（修改特性）	[Ctrl]+2	ADCENTER（设计中心）
[Ctrl]+O	OPEN（打开文件）	[Ctrl]+N	NEW（新建文件）
[Ctrl]+P	PRINT（打印文件）	[Ctrl]+S	SAVE（保存文件）
[Ctrl]+Z	UNDO（放弃）	[Ctrl]+X	CUTCLIP（剪切）
[Ctrl]+C	COPYCLIP（复制）	[Ctrl]+V	PASTECLIP（粘贴）

C. 常用功能键

[F1]	HELP（帮助）	[F2]	（文本窗口）
[F3]	OSNAP（对象捕捉）	[F7]	GRIP（栅格）
[F8]	ORTHO（正交）	[F10]	（极轴）

附录 3 AutoCAD 2006 命令一览表

命令名	命令中文提示	工具栏图标	下拉菜单	功　能
3D	长方体表面		绘图→表面→三维曲面	创建长方体表面多边形网格
	圆锥体			创建圆锥面多边形网格
	下半球面			创建下半球面多边形网格
	上半球面			创建上半球面多边形网格

附 录

(续)

命令名	命令中文提示	工具栏图标	下拉菜单	功　能
3D	棱锥面			创建棱锥体或四面体表面
	球面			创建球面多边形网格
	圆环面			创建环形多边形网格
	楔体表面			创建直角楔形多边形网格
3DARRAY			修改→三维操作→三维阵列	创建三维阵列
3DCLIP	三维调整剪裁面			启用三维动态观察器,并打开"调整剪裁平面"窗口
3DCORBIT	三维连续观察			启用三维动态观察器,并设置对象在三维环境中连续运动
3DDISTANCE	三维调整距离			启用三维动态观察器,并调整对象的显示距离
3DFACE	三维面		绘图→表面→三维面	创建三维面
3DMESH	三维网格		绘图→表面→三维网格	创建自由表面的多边形网格
3DORBIT	三维动态观察器		视图→三维动态观察器	控制在三维空间中交互式查看对象
3DPAN	三维平移			启用三维动态观察器,并可以水平或垂直拖动视图
3DPOLY			绘图→三维多段线	在三维空间中使用"连续"线型创建由直线段组成的多段线
3DSIN			插入→3D studio	输入 3D studio (3DS) 文件
3DSOUT			文件→输出	输出 3D studio (3DS) 文件
3DSWIVEL	三维旋转			启用三维动态观察器模拟旋转相机的效果
3DZOOM	三维缩放			启用三维动态观察器,并可以缩放视图
ABOUT			帮助→关于 AutoCAD	显示关于 AutoCAD 的信息
ACISIN			插入→ACIS 文件	输入 ACIS 文件
ACISOUT			文件→输出	将 AutoCAD 实体对象输出到 ACIS 文件中
ADCCLOSE				关闭 AutoCAD 设计中心
ADCENTER	AutoCAD 设计中心		工具→AutoCAD 设计中心	启用 AutoCAD 设计中心管理设计资源
ADCNAVIGATE				将 AutoCAD 设计中心的桌面引至用户指定的文件名、目录名或网络路径
ALIGN			修改→三维操作→对齐	在二维和三维空间中将某对象与其他对象对齐
AMECONVERT				将 AME 实体模型转换为 AutoCAD 实体对象

· 255 ·

(续)

命令名	命令中文提示	工具栏图标	下拉菜单	功　能
APERTURE				控制对象捕捉靶框大小
APPLOAD			工具→加载应用程序	加载或卸载应用程序并指定启动时要加载的应用程序
ARC	圆弧		绘图→圆弧	创建圆弧
AREA	面积		工具→查询→面积	计算对象或指定区域的面积和周长
ARRAY	阵列		修改→阵列	创建按指定方式排列的多重对象副本
ARX				加载、卸载和提供关于 ObjectARX 应用程序的信息
ATTDEF			绘图→块→定义属性	创建属性定义
ATTDISP			视图→显示→属性显示	全局控制属性的可见性
ATTEDIT	属性编辑		修改→属性	改变属性信息
ATTEXE				提取属性数据
ATTREDEF				重定义块并更新关联属性
AUDIT			文件→绘图实用程序→核查	检查图形的完整性
BACKGROUND	背景		视图→渲染→背景	设置场景的背景效果
BASE			绘图→块→基点	设置当前图形的插入基点
BHATCH	图案填充		绘图→图案填充	使用图案填充封闭区域或选定对象
BLIPMODE				控制点标记的显示
BLOCK	创建块		绘图→块→创建块	根据选定对象创建块定义
BLOCKICON				为 R14 或更早版本创建的块生成预览图像
BMPOUT				按与设备无关的位图格式将选定对象保存到文件中
BOUNDARY			绘图→边界	从封闭区域创建面域或多段线
BOX	长方体		绘图→实体→长方体	创建三维的长方体
BREAK	打断		修改→打断	部分删除对象或把对象分解为两部分
BROWSER	浏览 Web			启动系统注册表中设置的默认 Web 浏览器
CAL				计算算术和几何表达式的值
CAMERA	Camera			设置相机和目标的不同位置
CHAMFER	倒角		修改→倒角	给对象的边加倒角
CHANGE				修改现有对象的特性
CHPROP				修改对象的颜色、图层、线型、线型比例因子、线宽、厚度和打印样式

(续)

命令名	命令中文提示	工具栏图标	下拉菜单	功能
CIRCLE	圆	○	绘图→圆	创建圆
CLOSE			文件→关闭	关闭当前图形
COLOR			格式→颜色	定义新对象的颜色
COMPILE				编译形文件和 PostScript 字体文件
CONE	圆锥体	△	绘图→实体→圆锥体	创建三维圆锥实体
CONVERT				优化 AutoCAD R13 或更早版本创建的二维多段线和关联填充
COPY	复制	∞	修改→复制	复制对象
COPYBASE			编辑→带基点复制	带指定基点复制对象
COPYCLIP	复制		编辑→复制	将对象复制到剪贴板
COPYHIST				将命令行历史记录文字复制到剪贴板
COPYLINK			编辑→复制链接	将当前视图复制到剪贴板中,以使其可被链接到其他 OLE 应用程序
CUTCLIP	剪切	✂	编辑→剪切	将对象复制到剪贴板并从图形中删除对象
CYLINDER	圆柱体	○	绘图→实体→圆柱体	创建三维圆柱实体
DBCCLOSE				关闭"数据库连接"管理器
DBCONNECT	数据库连接	⊟	工具→数据库连接	为外部数据库表提供 AutoCAD 接口
DBLIST				列出图形中每个对象的数据库信息
DDEDIT	编辑文字	A'	修改→文字	编辑文字和属性定义
DDPTYPE			格式→点样式	指定点对象的显示模式及大小
DDVPOINT			视图→三维视图→视点预置	设置三维观察方向
DELAY				在脚本文件中提供指定时间的暂停
DIM 和 DIM1				进入标注模式
DIMALIGNED	对齐标注	↖	标注→对齐	创建对齐线性标注
DIMANGULAR	角度标注	△	标注→角度	创建角度标注
DIMBASELINE	基线标注	⊟	标注→基线	从上一个或选定标注的基线处创建线性、角度或坐标标注
DIMCENTER	圆心标记	⊙	标注→圆心标记	创建圆和圆弧的圆心标记或中心线
DIMCONTINUE	连续标注	⊞	标注→连续	从上一个或选定标注的第二尺寸界线处创建线性、角度或坐标标注
DIMDIAMETER	直径标注	○	标注→直径	创建圆和圆弧的直径标注
DIMEDIT	编辑标注	A	标注→倾斜	编辑标注
DIMLINEAR	线性标注	⊢	标注→线性	创建线性尺寸标注

(续)

命令名	命令中文提示	工具栏图标	下拉菜单	功　能
DIMORDINATE	坐标标注		标注→坐标	创建坐标点标注
DIMOVERRIDE			标注→替代	替换标注系统变量
DIMRADIUS	半径标注		标注→半径	创建圆和圆弧的半径标注
DIMSTYLE	标注样式		标注→样式	创建或修改标注样式
	标注更新		标注→更新	更新标注样式
DIMTEDIT	编辑标注文字		标注→对齐文字	移动和旋转标注文字
DIST	距离		工具→查询→距离	测量两点之间的距离和角度
DIVIDE			绘图→点→定数等分	将点对象或块沿对象的长度或周长等间隔排列
DONUT			绘图→圆环	绘制填充的圆和圆环
DRAGMODE				控制 AutoCAD 显示拖动对象的方式
DRAWORDER	显示次序		工具→显示顺序	修改图像和其他对象的显示顺序
DSETTINGS	草图设置		工具→草图设置	指定捕捉模式、栅格、极坐标和对象捕捉追踪的设置
DSVIEWER			视图→鸟瞰视图	打开"鸟瞰视图"窗口
DVIEW	后向剪裁开关			定义平行投影或透视视图
	前向剪裁开关			
DWGPROPS			文件→图形属性	设置和显示当前图形的特性
DXBIN			插入→图形交换二进制	输入特殊编码的二进制文件
EDGE	边		绘图→表面→边	修改三维面的边缘可见性
EDGESURF	边界曲面		线图→表面→边界曲面	创建三维多边形网格
ELEV				设置新对象的拉伸厚度和标高特性
ELLIPSE	椭圆		绘图→椭圆	创建椭圆或椭圆弧
ERASE	删除		修改→删除	从图形中删除对象
EXPLODE	分解		修改→分解	将组合对象分解为对象组件
EXPORT			文件→输出	以其他文件格式保存对象

图书在版编目（CIP）数据

园林 AutoCAD 教程/张华主编．—4 版．—北京：中国农业出版社，2019.11（2024.6 重印）

"十二五"职业教育国家规划教材　经全国职业教育教材审定委员会审定　高等职业教育农业农村部"十三五"规划教材

ISBN 978-7-109-26161-7

Ⅰ.①园…　Ⅱ.①张…　Ⅲ.①园林设计－计算机辅助设计－AutoCAD 软件－高等职业教育－教材　Ⅳ.①TU986.2－39

中国版本图书馆 CIP 数据核字（2019）第 242760 号

中国农业出版社出版

地址：北京市朝阳区麦子店街 18 号楼
邮编：100125
责任编辑：王　斌
版式设计：杜　然　责任校对：赵　硕
印刷：北京中兴印刷有限公司
版次：2002 年 7 月第 1 版　2019 年 11 月第 4 版
印次：2024 年 6 月第 4 版北京第 7 次印刷
发行：新华书店北京发行所
开本：787mm×1092mm　1/16
印张：17.5　插页：11
字数：405 千字
定价：59.00 元

版权所有·侵权必究
凡购买本社图书，如有印装质量问题，我社负责调换。
服务电话：010-59195115　010-59194918